山东省高等教育名校建设工程课程改革教材

水利工程造价与招投标技能训练

尹红莲　王典鹤　赵旭升　等编著
纪仁卿　主　审

黄河水利出版社
·郑州·

内容提要

本书为山东省高等教育名校建设工程山东省财政支持重点建设专业——水利工程专业与水利水电工程管理专业课程改革系列教材之一，是本着高职教育的特色，依据山东省特色名校建设方案以及中国水利教育协会举办的全国水利高职院校技能竞赛要求编写的教材。全书共分三部分，理论部分、实操部分和造价电算化。理论部分包括单项选择题、多项选择题、判断题；实操部分包括十五套题；电算化部分包括两个电算软件。

本书可作为高等职业技术学院、高等专科学校等水利水电工程建筑、水利工程、水利工程施工、水利水电工程造价与管理等专业的教材，与《水利工程造价与招投标》（尹红莲、王典鹤主编，黄河水利出版社出版）配套使用，也可单独使用。可作为全国水利高职院校技能竞赛培训教材，也可供水利类专业教师和水利水电工程行业从事施工、设计、监理、造价咨询等工程技术人员阅读参考。

图书在版编目（CIP）数据

水利工程造价与招投标技能训练/尹红莲等编著.—郑州：黄河水利出版社，2014.8

山东省高等教育名校建设工程课程改革教材

ISBN 978-7-5509-0885-7

Ⅰ.①水… Ⅱ.①尹… Ⅲ.①水利工程-工程造价-高等职业教育-习题集 ②水利工程-招标-高等职业教育-习题集 ③水利工程-投标-高等职业教育-习题集 Ⅳ.①TV51-44

中国版本图书馆 CIP 数据核字（2014）第 194362 号

组稿编辑：王路平　电话：0371-66022212　E-mail：hhslwlp@163.com

出 版 社：黄河水利出版社

地址：河南省郑州市顺河路黄委会综合楼 14 层　邮政编码：450003

发行单位：黄河水利出版社

发行部电话：0371-66026940、66020550、66028024、66022620（传真）

E-mail：hhslcbs@126.com

承印单位：河南地质彩色印刷厂

开本：787 mm×1 092 mm　1/16

印张：14

字数：320 千字　印数：1—2 000

版次：2014 年 8 月第 1 版　印次：2014 年 8 月第 1 次印刷

定价：30.00 元

前 言

本书是依据中央财政支持提升社会服务能力重点建设专业和山东省高等教育名校建设工程重点建设专业——水利工程专业和水利水电工程管理专业的人才培养方案和课程建设目标要求，并按照有关水利工程造价与招投标的新规范、新法规、新标准，在教育部高等学校高职高专水利水电工程专业教学指导委员会指导下编写完成的。本书是结合全国水利高职院校技能竞赛以及对学生技能培养的要求，由山东水利职业学院联合部分兄弟院校和合作企业组织编写的水利水电类高职高专校企合作教材。

近几年，随着职业教育健康、快速的发展，越来越多的职业院校意识到职业技能大赛在推动校企合作、工学结合以及教学改革方面的重要性，因此更加积极地参与到职业技能比赛中，事实证明，通过比赛不仅培养了学生的专业素质，提高了其职业技能，有效地促进了其就业能力的提高，而且职业技能大赛对各院校的人才培养质量起到了检验和考核的作用。通过职业技能比赛，可以发现职业教育中存在的有关人才培养、专业建设、课程设置等方面的问题，促进了职业教育的改革。“水利工程造价”竞赛项目是中国水利教育协会举办的全国水利高职院校技能竞赛六个竞赛项目之一。而“水利工程造价与招投标”是“水利工程造价”项目考核的重要内容。在总结近几年竞赛的基础上，编写了此辅导教材。

由于“水利工程造价与招投标”是一门经济性、政策性、实践性紧密结合的课程，随着改革的深入和经济的发展，国家和上级主管部门还将陆续颁布一些新的规定、定额、费用标准，同时全国水利高职院校技能竞赛各届竞赛大纲会有所变化，因此在学习本教材时，应结合国家和上级主管部门的新规定及本地区的实际情况以及竞赛大纲给予补充和修正。

本书由山东水利职业学院主持编写工作，编写人员与编写分工如下：山东水利职业学院王典鹤（理论部分多项选择题），山东水利职业学院尹红莲（实操题一、电算化部分），杨凌职业技术学院赵旭升（理论部分单项选择题、判断题、实操题十三），安徽水利水电职业技术学院何俊（实操题二），福建水利电力职业技术学院詹述琦（实操题三），广西水利电力职业技术学院廖明菊（实操题四），河南水利与环境职业学院高琴月（实操题五），湖北水利水电职业技术学院高玉清（实操题六），湖南水利水电职业技术学院肖飞剑（实操题七），黄河水利职业技术学院张梦宇（实操题八），酒泉职业技术学院李霞（实操题九），兰州资源环境职业技术学院张兴旺（实操题十），辽宁水利职业学院陈金良（实操题十一），四川水利职业技术学院李学明（实操题十二），浙江同济科技职业学院曾瑜（实操题十四），浙江水利水电学院沈坚（实操题十五）。本书由尹红莲、王典鹤、赵旭升等编著，由尹红莲统一规划和统稿；由山东省水利建设经济定额站纪仁卿高工担任主审。

本书在编写过程中得到了全国各水利高职院校同仁以及四川锦瑞青山科技有限公司

和北京凯云创智软件技术有限公司孙蹈的大力支持，在此一并致谢！

由于本书编写时间仓促，书中难免出现错误及不妥之处，诚恳地希望广大师生及读者批评指正。

编 者

2014 年 6 月

目 录

目 录

第一部分 理论题

一、单项选择题

1. 在国家有关部门规定的基本建设程序中，各个步骤(　　)。

A. 次序可以颠倒，但不能进行交叉

B. 次序不能颠倒，但可以进行合理交叉

C. 次序不能颠倒，也不能进行交叉

D. 次序可以颠倒，同时也可以进行合理交叉

2. 在国内建设程序中，通过多方案比较，提出评价意见，推荐最佳建设方案的阶段是(　　)。

A. 项目建议书阶段　　B. 可行性研究阶段

C. 初步设计阶段　　D. 建设前期准备工作阶段

3. 总投资在 2 亿元以下的中央投资，中央和地方合资的大中型和限额以上项目的可行性研究报告应(　　)。

A. 经国家计委审查后报国务院审批

B. 报行业归口主管部门审批

C. 报国家计委审批

D. 报国家建设行业主管部门审批

4. 在工程建设中进行征地、拆迁、场地平整，属于(　　)阶段的工作。

A. 项目建议书阶段　　B. 可行性研究报告阶段

C. 建设准备阶段　　D. 建设实施阶段

5. 建设项目实际造价是(　　)。

A. 承包合同价　　B. 竣工决算价

C. 总承包价　　D. 竣工结算价

6. 在项目建设的各个阶段，需分别编制投资估算、设计概算、施工图预算及竣工决算等，这体现了工程造价的(　　)计价特性。

A. 复杂性　　B. 多次性　　C. 组合性　　D. 多样性

7. 下列关于建设项目论述中错误的是(　　)。

A. 建设项目是按一个总体设计进行建设的各个单项工程的总体

B. 可以将属于一个总体设计的工程按施工单位不同划分为几个建设项目

C. 不能把不属于一个总体设计的工程按照各种方式归算为一个建设项目

D. 建设项目组织是独立的，应具有法人资格

8. 工程造价两种含义的主要区别是(　　)。

A. 第一种含义属于价格管理范畴，第二种含义属于投资管理范畴

B. 第一种含义对于投资者是追求投资决策的正确性，第二种含义对于承包商是追求较高的工程造价

C. 第一种含义是作为市场供给主体，出售商品和劳务的价格总和，第二种含义是“购买”项目付出的价格

D. 第一种含义通常认定为工程发包价格，第二种含义是工程投资费用

9. 可行性研究投资估算是(　　)的重要依据。

A. 项目科学决策　　B. 列入计划

C. 开工审批报告　　D. 编制标底

10. 水利工程初步设计阶段编制的工程造价文件是(　　)。

A. 施工图预算　　B. 设计概算　　C. 投资估算　　D. 施工预算

11. (　　)是可行性研究的核心内容和工程项目决策的主要依据。

A. 建设规模　　B. 环境影响评价

C. 投资估算　　D. 项目经济评价

12. 后评价是在工程交付生产运行(　　)时间后，对项目进行的全过程系统评价。

A. 6 个月　　B. 5 年　　C. 1 ~ 2 年　　D. 3 年

13. 技术资料的汇总属于(　　)阶段。

A. 生产准备阶段　　B. 竣工验收阶段

C. 建设实施阶段　　D. 后评价阶段

14. 下列不属于后评价的内容的是(　　)。

A. 影响评价　　B. 财务评价

C. 经济效益评价　　D. 过程评价

15. 下列项目属于竣工验收基本资料的是(　　)。

A. 项目生产运行技术方案　　B. 工程承包合同

C. 项目运行评价报告　　D. 审计报告

16. 工程部分建设项目费用包括(　　)。

A. 建筑及安装工程费、独立费用、预备费、建设期融资利息

B. 工程费、独立费用、预备费、建设期融资利息

C. 工程费、独立费用、基本预备费、建设期融资利息

D. 工程费、独立费用、价差预备费、建设期融资利息

17. 直接工程费包括(　　)。

A. 直接费、间接费、现场经费　　B. 人工费、材料费、机械使用费

C. 直接费、其他直接费、现场经费　　D. 直接费、间接费、企业利润

18. 直接费包括(　　)。

A. 直接工程费、措施费　　B. 人工费、材料费、机械使用费

C. 直接工程费、其他直接费、现场经费　　D. 直接工程费、间接费、企业利润

19. 材料预算价格一般包括(　　)。

A. 材料原价、包装费、运杂费、运输保险费和采购及保管费五项

B. 材料原价、运杂费、运输保险费和采购及保管费四项

C. 材料原价、包装费、运输保险费和采购及保管费四项

D. 材料原价、包装费、运杂费和采购及保管费四项

20. 其他直接费包括(　　)。

A. 冬雨季施工增加费和其他

B. 冬雨季施工增加费、夜间施工增加费

C. 冬雨季施工增加费、特殊地区施工增加费和其他

D. 冬雨季施工增加费、夜间施工增加费、特殊地区施工增加费和其他

21. 特殊地区施工增加费是指在(　　)。

A. 高海拔地区施工而增加的费用

B. 原始森林地区施工而增加的费用

C. 高海拔和原始森林等特殊地区施工而增加的费用

D. 海拔大于 2 000 m 地区施工而增加的费用

22. 设备费包括(　　)。

A. 设备原价、运杂费和采购及保管费

B. 设备原价、运输保险费和采购及保管费

C. 设备原价、运杂费、运输保险费

D. 设备原价、运杂费、运输保险费和采购及保管费

23. 施工场地和公用施工道路的照明费用属于(　　)。

A. 直接费　B. 其他直接费　C. 临时设施费　D. 现场管理费

24. 夜间照明、供热系统及通信支线费用属于(　　)。

A. 直接费　B. 其他直接费　C. 临时设施费　D. 现场管理费

25. 试验检验费属于(　　)。

A. 直接费　B. 其他直接费　C. 临时设施费　D. 现场管理费

26. 工程定位复测费用属于(　　)。

A. 直接费　B. 其他直接费　C. 临时设施费　D. 现场管理费

27. 竣工场地清理费用属于(　　)。

A. 直接费　B. 其他直接费　C. 临时设施费　D. 现场管理费

28. 简易砂石料加工系统费用属于(　　)。

A. 直接费　B. 其他直接费　C. 临时设施费　D. 现场管理费

29. 投标和承包工程发生的保函手续费属于(　　)。

A. 企业管理费　B. 财务费用　C. 其他费用　D. 咨询费

30. 投标报价费属于(　　)。

A. 企业管理费　B. 财务费用　C. 其他费用　D. 咨询费

31. 材料费指用于建筑安装工程项目上的(　　)。

A. 消耗性材料费

B. 装置性材料费

C. 周转性材料摊销费

D. 消耗性材料费、装置性材料费和周转性材料摊销费

32. 材料运杂费指材料从指定交货地点运至(　)。

A. 工地分仓库所发生的费用

B. 工地分仓库或相当于工地分仓库(材料堆放场)所发生的全部费用

C. 工地分仓库(材料堆放场)所发生的费用

D. 材料堆放场所发生的全部费用

33. 根据现行部颁规定,夜间施工增加的施工场地和公用施工道路照明费包含在(　)内。

A. 其他直接费　B. 现场经费　C. 间接费　D. 安装费

34. 根据现行部颁规定,地下工程的施工照明费应包含在(　)内。

A. 定额中的其他材料费　B. 现场经费

C. 其他直接费　D. 间接费

35. 独立费用由生产准备费、科研勘测设计费、(　)、建设及施工场地征用费及其他组成。

A. 基本预备费　B. 建设管理费

C. 建设期融资利息　D. 企业管理费

36. 建设单位在工程项目筹建和建设期间进行管理工作所需费用称为(　)。

A. 财务费用　B. 企业管理费

C. 建设单位经常费　D. 项目建设管理费

37. 建设项目管理费包括(　)。

A. 建设单位开办费、建设单位经常费

B. 建设单位人员经常费、企业管理费

C. 工程管理经常费、工程建设监理费

D. 管理用具购置费、工程保险费

38. 对于新建工程,建设单位开办费依据(　)确定。

A. 工程规模和工期　B. 建安工作量

C. 建设单位定员和开办费标准　D. 建设单位定员和费用指标

39. 建设单位经常费包括(　)。

A. 联合试运转费和生产准备费

B. 工程管理经常费和建设单位人员经常费

C. 项目建设管理费和建设单位开办费

D. 建设单位人员经常费和劳动保护费

40. 建设单位人员经常费依据建设单位定员、经常费用计算期及(　)计算。

A. 工程规模　B. 费用指标　C. 开办费标准　D. 建安工作量

41. 经常费用计算期指从工程筹建至工程竣工之日加(　)止。

A. 六个月　B. 三个月　C. 一年　D. 一个月

42. 枢纽工程的工程管理经常费一般按建设单位开办费和建设单位人员经常费之和的(　)计取。

A. 10% ~15%　B. 10%　C. 20%　D. 35% ~40%

43. 引水工程的工程管理经常费一般按(　　)和建设单位人员经常费之和计取。

A. 建设单位经常费　B. 联合试运转费

C. 建设单位开办费　D. 备品备件购置费

44. 建设单位为解决工程建设涉及的技术、经济、法律等问题需要进行咨询所发生的费用属于(　　)。

A. 工程管理经常费　B. 建设单位人员经常费

C. 建设单位开办费　D. 工程质量监督费

45. 工程建设监理费从(　　)开支。

A. 间接费　B. 独立费用　C. 预备费　D. 建安工程费

46. 联合试运转费从(　　)开支。

A. 生产准备费　B. 预备费　C. 建安工程费　D. 独立费用

47. 工程建设监理费属于(　　)。

A. 建设管理费　B. 建设单位经常费

C. 项目建设管理费　D. 工程管理经常费

48. 联合试运转费属于(　　)。

A. 建设管理费　B. 建设单位经常费

C. 项目建设管理费　D. 工程管理经常费

49. 水电站工程联合试运转费依据(　　)确定。

A. 费用指标　B. 经常费用计算期

C. 单机容量　D. 开办费标准

50. 施工单位参加联合试运转人员的工资从(　　)开支。

A. 间接费　B. 联合试运转费　C. 建安工程费　D. 直接费

51. 备品备件购置费从(　　)开支。

A. 生产准备费　B. 设备费　C. 建安工程费　D. 建设管理费

52. 枢纽工程的备品备件购置费按(　　)的百分比计取。

A. 基本预备费　B. 一至四部分投资合计

C. 设备费　D. 建安工作量

53. 引水及河道工程的管理用具购置费按(　　)的百分比计取。

A. 基本预备费　B. 一至四部分投资合计

C. 设备费　D. 建安工作量

54. 电站、泵站同容量、同型号机组超过(　　)时,只计算一台的设备费。

A. 四台　B. 三台　C. 两台　D. 一台

55. 价差预备费以(　　)为计算基数。

A. 一至五部分投资合计　B. 静态总投资

C. 预备费　D. 静态总投资 + 价差预备费

56. 关于水电工程项目费用构成,下列说法正确的是(　　)

A. 枢纽建筑物费用由建筑工程费和安装工程费组成

B. 安装工程费用由直接工程费、间接费、利润、税金构成

C. 设备费由设备原价和运杂费构成

D. 建设征地和移民安置费用由补偿费和工程费构成

57. 下列关于项目的论述中错误的是(　　)。

A. 项目是一项临时性、独特性、一次性活动

B. 项目的目标随着项目过程渐近明细

C. 项目产品就是项目的目标

D. 实现项目目标的过程包含着众多不确定性因素

58. 项目的特征很多,其中(　　)不属于项目的特征。

A. 一次性　　B. 重复性　　C. 渐近明细　　D. 需用资源众多

59. 更新改造项目划分为限额以上和限额以下两种,这是按照(　　)进行分类的。

A. 建设性质　　B. 投资作用　　C. 投资额　　D. 设计生产能力

60. 水利水电工程按工程性质划分为(　　)两大类。

A. 枢纽工程、引水工程　　B. 枢纽工程、河道工程

C. 枢纽工程、引水工程及河道工程　　D. 水库工程、供水工程

61. 枢纽工程包括(　　)。

A. 供水工程

B. 灌溉工程

C. 河湖整治工程和堤防工程

D. 水库、水电站和其他大型独立建筑物工程

62. 水利工程枢纽工程二级项目包括(　　)。

A. 挡水工程　　B. 泄洪工程　　C. 引水工程　　D. 混凝土坝(闸)工程

63. 水利工程三级项目中应将石方开挖工程分为明挖与暗挖,平洞与(　　)分列。

A. 斜井　　B. 竖井　　C. 斜井、竖井　　D. 直洞

64. 水利工程枢纽工程不包括(　　)。

A. 挡水工程　　B. 泄洪工程　　C. 鱼道工程　　D. 河湖整治工程

65. 凡永久与临时相结合的项目列入相应的(　　)项目内。

A. 永久工程　　B. 临时工程

C. 永久或临时工程　　D. 零星工作

66. 下列属于直接工程费的有(　　)。

A. 间接费　　B. 税金　　C. 直接费　　D. 企业利润

67. 下列属于直接费的有(　　)。

A. 间接费　　B. 人工费　　C. 其他直接费　　D. 企业利润

68. 下列属于直接费的有(　　)。

A. 间接费　　B. 材料费　　C. 其他直接费　　D. 企业利润

69. 下列属于直接费的有(　　)。

A. 间接费　　B. 机械使用费　　C. 现场经费　　D. 间接费

70. 下列属于其他直接费的是(　　)。

A. 材料费　B. 机械使用费　C. 人工费

D. 冬雨季施工增加费、夜间施工增加费、特殊地区施工增加费和其他

71. 特殊地区施工增加费属于(　　)。

A. 间接费　B. 企业利润　C. 其他直接费　D. 现场经费

72. 下列属于引水工程及河道工程的有(　　)。

A. 泵站　B. 水库工程

C. 水电站工程　D. 其他大型独立建筑物工程

73. 下列属于引水工程及河道工程的有(　　)。

A. 水闸　B. 水库工程

C. 水电站工程　D. 其他大型独立建筑物工程

74. 下列属于引水工程及河道工程的有(　　)。

A. 渡槽　B. 水库工程

C. 水电站工程　D. 其他大型独立建筑物工程

75. 下列属于引水工程及河道工程的有(　　)。

A. 倒虹吸　B. 水库工程

C. 水电站工程　D. 其他大型独立建筑物工程

76. 下列属于引水工程及河道工程的有(　　)。

A. 跌水、小水电站　B. 水库工程

C. 水电站工程　D. 其他大型独立建筑物工程

77. 下列属于引水工程及河道工程的有(　　)。

A. 泵站、水闸、小水电站　B. 水库工程

C. 水电站工程　D. 其他大型独立建筑物工程

78. 下列属于引水工程及河道工程的有(　　)。

A. 泵站、跌水　B. 水库工程

C. 水电站工程　D. 其他大型独立建筑物工程

79. 下列属于引水工程及河道工程的有(　　)。

A. 倒虹吸、跌水、小水电站　B. 水库工程

C. 水电站工程　D. 其他大型独立建筑物工程

80. 下列属于引水工程及河道工程的有(　　)。

A. 泵站、水闸、渡槽　B. 水库工程

C. 水电站工程　D. 其他大型独立建筑物工程

81. 下列属于引水工程及河道工程中机电设备及安装工程的有(　　)。

A. 主变压器　B. 水轮机　C. 水泵　D. 发电机

82. 下列属于枢纽工程的有(　　)。

A. 供水工程　B. 灌溉工程

C. 河湖整治工程和堤防工程　D. 水库工程

83. 下列属于枢纽工程的有(　　)。

A. 供水工程　B. 灌溉工程

C. 河湖整治工程和堤防工程　D. 水电站工程

84. 下列属于枢纽工程的有(　　)。

A. 供水工程　B. 灌溉工程

C. 河湖整治工程和堤防工程　D. 其他大型独立建筑物工程

85. 下列属于引水工程及河道工程的有(　　)。

A. 小水电站　B. 水库工程

C. 水电站工程　D. 其他大型独立建筑物工程

86. 下列属于引水工程及河道工程的有(　　)。

A. 堤防修建与加固工程　B. 水库工程

C. 水电站工程　D. 其他大型独立建筑物工程

87. 下列属于引水工程及河道工程的有(　　)。

A. 水库工程　B. 清淤疏浚工程

C. 水电站工程　D. 其他大型独立建筑物工程

88. 建设项目费用是指工程项目从(　　)所需要的费用总和。

A. 从筹建到竣工验收　B. 从筹建到竣工验收、交付使用

C. 从筹建到交付使用　D. 从竣工验收到交付使用

89. (　　)指建筑及安装工程施工过程中直接消耗在工程项目上的活劳动和物化劳动。

A. 直接费　B. 直接工程费　C. 人工费　D. 间接费

90. (　　)指施工过程中耗费的构成工程实体和有助于工程形成的各项费用。

A. 人工费　B. 材料费　C. 直接费　D. 直接工程费

91. 人工费指直接从事建筑安装工程施工的生产工人开支的各项费用，不包括(　　)。

A. 基本工资　B. 辅助工资　C. 工资附加费　D. 标准工资

92. 材料费指用于建筑安装工程上的(　　)、装置性材料和周转性材料摊销费，包括定额工作内容规定应计入的未计价材料和计价材料。

A. 消耗性材料　B. 损耗性材料

C. 专用性材料　D. 常用性材料

93. 材料费指用于建筑安装工程上的消耗性材料、(　　)和周转性材料摊销费，包括定额工作内容规定应计入的未计价材料和计价材料。

A. 专用性材料　B. 损耗性材料

C. 装置性材料　D. 常用性材料

94. 材料费指用于建筑安装工程上的消耗性材料、装置性材料和(　　)，包括定额工作内容规定应计入的未计价材料和计价材料。

A. 专用性材料　B. 损耗性材料

C. 周转性材料摊销费　D. 常用性材料

95. (　　)指用于建筑安装工程上的消耗性材料、装置性材料和周转性材料摊销费，包括定额工作内容规定应计入的未计价材料和计价材料。

A. 材料预算价格　B. 材料价格
C. 材料预算费用　D. 材料费

96. 施工机械使用费指消耗在(　)项目上的机械磨损、维修安装、拆除和动力燃料费及其他有关费用等。
A. 建筑工程　B. 安装工程
C. 建筑安装工程　D. 工程

97. 施工机械使用费包括(　)、机上人工费和动力燃料费等。
A. 折旧费、修理及替换设备费、安装拆卸费
B. 折旧费、修理费、安装拆卸费
C. 折旧费
D. 折旧费、安装拆卸费

98. 下列不属于临时设施费的是(　)。
A. 简易砂石料加工系统　B. 小型混凝土拌和浇筑系统
C. 钢筋辅助加工厂　D. 临时围堰

99. (　)指企业为筹集资金而发生的各项费用。
A. 管理费用　B. 财务费用
C. 资金费用　D. 财务使用费

100. 间接费一般由(　)、财务费用和其他费用组成。
A. 项目管理费　B. 固定资产折旧费
C. 经营管理费　D. 企业管理费

101. 间接费一般由企业管理费、(　)和其他费用组成。
A. 现场管理费　B. 财务费用　C. 现场经费　D. 项目管理费

102. 财务费用包括(　)工程发生的保函手续费等。
A. 投标和承包　B. 投标　C. 承包　D. 承发包

103. 财务费用指(　)为筹集资金而发生的各项费用。
A. 公司　B. 工程项目　C. 企业　D. 财务部

104. 技术转让费属于(　)。
A. 直接费　B. 间接费　C. 直接工程费　D. 其他直接费

105. 工具用具使用费指现场管理使用的不属于(　)资产的工具、器具等。
A. 流动　B. 固定　C. 项目　D. 全部

106. 下列不属于企业管理费的是(　)。
A. 技术开发费　B. 业务招待费　C. 财务费用　D. 审计费

107. 下列不属于企业管理费的是(　)。
A. 办公费　B. 财务费用　C. 固定资产折旧　D. 审计费

108. 下列不属于企业管理费的是(　)。
A. 工具用具使用费　B. 财务费用　C. 固定资产折旧　D. 职工教育经费

109. 根据《水利工程设计概(估)算编制规定》,夜间施工增加费属于(　)。
A. 直接费　B. 其他直接费　C. 间接费　D. 现场经费

110. 根据《水利工程设计概(估)算编制规定》,现场管理费属于(　　)。

A. 直接费　B. 其他直接费　C. 间接费　D. 现场经费

111. 根据《水利工程设计概(估)算编制规定》,投标保函手续费属于(　　)。

A. 其他直接费　B. 企业管理费　C. 财务费用　D. 非企业成本

112. 根据《水利工程设计概(估)算编制规定》,冬雨期施工增加费属于(　　)。

A. 直接费　B. 其他直接费　C. 间接费　D. 现场经费

113. 根据《水利工程设计概(估)算编制规定》,特殊地区施工增加费属于(　　)。

A. 直接费　B. 其他直接费　C. 间接费　D. 现场经费

114. 根据《水利工程设计概(估)算编制规定》,施工机械使用费属于(　　)。

A. 直接费　B. 其他直接费　C. 间接费　D. 现场经费

115. 根据《水利工程设计概(估)算编制规定》,临时设施费属于(　　)。

A. 直接费　B. 其他直接费　C. 间接费　D. 现场经费

116. 根据《水利工程设计概(估)算编制规定》,企业管理费属于(　　)。

A. 直接费　B. 其他直接费　C. 间接费　D. 现场经费

117. 根据《水利工程设计概(估)算编制规定》,财务费用指施工企业为筹集资金而发生的各项费用,它属于(　　)。

A. 直接费　B. 其他直接费　C. 间接费　D. 现场经费

118. 根据《水利工程设计概(估)算编制规定》,人工费属于(　　)。

A. 直接费　B. 其他直接费　C. 间接费　D. 现场经费

119. 根据《水利工程设计概(估)算编制规定》,材料费属于(　　)。

A. 直接费　B. 其他直接费　C. 间接费　D. 现场经费

120. 根据《水利工程设计概(估)算编制规定》,机械修理及替换设备费属于(　　)。

A. 机械台时费　B. 其他直接费　C. 间接费　D. 现场经费

121. 根据《水利工程设计概(估)算编制规定》,企业按规定缴纳的房产税属于(　　)。

A. 企业管理费　B. 其他直接费　C. 财务费用　D. 其他费用

122. 根据《水利工程设计概(估)算编制规定》,大型变压器充氮费应计入(　　)。

A. 设备原价　B. 其他费用　C. 运杂费　D. 运输保险费

123. 根据《水利工程设计概(估)算编制规定》,工程建设监理费属于(　　)。

A. 工程费　B. 独立费用　C. 建筑工程费　D. 其他费用

124. 根据《水利工程设计概(估)算编制规定》,联合试运转费属于(　　)。

A. 工程费　B. 独立费用　C. 建筑工程费　D. 其他费用

125. 建设单位人员经常费指建设单位从(　　)至完成该工程建设管理任务之日止,需开支的经常费用。

A. 开始建设之日　B. 批准组建之日　C. 开始进场之日　C. 组建之日

126. 工程管理经常费指建设单位从(　　)期间所发生的各种管理费用。

A. 进场到完工　B. 开工到竣工　C. 筹建到完工　D. 筹建到竣工

127. 根据《水利工程设计概(估)算编制规定》,生产职工培训费属于(　　)。

A. 工程费　B. 独立费用　C. 建筑工程费　D. 其他费用

128. 根据《水利工程设计概(估)算编制规定》,科研勘测设计费属于(　　)。

A. 建筑工程费　B. 机电设备安装工程费

C. 独立费用　D. 移民安置费

129. 下列属于直接工程费的有(　　)。

A. 间接费　B. 税金　C. 其他直接费　D. 企业利润

130. 下列属于直接工程费的有(　　)。

A. 间接费　B. 税金　C. 现场经费　D. 企业利润

131. 设备运杂费指设备由厂家运至(　　)所发生的一切运杂费用。

A. 工地仓库　B. 卸货地点　C. 工地安装现场　D. 合同规定地点

132. 根据《水利工程设计概(估)算编制规定》,大型机组分瓣运至工地后的拼装费用,应计入(　　)。

A. 设备原价　B. 安装工程费用　C. 设备运杂费　D. 其他费用

133. 根据《水利工程设计概(估)算编制规定》,年功工资属于(　　)。

A. 基本工资　B. 辅助工资　C. 工资附加费　D. 津贴工资

134. 根据《水利工程设计概(估)算编制规定》,养老保险费属于(　　)。

A. 基本工资　B. 辅助工资　C. 工资附加费　D. 津贴工资

135. 根据《水利工程设计概(估)算编制规定》,施工津贴属于(　　)。

A. 基本工资　B. 辅助工资　C. 工资附加费　D. 津贴工资

136. 下列不属于基本工资中年应工作天数内非作业天数的是(　　)。

A. 探亲、休假　B. 职工开会学习

C. 病假在6个月以内的　D. 病假在6个月以外的

137. 根据《水利工程设计概(估)算编制规定》,工程点交、竣工场地清理属于(　　)。

A. 临时设施费　B. 其他直接费　C. 直接费　D. 独立费用

138. 根据《水利工程设计概(估)算编制规定》,部分大型施工机械的安装拆卸费在(　　)中计列。

A. 临时设施费　B. 施工机械使用费

C. 其他直接费　D. 其他临时工程

139. 材料采购及保管费指材料在(　　)过程中所发生的各项费用。

A. 采购、运输和保管　B. 采购、供应和保管

C. 采购、供应和运输　D. 采购和保管

140. 根据《水利工程设计概(估)算编制规定》,高空、井下等特种工种安全保险费属于(　　)。

A. 临时设施费　B. 现场管理费　C. 企业管理费　D. 其他费用

141. 根据《水利工程设计概(估)算编制规定》,工程定位复测属于(　　)。

A. 临时设施费　B. 其他直接费　C. 直接费　D. 独立费用

142. 检验试验费不包括(　　)的试验费和建设单位要求对具有出厂合格证明的材

料进行试验、对构件进行破坏性试验，以及其他特殊要求检验试验的费用。

A. 新结构、新产品　　B. 新材料、半成品

C. 新结构、新材料　　D. 新产品、成品

143. 检验试验费指对建筑材料、构件和建筑安装物进行一般(　　)所发生的费用。

A. 检查、试验　　B. 鉴定、检查

C. 鉴定、试验　　D. 鉴定、检查及试验

144. 检验试验费指对(　　)进行一般鉴定、检查所发生的费用。

A. 建筑构件和建筑安装物　　B. 建筑材料和建筑安装物

C. 建筑材料、构件和建筑安装物　　D. 建筑构件及建筑安装物

145. 工程费用包括　(　　)。

A. 建筑及安装工程费、设备费、独立费用、预备费、建设期融资利息

B. 建筑工程费、独立费用、预备费、建设期融资利息

C. 安装工程费、独立费用、基本预备费、建设期融资利息

D. 工程费、独立费用、价差预备费、建设期融资利息

146. 工程费用包括(　　)。

A. 建筑工程费、独立费用、基本预备费、价差预备费、建设期融资利息

B. 安装工程费、独立费用、基本预备费、价差预备费、建设期融资利息

C. 建筑及安装工程费、设备费、独立费用、基本预备费、价差预备费、建设期融资利息

D. 工程费、独立费用、价差预备费、建设期融资利息

147. 下列属于建筑及安装工程费用的有(　　)。

A. 直接费、间接费、企业利润和税金

B. 直接工程费、间接费、企业利润和税金

C. 直接费、其他直接费、企业利润和税金

D. 直接工程费、其他直接费、企业利润和税金

148. 设备费包括(　　)。

A. 设备原价、运杂费、运输保险费和采购费

B. 设备价格、运杂费、运输保险费和采购费

C. 设备原价、运杂费、运输保险费和采购及保管费

D. 设备价格、运杂费、运输保险费和采购及保管费

149. 下列不能划分到施工临时工程费中的是(　　)。

A. 施工导流工程　　B. 施工交通工程

C. 临时房屋建筑工程　　D. 简易砂石料加工系统

150. 下列不能划分到施工临时工程费中的是(　　)。

A. 施工导流工程　　B. 施工排水

C. 临时房屋建筑工程　　D. 施工场外供电线路

151. 下列不能划分到施工临时工程费中的是(　　)。

A. 施工导流工程　　B. 施工场内供电系统

C. 临时房屋建筑工程　　　　D. 施工场外供电线路

152. 缆机平台及其大型临时设施的费用应考虑在(　　)费用中。

A. 间接费　　　　B. 现场经费

C. 施工临时工程费　　　　D. 其他费用

153. 供风、供水(支线)、夜间照明等系统费用应考虑在(　　)费用中。

A. 临时设施费　　　　B. 现场管理费

C. 施工临时工程费　　　　D. 其他费用

154. 供风、供水(支线)、夜间照明等系统费用应考虑在(　　)费用中。

A. 现场管理费　　　　B. 现场经费

C. 施工临时工程费　　　　D. 其他费用

155. 独立费用由(　　)组成。

A. 建设管理费、生产准备费、科研勘测设计费、建设及施工场地征地费及其他

B. 项目建设管理费、生产准备费、科研勘测设计费、建设及施工场地征地费及其他

C. 项目建设管理费、生产准备费、工程勘测设计费、建设及施工场地征地费及其他

D. 建设管理费、生产准备费、工程勘测设计费、建设及施工场地征地费及其他

156. 建设管理费是指建设单位在工程项目(　　)期间进行管理工作所需的费用。

A. 筹建　　B. 建设　　C. 运行　　D. 筹建和建设

157. 建设管理费包括(　　)。

A. 项目建设管理费、工程建设设计费和联合试运转费

B. 项目建设管理费、工程建设管理费和联合试运转费

C. 项目建设管理费、工程建设监理费和联合试运转费

D. 项目建设管理费、工程试验费和联合试运转费

158. (　　)是指工程建设过程中聘任监理单位,对工程的质量、进度、安全和投资进行监理所发生的全部费用。

A. 工程建设监理费　　　　B. 监理费

C. 工程管理费　　　　D. 项目管理费

159. 工程建设监理费是指工程建设过程中聘任监理单位,对工程的(　　)进行监理所发生的全部费用。

A. 质量、进度和安全　　　　B. 质量、进度和投资

C. 质量、安全和投资　　　　D. 质量、进度、安全和投资

160. 联合试运转费指水利工程的发电机组、水泵等安装完毕,在(　　)进行整套设备带负荷联合试运转期间所需的各项费用。

A. 工程结算前　　　　B. 完工使用前

C. 完工验收前　　　　D. 竣工验收前

161. 联合试运转费指水利工程的发电机组、水泵等安装完毕,在竣工验收前进行整套设备(　　)联合试运转期间所需的各项费用。

A. 带负荷　　B. 不带负荷

C. 可带或者不带负荷　　D. 可以不带负荷

162. 联合试运转费指水利工程的(　　)等安装完毕,在竣工验收前进行整套设备带负荷联合试运转期间所需的各项费用。

A. 设备　　B. 发电机组、水泵　　C. 闸门　　D. 机械

163. 根据《水利工程设计概(估)算编制规定》,工程勘测设计费属于(　　)。

A. 科研勘测设计费　　B. 生产准备费

C. 工程科学研究试验费　　D. 独立费用中的其他费用

164. 建设及施工场地征用费指根据设计确定的(　　)和管理单位用地所发生的征地补偿费用及应缴纳的耕地占用税等。

A. 临时工程征地　　B. 永久工程征地

C. 永久工程和临时工程征地　　D. 施工场地征地

165. 根据《水利工程设计概(估)算编制规定》,工程质量监督费属于(　　)。

A. 建设管理费　　B. 生产准备费

C. 科研勘测设计费　　D. 独立费用中的其他费用

166. 根据《水利工程设计概(估)算编制规定》,工程保险费属于(　　)。

A. 预备费　　B. 建筑及安装工程费

C. 独立费用　　D. 间接费

167. 预备费包括(　　)。

A. 基本预备费和材料预备费　　B. 基本预备费和价差预备费

C. 基本预备费和价格预备费　　D. 基础预备费和价差预备费

168. 基本预备费是指为解决工程施工过程中,经上级批准的(　　)增加的投资及为解决意外事故而采取的措施所增加的工程项目和费用。

A. 设计变更和人工工资变动

B. 设计变更和人工、材料、设备价格变动

C. 设计变更和国家政策性变动

D. 设计变更和投资环境变动

169. 基本预备费是指为解决工程施工过程中,经(　　)设计变更和国家政策性变动增加的投资及为解决意外事故而采取的措施所增加的工程项目和费用。

A. 甲方批准的　　B. 施工单位批准的

C. 上级批准的　　D. 监理批准的

170. (　　)是为解决工程施工过程中,经上级批准的设计变更和国家政策性变动增加的投资及为解决意外事故而采取的措施所增加的工程项目和费用。

A. 基本预备费　　B. 价差预备费

C. 独立费用　　D. 其他费用

171. (　　)是因人工工资、材料和设备价格上涨以及费用标准调整而增加的投资。

A. 基本预备费　　B. 价差预备费

C. 其他费用　　D. 独立费用

172. 根据现行部颁规定,人工预算单价由(　　)组成。

A. 基本工资、辅助工资、工资附加费和劳动保护费

B. 基本工资、津贴和辅助工资

C. 基本工资、辅助工资和工资附加费

D. 基本工资、岗位工资和绩效工资

173. 根据现行部颁规定,现行部颁人工预算单价的基本工资标准划分为(　　)几个档次。

A. 高级工、中级工和初级工

B. 工长、高级工、中级工和初级工

C. 技工和普工

D. 高级熟练工、熟练工、半熟练工和普工

174. 根据现行部颁规定,人工预算单价计算标准中年应工作天数为(　　)。

A. 271 d　B. 256 d　C. 244 d　D. 251 d

175. 根据现行部颁规定,年应工作天数内非作业天数的工资系数为(　　)。

A. 1.029　B. 1.116　C. 1.068　D. 1.026 1

176. 根据现行部颁规定,枢纽工程人工预算单价辅助工资中的施工津贴为(　　)。

A. 5.3 元/d　B. 3.5 元/d　C. 4.5 元/d　D. 4.4 元/d

177. 根据现行部颁规定,下列工资中不属于生产工人基本工资的是(　　)。

A. 职工学习、培训期间工资　B. 探亲、休假期间的工资

C. 六个月以上病假人员的工资　D. 因气候影响停工的工资

178. 根据现行部颁规定人工预算单价中,夜餐津贴计算公式中的百分数,枢纽工程取30%,引水及河道工程取(　　)。

A. 10%　B. 20%　C. 25%　D. 14%

179. 新标准水泥强度龄期统一规定为(　　)。

A. 7 d　B. 14 d　C. 28 d　D. 56 d

180. 根据现行部颁规定,水利工程施工机械台时费中人工费应按(　　)计算。

A. 初级工　B. 中级工　C. 熟练工　D. 高级工

181. 根据现行部颁规定,施工机械台时费由(　　)组成。

A. 第一类费用　B. 第一、二类费用

C. 第一、二、三类费用　D. 第一、二、三、四类费用

182. 根据现行部颁规定,在海拔(　　)以上地区,其人工和机械定额应乘以调整系数。

A. 1 500 m　B. 2 000 m　C. 2 500 m　D. 2 200 m

183. 根据现行部颁规定,建设项目在市区的,税率标准为(　　)。

A. 3.41　B. 3.35　C. 3.22　D. 3.14

184. 若混凝土埋石率为10%,则每100 m^3埋块石混凝土增加人工工时为(　　)。

A. 24　B. 32　C. 42.4　D. 56.8

185. 混凝土细骨料的划分标准:细度模数2.5~3.19为(　　)。

A. 粗砂　　B. 中砂　　C. 细砂　　D. 特细砂

186. 对工程造价前期预控主要在(　　)通过控制工程规模、范围、标准等方法进行前期预控。

A. 项目建议书阶段　　B. 可行性研究阶段

C. 可行性研究和初步设计阶段　　D. 施工图设计阶段

187. 可行性研究投资估算是(　　)的重要依据。

A. 项目科学决策　　B. 列入计划　　C. 开工报告审批　　D. 编制标底

188. 水利工程初步设计阶段编制的工程造价文件是(　　)

A. 施工图预算　　B. 设计概算　　C. 投资估算　　D. 施工预算

189. (　　)是施工企业以单位工程为对象所编制的人工、材料、机械台班耗用量及其费用汇总,即单位工程成本。

A. 施工图预算　　B. 完工结算　　C. 投标报价　　D. 施工预算

190. 技术工人在一定施工组织条件下,在单位时间内应当完成合格产品的数量或完成单位合格产品所需的劳动时间,称为(　　)。

A. 材料消耗定额　　B. 劳动定额　　C. 综合定额　　D. 时间定额

191. 预算定额是在(　　)基础上综合扩大编制而成。

A. 概算定额　　B. 劳动定额　　C. 时间定额　　D. 施工定额

192. 根据现行部颁规定,安装工程的企业利润以(　　)为基数进行计算。

A. 直接费　　B. 直接工程费、间接费之和

C. 直接工程费　　D. 间接费

193. 如采用概算定额编制投资估算,应乘投资估算调整系数,其数值为(　　)。

A. 1.03　　B. 1.05　　C. 1.10　　D. 1.15

194. 编制概算采用的工程量应是(　　)。

A. 图纸工程量加施工损耗量　　B. 图纸工程量加施工附加量

C. 图纸工程量乘以设计阶段系数　　D. 图纸工程量

195. 现行水利工程概估算的项目划分执行部颁文件(　　)。

A. 水建〔1994〕284 号文　　B. 水建〔1998〕15 号文

C. 国经贸〔2002〕78 号文　　D. 水总〔2002〕116 号文

196. 根据现行部颁规定,水利工程建设项目费用由下列部分组成(　　)。

A. 工程费、管理费和预备费

B. 工程费、独立费用、预备费和建设期融资利息

C. 建安工程费、设备费、独立费用和预备费

D. 直接工程费、间接费、企业利润、税金

197. 基本预备费是静态投资的组成部分,对该费用的使用应在年度投资计划中列明细项目和额度,报(　　)批准后开支。

A. 投资人　　B. 项目法人　　C. 涉及审批单位　　D. 建设单位

198. 根据现行部颁规定,水利工程项目一般划分为三级项目,其中二级项目相当于(　　)。

A. 单项工程　　B. 单位工程　　C. 分部工程　　D. 分项工程

199. 根据现行部颁规定，夜间施工增加的施工场地和公用施工道路照明费包含在(　　)内。

A. 其他直接费　　B. 现场经费　　C. 间接费　　D. 安装费

200. 根据现行部颁规定，地下工程的施工照明费应包含在(　　)内。

A. 定额中的其他材料费　　B. 现场经费

C. 其他直接费　　D. 间接费

201. 根据现行部颁规定，下列表述错述的是(　　)。

A. 其他材料费，以主要材料之和为计算基数

B. 零星材料费，以人工费、机械费之和为计算基数

C. 其他机械费，以主要机械费之和为计算基数

D. 零星材料费，以人工费为计算基数

202. 现行部颁〔2002〕《水利建筑工程概算定额》附录中混凝土配合比的水泥用量是按机械拌和拟定的，若人工拌和，水泥用量增加(　　)。

A. 2%　　B. 3%　　C. 4%　　D. 5%

203. 根据现行部颁规定，自卸汽车运输运距超过 10 km 时，应按(　　)公式计算。

A. 5 km 值 +（运距 −5）× 增运 1 km 值

B. 10 km 值 +（运距 −10）× 增运 1 km 值

C. 5 km 值 × 增运 1 km 值

D. 5 km 值 +5 × 增运 1 km 值 +（运距 −10）× 增运 1 km 值 ×0. 75

204. 编制标底单价时，应根据工程量的大小，施工条件的优劣等因素(　　)。

A. 调整定额中人工消耗量

B. 调整人工及施工机械台班消耗量

C. 调整人工、材料及施工机械消耗量

D. 调整定额中材料消耗量

205. 在编制钢筋制安工程标底单价时，若钢筋制安工作量较大，则钢筋材料的利用率高，损耗率相对较低，钢筋材料的附加量及人工数量(　　)。

A. 可适当增加　　B. 可适当减少

C. 不变　　D. 与钢筋制安量无关

206. 现行部颁《水利建筑工程概（预）算定额》中，平洞衬砌定额适用于水平夹角(　　)单独作业的平洞。

A. 大于 6°　　B. 大于 10°　　C. 小于 6°　　D. 小于和等于 6°

207. 采用现行部颁《水利建筑工程概（预）算定额》进行土石方工程单价分析时，要注意开挖与填筑定额的单位，前者是自然方，后者是(　　)。

A. 自然方　　B. 松方　　C. 挖方　　D. 压实方

208. 竣工结算是(　　)与建设单位对承建工程项目的最终结算。

A. 施工单位　　B. 投资人　　C. 监理单位　　D. 项目法人

209. 根据现行部颁《水利建筑工程概（预）算定额》，砂砾（卵）石开挖和运输按

(　　)计算。

A. Ⅰ类土　B. Ⅱ类土　C. Ⅲ类土　D. Ⅳ类土

210. 根据现行部颁定额，固结灌浆检查孔数量为固结灌浆孔总量的(　　)。

A. 3%　B. 5%　C. 8%　D. 10%

211. 根据现行部颁定额，吹填工程计算单位为(　　)。

A. 折算为自然方　B. 陆上方　C. 实方　D. 堆填方

212. 根据现行部颁定额，疏浚工程除注明者外，均以(　　)为计算单位。

A. 水下地形实方　B. 图纸计算方　C. 水下松方　D. 水下自然方

213. 根据现行部颁规定，设备费包括(　　)。

A. 设备原价

B. 设备出厂价格

C. 设备出厂价格、运杂费之和

D. 设备原价、运杂费、运输保险费、采购及保管费之和

214. 现行部颁水利建筑工程概预算定额中，以运输距离划分的定额，若遇到的定额介于两子目之间时，可用(　　)计算。

A. 平均法　B. 近似法　C. 插入法　D. 选用较大值法

215. 某水闸底板混凝土按 90 d 龄期设计强度等级为 C20，折算为 28 d 龄期时强度等级换算系数为 0.77，则应按(　　)强度等级混凝土配合比材料用量计算闸底板混凝土材料费。

A. C10　B. C15　C. C20　D. C25

216. 根据现行部颁定额，人工制砂定额子目的计量单位为(　　)。

A. 100 m^3 成品堆方　B. 100 m^3　C. 100 t 成品　D. 100 t

217. 根据现行部颁定额，砂石料加工定额子目中，胶带输送机用量按(　　)计。

A. 台班　B. 台时　C. 米时　D. 组时

218. 完工结算是(　　)与建设单位对承建工程项目的最终结算。

A. 施工单位　B. 投资人　C. 监理　D. 项目法人

219. 根据现行部颁定额，模板制作与安装定额子目，均以(　　)为计量单位。

A. m^2　B. m^3　C. t　D. 100 m^2

220. 根据现行部颁规定，引水工程从现有电网向施工现场供电，架设的 10 kV 输电线路费用应包含在(　　)之中。

A. 其他施工临时工程　B. 其他建筑工程

C. 施工场外供电工程　D. 临时设施费

221. 根据现行部颁规定，下列属于建设管理费的是(　　)。

A. 工程勘察设计费　B. 工程建设监理费

C. 生产职工培训费　D. 工程质量监督费

222. 已知浇筑 100 m^3 闸底板成品混凝土时需耗用 103 m^3 半成品混凝土，若埋块石率 15%，则浇筑 100 m^3 闸底板埋块石成品混凝土时，需耗用块石(　　)m^3 成品码方。

A. 37.4　B. 25.8　C. 22.4　D. 20.0

223. 现行部颁《水利建筑工程概(预)算定额》洞井石方开挖定额的轴流通风机台时数量,系按一个工作面长(　　)拟定的。

A. 200 m　　B. 300 m　　C. 400 m　　D. 500 m

224. 现行部颁《水利建筑工程概(预)算定额》土方洞挖定额的轴流通风机台时数量,系按一个工作面长(　　)拟定的。

A. 200 m　　B. 300 m　　C. 400 m　　D. 500 m

225. 防渗墙造孔所用泥浆的主要作用是(　　)。

A. 润滑作用　　B. 防渗作用　　C. 固壁　　D. 增加阻力

226. 根据现行部颁定额,锚杆定额子目中的锚杆长度是指嵌入岩石的设计有效长度,但其定额计量单位为(　　)。

A. m　　B. 根　　C. kg　　D. 支

227. 根据现行部颁定额,帷幕、固结、高压摆喷灌浆按(　　)计算工程量。

A. 灌浆面积　　B. 实耗浆量　　C. 阻水面积　　D. 设计灌浆长度

228. 根据现行部颁定额,隧洞固结灌浆高度在(　　)范围内不调整。

A. 5 ~ 8 m　　B. ≤5 m　　C. ≥8 m　　D. ≥12 m

229. 根据现行部颁定额,高压旋喷定额按高压摆喷定额乘(　　)的系数。

A. 0. 75　　B. 0. 95　　C. 1. 15　　D. 1. 25

230. 根据现行部颁定额,锚索长度是指嵌入岩石的有效长度,不包括(　　)的长度。

A. 锚头　　B. 锚杆　　C. 锚具　　D. 外露头部长度

231. 根据现行部颁定额,钻孔灌注桩定额未包括(　　)。

A. 井口护筒埋设　　B. 制备泥浆　　C. 泥浆外运　　D. 操作平台

232. 国产标准设备原价一般采用(　　)的原价。

A. 国内市场上设备　　B. 国际市场上设备

C. 带有备件　　D. 不带有备件

233. 设备与材料的划分:不论成套供货、现场加工或零星购置的贮存罐、闸门等均应作为(　　)。

A. 设备　　B. 材料　　C. 工器具　　D. 临时设施

234. 根据现行部颁规定,进口设备国内段运杂综合费率应按(　　)进行计算。

A. 国产设备运杂综合费率乘以相应国产设备原价占进口设备原价的比例系数

B. 相应国产设备运杂综合费率

C. 进口设备国内运输价目表

D. 国产设备运杂综合费率小值

235. 某进口设备原价为同类国产设备原价的 2 倍,该国产设备的安装费率为 10% ,其进口设备安装费率应为(　　)。

A. 10%　　B. 8%　　C. 5%　　D. 6%

236. 根据现行部颁规定, 设备采购及保管费以(　　)为计算基数。

A. 设备原价　　B. 设备运杂费

C. 设备原价、运杂费之和　　D. 设备原价、运杂费、保险费之和

237. 某水利枢纽工程运输国产设备,已知运杂费率为5.37%,运输保险费率为0.4%,采购保管费率按现行有关规定,计算该设备的运杂综合费率为(　　)。

A. 6.47%　　B. 6.51%　　C. 6.5%　　D. 6.45%

238. 根据现行部颁规定,安装工程的现场经费以(　　)为计算基数。

A. 直接费　　B. 直接工程费　　C. 人工费　　D. 机械使用费

239. 混凝土细骨料的划分标准:细度模数3.19~3.85为(　　)。

A. 粗砂　　B. 中砂　　C. 细砂　　D. 特细砂

240. 混凝土细骨料的划分标准:细度模数1.78~2.50为(　　)。

A. 粗砂　　B. 中砂　　C. 细砂　　D. 特细砂

241. 混凝土细骨料的划分标准:细度模数0.9~1.78为(　　)。

A. 粗砂　　B. 中砂　　C. 细砂　　D. 特细砂

242. 根据现行部颁规定人工预算单价中,夜餐津贴计算公式中的百分数,枢纽工程取30%,引水及河道工程取(　　)。

A. 10%　　B. 20%　　C. 25%　　D. 14%

243. 根据现行部颁规定,材料预算价格是指材料从购买地运到(　　)的出库价格。

A. 工作面　　B. 工地总仓库

C. 工地分仓库或堆放场地　　D. 工程所在地

244. 项目建议阶段编制投资估算,其精度要求为误差控制在(　　)内。

A. ±10%　　B. ±15%　　C. ±20%　　D. ±30%

245. 根据现行部颁规定,大型施工机械未列安装拆卸费,则其费用可在(　　)中单列。

A. 台时费　　B. 其他直接费

C. 其他施工临时工程　　D. 进出场费

246. 外购砂石料时,其采购保管费与水泥钢材等材料相比,其费率宜适当(　　)。

A. 提高　　B. 降低　　C. 一样　　D. 不计算此费用

247. 竣工结算是(　　)与建设单位对承建工程项目的最终结算。

A. 施工单位　　B. 投资人　　C. 监理单位　　D. 项目法人

248. 某机械预算价格为240万元,寿命小时为15 000小时,残值率为5%,则小时基本折旧费为(　　)。

A. 160　　B. 162　　C. 158　　D. 152

249. 根据现行部颁规定,从最后一级降压变压器低压侧至施工用电户的线路损耗已包括在(　　)之内。

A. 电能损耗摊销费　　B. 施工用电价格

C. 施工机械设备的台时耗电定额　　D. 供电设施摊销费

250. 按现行部颁规定的施工用电价格构成,施工场外变、配电设备费应计入(　　)之中。

A. 基本电价　　B. 供电设施维修摊销费

C. 电能损耗摊销费　　D. 施工临时工程

251. 现行部颁概算定额中，零星材料费是以费率（%）形式表示，其计算基数为（　　）。

A. 主要材料之和　　B. 人工费、主要材料费之和

C. 人工费、机械费之和　　D. 机械费

252. 根据现行部颁规定，施工企业管理人员使用的小车缴纳的养路费包括（　　）之内。

A. 施工机械台时费的第三类费用　　B. 现场管理费

C. 企业管理费　　D. 间接费

253. 根据现行部颁规定，施工企业项目经理的工资应包括在（　　）之内。

A. 定额中的人工费　　B. 现场经费

C. 企业管理费　　D. 间接费

254. 建设项目的招标工作由（　　）负责，任何单位和个人不得以任何方式非法干涉招标投标活动。

A. 招标人　　B. 投资人　　C. 监理单位　　D. 项目法人

255. 符合下列（　　）条件的水利工程建设项目必须进行招标。

A. 水土保持、水资源保护等水利工程建设项目，施工单项合同估算价 150 万元人民币

B. 使用国家融资的水利工程建设项目，施工单项合同估算价为 300 万元人民币

C. 重要设备、材料等货物的采购，单项合同估算价在 80 万元人民币

D. 勘察设计单项合同估算价在 50 万元人民币

256.（　　）是全国水利工程建设项目招标投标活动的行政监督与管理部门。

A. 建设部　　B. 人力资源部　　C. 发展和改革委　　D. 水利部

257. 水利工程建设项目进行监理招标，应当具备（　　）条件。

A. 建设项目基础资料已收集完成　　B. 建设项目临时征地已经落实

C. 已与设计单位签订设计合同　　D. 项目已列入年度计划

258. 采用邀请招标方式的项目，招标人应当向（　　）以上有投标资格的法人或其他组织发出投标邀请书。

A. 2 个　　B. 3 个　　C. 5 个　　D. 7 个

259.（　　）对水利工程建设项目评标专家资格进行监督与管理。

A. 建设部　　B. 水利部

C. 省水利厅　　D. 水利工程流域管理局

260. 招标人对已发出的招标文件进行必要澄清或者修改的，应当在招标文件要求提交投标文件截止日期至少（　　）前，以书面形式通知所有投标人。

A. 7 日　　B. 10 日　　C. 15 日　　D. 20 日

261.《水利工程工程量清单计价规范》（GB 50501—2007）适用于水利枢纽、水力发电、引（调）水、供水、灌溉、河湖整治、堤防等（　　）的招标投标工程量清单编制和计价活动。

A. 新建、扩建、加固工程 B. 新建、扩建、改建工程
C. 新建、扩建、改建、加固工程 D. 新建、改建、加固工程

262.《水利工程工程量清单计价规范》(GB 50501—2007)附录 A 为水利建筑工程工程量清单项目及计算规则,适用于(　　)建筑物和构筑物的工程。

A. 工业与民用 B. 安装工程 C. 水利建筑工程 D. 国标工程

263. 依法必须招标的项目中,国家重点水利项目、地方重点水利项目及全部使用国有资金投资或者国有资金投资占控股或者主导地位的项目应当(　　)。

A. 代理招标 B. 公开招标 C. 两阶段招标 D. 邀请招标

264. 水利工程工程量清单的项目编码由 12 位组成,其中,(　　)位由清单编制人设置。

A. 三至四 B. 五至六 C. 七至九 D. 十至十二

265. 分部分项工程量清单的项目编码第七、八、九位为(　　)。

A. 分类工程顺序码 B. 分项工程顺序码
C. 清单项目名称顺序码 D. 水利工程顺序码

266. 依法必须进行招标的项目,自招标文件开始发出之日起至投标人提交投标文件截止之日止,最短不应当少于(　　)。

A. 7 日 B. 10 日 C. 15 日 D. 20 日

267. 措施项目是指为完成工程项目施工,发生于该工程施工前和施工过程中招标人(　　)的施工措施项目。

A. 要求列示工程实体量 B. 不要求列示工程量
C. 非项目实体 D. 项目实体

268. 工程量清单不包括(　　)。

A. 措施项目清单 B. 分类分项工程量清单
C. 规费项目清单 D. 其他项目清单

269. 对工程量清单概念表述不正确的是(　　)。

A. 工程量清单是包括工程数量的明细清单
B. 工程量清单也包括工程数量相应的单价
C. 工程量清单由招标人提供
D. 工程量清单是招标文件的组成部分

270. 水利工程建设项目进行勘察设计招标,应当具备(　　)条件。

A. 初步设计已经批准 B. 项目已列入年度计划
C. 勘察设计项目已经确定 D. 建设项目永久征地已经落实

271. 分类分项工程量清单由招标人根据《水利工程工程量清单计价规范》(GB 50501—2007)附录规定的(　　)工程量计算规则及主要工作内容进行编制。

A. 项目编码、项目名称、计量单位
B. 工程量清单表和工程量清单说明
C. 工程量清单表、措施项目一览表和其他项目清单
D. 项目名称、项目特征、工程内容

272. 采用公开招标方式的项目,招标人发布招标公告,公告正式媒介发布至发售资格预审文件(或招标文件)的时间间隔一般不少于(　　)。

A. 5 日　　B. 7 日　　C. 10 日　　D. 14 日

273. 水利工程工程量清单不能表现的内容有(　　)。

A. 其他工程项目名称和数量　　B. 分类分项工程项目名称和数量

C. 措施项目名称和数量　　D. 分部分项工程项目造价

274. 土石方填筑工程工程量清单项目的工程量计算,(　　)。

A. 按招标设计图示轮廓尺寸范围以内的有效自然方体积计量

B. 按招标设计图示尺寸计算的填筑体有效压实方体积计量

C. 按招标设计图示尺寸的有效自然方体积计量

D. 按招标设计图示尺寸计算的填筑体压实方体积计量

275. 下列说法中,符合标底编制依据的是(　　)。

A. 标底价格应由成本、税金组成,不包括利润部分

B. 一个工程可根据投标企业的不同,由编制单位自主选择编制方法

C. 标底的计价依据可由编制单位自主选择

D. 标底应根据招标文件中的工程量清单和有关要求,施工现场情况,合理的施工方案,工程单价组成内容,社会平均生产力水平,按市场价格进行编制

276. 自中标通知书发出之日起(　　)内,招标人和中标人应当按照招标文件和中标人的投标文件订立书面合同。

A. 7 日　　B. 10 日　　C. 15 日　　D. 30 日

277. 工程量清单为投标者提供公开、公平、公正的竞争环境,由(　　)统一提供。

A. 工程标底审查机构　　B. 招标人

C. 工程咨询公司　　D. 招投标管理部门

278. 工程单价是完成工程量清单中一个质量合格的规定计量单位项目所需的人工费、材料费、机械使用费和季节、夜间、高原、风沙等增加的直接费、(　　),并考虑风险因素。

A. 施工管理费、企业利润和税金　　B. 折旧费和大修费

C. 保险费和风险费　　D. 企业利润、规费和税金

279.《水利工程工程量清单计价规范》(GB 50501—2007)中规定水利建筑工程项目编码的第一、二位水利工程顺序码为(　　)

A. 01　　B. 02　　C. 03　　D. 50

280. 按照现行的《水利工程工程量清单计价规范》(GB 50501—2007)规定,工程单价不包括(　　)。

A. 利润　　B. 风险因素　　C. 规费　　D. 施工管理费

281. 招标人在确定中标人后,应当在(　　)之内按项目管理权限向水行政主管部门提交招标投标情况的书面报告。

A. 7 日　　B. 10 日　　C. 15 日　　D. 30 日

282. 项目编码采用(　　)位阿拉伯数字,一至九位为统一编码,其中一、二位为水利

工程顺序码。

A. 14　B. 12　C. 10　D. 11

283. 工程量清单格式的组成内容不包括(　　)。

A. 工程项目总价表　B. 分类分项工程量清单

C. 措施项目清单　D. 封面

284. 分类分项工程量清单应包括(　　)。

A. 工程量清单表和工程量清单说明

B. 项目编码、项目名称、计量单位、工程数量和主要技术条款编码等

C. 工程量清单表、措施项目一览表和其他项目清单

D. 项目名称、项目特征、工程内容等

285. 水利工程建设项目评标委员会专家组成成员人数为(　　)以上单数,其中专家(不含招标人代表人数)不得少于成员总数的2/3。

A. 3 人　B. 5 人　C. 7 人　D. 9 人

286. 采用工程量清单计价时,要求投标报价根据(　　)。

A. 业主提供的工程量,按照现行概算扩大指标编制得出

B. 招标文件中的工程量清单,施工现场情况,以及拟订的施工方案,企业定额等

C. 承包商自行计算工程量参照现行预算定额规定编制得出

D. 承包商自行计算工程量,结合企业自身所掌握的各种信息,资料及企业定额编制得出

287. 按现行水利水电合同条件规定,施工索赔事件发生后,承包人应在(　　)内提交索赔意向书。

A. 7 天　B. 14 天　C. 28 天　D. 56 天

288. 不属于工程变更价款确定依据的是(　　)

A. 合同条款　B. 工程变更令　C. 技术规范　D. 设计图纸

289. 以下工作不属于发包人的一般义务和责任的是(　　)。

A. 提供施工用地　B. 提供测量基准

C. 文明施工　D. 支付合同价款

290. 材料预付款是施工企业为承包工程在开工前用于(　　)所需的资金。

A. 发放工资　B. 购买机械设备

C. 搭建临时设施　D. 购买储备主要材料

291. 水利工程预付款一般划分为(　　)。

A. 材料预付款和设备预付款　B. 人工预付款和工程材料预付款

C. 工程预付款和设备预付款　D. 工程预付款和工程材料预付款

292. 招标标底是招标人对招标项目的预期价格,标底应体现(　　)水平。

A. 社会生产力平均先进　B. 社会生产力平均

C. 国家规定的平均水平　D. 个别企业先进水平

293. 下面有关工程标底的说法不正确的是(　　)。

A. 标底是我国工程招标中的一个特有概念

B. 标底是招标人对建设工程预算的期望值

C. 标底通常被作为工程的交易价格

D. 标底应根据有关计价依据和计价办法来计算

294. 下列不属于投标文件内容的是(　　)。

A. 投标函　　B. 资格预审合格通知书

C. 施工组织设计或者施工方案　　D. 投标报价

295. 根据现行部颁规定,大型电力变压器运输的充氮费用包括在(　　)内。

A. 设备原价　　B. 运杂费　　C. 采购及保管费　　D. 另外计算

296. 水电站主厂房桥式起重机工作制一般采用(　　)。

A. 轻级,$J_c=15\%$　　B. 中级,$J_c=25\%$　　C. 重级,$J_c=40\%$　　D. 都可以

297. 根据现行部颁规定,水力机械管路安装包括全厂油、水、压气系统管路及机组管路的(　　)的安装。

A. 管子、管子附件和阀门　　B. 管子和管子附件

C. 管子　　D. 管子、弯头、法兰和接头

298. 根据现行部颁规定,蝴蝶阀安装以"台"为计量单位,按(　　)选用。

A. 设备自重　　B. 适用水头　　C. 蝴蝶阀直径　　D. 型号

299. 根据现行部颁预算定额,平洞石方开挖工程量计算分为两部分:按照设计图纸轮廓尺寸计算的工程量为 X,允许的超挖工程量为 Y。石渣运输工程量为(　　)。

A. X　　B. Y　　C. $X+Y$　　D. 都不对

300. 某引水隧洞设计混凝土衬砌后洞径为 2 m,设计混凝土衬砌厚度为 30 cm,洞长 100 m,洞挖石方时平均超挖 10 cm,初步设计阶段工程量扩大系数 1.03,则混凝土衬砌的概算工程量为(　　)m^3。

A. 217　　B. 302　　C. 223　　D. 311

301. 某水库导流洞设计开挖直径为 2 m,洞长 100 m,规范允许超挖 10 cm,初步设计阶段工程量扩大系数为 1.03,则采用现行部颁水利建筑工程概算定额编制概算的洞挖石方工程量为(　　)m^3。

A. 324　　B. 314　　C. 380　　D. 392

302. 已知浇筑 100 m^3 闸底板成品混凝土时需耗用 112 m^3 半成品混凝土,若埋块石率 20%,则浇筑 100 m^3 闸底板埋块石成品混凝土时,需耗用块石(　　)m^3 成品码方。

A. 39.2　　B. 37.4　　C. 22.4　　D. 20.0

303. 根据现行部颁规定,拦河坝的永久照明工程应列在(　　)内。

A. 第一部分建筑工程的其他工程

B. 第二部分机电设备及安装工程的其他工程

C. 拦河坝工程的细部结构指标内

D. 其他直接费

304. 基础处理后常常需要钻一定数量检查孔,这些检查孔工程量称为(　　)。

A. 试验工程量　　B. 施工附加量

C. 钻孔工程量　D. 质量检查工程量

二、多项选择题

1. 现行水利工程项目划分，下列哪几项属于枢纽工程？(　　)
A. 堤防工程　B. 水库工程　C. 水电站工程
D. 灌溉工程　E. 供水工程

2. 现行水利工程项目划分，哪几项属于枢纽工程？(　　)
A. 堤防工程　B. 水库工程　C. 水电站工程
D. 灌溉工程　E. 农村饮水安全工程

3. 属于基本建设“三算”的是(　　)。
A. 设计概算　B. 施工预算　C. 施工图预算
D. 竣工结算　E. 竣工决算

4. 完工结算与竣工决算的主要区别是(　　)。
A. 作用不相同　B. 基础不相同　C. 范围不相同
D. 内容不相同　E. 定额依据不相同

5. 在概算工程项目划分中，根据其功能，下列哪些为主体建筑工程？(　　)
A. 挡水工程　B. 泄洪工程　C. 交通工程
D. 航运工程　E. 发电厂工程

6. 英、美各国从规划选点到招标阶段，工程造价计算分为以下几种类型？(　　)
A. 概念性估算　B. 机会性估算　C. 初步估算
D. 控制性估算　E. 工程师估算

7. 以下项目属于公益性投资项目的是(　　)。
A. 交通　B. 环保　C. 电力　D. 学校　E. 博物馆

8. 项目产品自身的特点及其市场环境，投资项目可分为(　　)。
A. 盈利性投资项目　B. 竞争性投资项目　C. 基础性投资项目
D. 公益性投资项目　E. 混合公共品

9. 造价管理的核心内容是(　　)。
A. 工程造价的合理确定　B. 工程造价的有效控制
C. 推行限额设计　D. 做好招标投标工作
E. 竣工结算

10. 影响工程项目造价的基本要素有(　　)。
A. 工期　B. 材料　C. 设备　D. 质量　E. 投资

11. 工程造价具有(　　)特点。
A. 个别性、差异性　B. 动态性　C. 概括性
D. 准确性　E. 层次性

12. 项目建议书的主要作用是为了推荐一个拟进行建设项目的初步说明，论述项目的(　　)。

A. 技术的先进性　　B. 工艺的安全性　　C. 建设的必要性
D. 条件的可行性　　E. 获利的可能性

13. 建设项目进行竣工验收的主要作用有(　　)。
A. 检验设计和工程质量,保证项目按设计要求的技术指标正常生产
B. 有关部门和单位总结经验教训
C. 建设单位向生产单位移交所有固定资产,存在的问题由生产单位解决
D. 建设单位对验收合格的项目及时移交固定资产,使其由建设系统转入生产系统
E. 组件生产单位,解散建设单位

14. 水利工程造价与国际接轨,必须使水利工程造价管理的(　　)尽快融入世界经济。
A. 观念　B. 方法　C. 手段　D. 资料　E. 费用

15. 工程造价的基本概念中,下列说法正确的是(　　)。
A. 工程造价两种含义表明需求主体和供给主体追求的经济利益相同
B. 工程造价在建设过程中不是工程的实际造价,直至竣工决算后才能确定工程的实际造价
C. 实现工程造价职能的最主要条件是形成市场竞争机制
D. 生产性项目总投资包括其总造价和流动资产投资两部分
E. 建设项目各阶段依次形成的工程造价之间的关系是前者制约后者,后者补充前者

16. 建设项目总投资由(　　)组成。
A. 固定资产投资　　B. 静态投资　　C. 工程投资
D. 动态投资　　E. 流动资产投资

17. 建设工程进行多次计价,它们之间的关系是(　　)。
A. 投资估算控制设计概算
B. 设计概算控制施工图预算
C. 设计概算是对投资估算的落实
D. 投资估算作为工程造价的目标限额,应比设计概算更为准确
E. 在正常情况下投资估算应小于设计概算

18. 建设项目按照建设性质划分为(　　)。
A. 基本建设项目　　B. 生产性建设项目　　C. 更新改造项目
D. 非产性建设项目　　E. 公益性项目

19. 按项目规模分类,基本建设项目可划分为(　　)。
A. 大型　　B. 限额以上　　C. 小型
D. 限额以下　　E. 中型

20. 下列属于新建项目的是(　　)。
A. 因自然灾害等原因,原有固定资产部分报废后按原有规模建设的项目
B. 原来没有,现在开始建设的项目

C. 由于生产布局需要,迁往外地新建设的项目

D. 经扩大建设规模,新增加固定资产价值是原有固定资产价值的2倍

E. 经扩大建设规模,新增加固定资产价值是原有固定资产价值的5倍

21. 按照投资额的构成,基本建设项目可分为(　　)。

A. 建筑安装工程投资　B. 银行利息投资　C. 设备工器具投资

D. 预备费投资　E. 其他基本建设投资

22. 下列选项中,属于水利水电工程建设项目费组成部分的有(　　)。

A. 工程费　B. 独立费用　C. 预备费

D. 建设期融资贷款利息　E. 钻探勘测设计费

23. 建设项目按照建设用途划分为(　　)。

A. 新建项目　B. 生产性建设项目　C. 更新改造项目

D. 非产性建设项目　E. 公益性项目

24. 下列(　　)属于基本建设的工作内容。

A. 各种建筑物、房屋、设备基础等的建造工作

B. 闸门的安装与调试　C. 勘测、设计工作

D. 淹没及迁移赔偿工作　E. 造价文件编制工作

25. 下列属于生产性建设项目的是(　　)。

A. 住宅　B. 邮电　C. 卫生　D. 农业　E. 气象

26. 施工准备阶段的主要内容包括(　　)。

A. 施工现场的征地、拆迁

B. 完成施工用水、电、通信、路和场地平整等工程

C. 完成必须的生产、生活临时建筑工程

D. 组织招标设计、咨询、设备和物资采购等服务

E. 组织建设监理和主体工程招标投标

27. 初步设计要提出(　　)资料。

A. 设计报告　B. 施工预算书　C. 设计图纸

D. 设计概算　E. 项目建议书

28. 水利工程项目进行施工准备必须满足的条件是(　　)。

A. 初步设计已经批准

B. 项目法人已经建立

C. 项目已列入建设投资计划,已经完成筹资

D. 有关土地使用权已经批准

E. 已办理报建手续

29. 主体工程开工需具备的条件包括(　　)。

A. 施工详图设计必须满足整个主体工程的施工需要

B. 建设项目已列入建设投资年度计划,年度建设资金已经落实

C. 工程承包合同已经签订

D. 建设项目所需全部投资来源已经明确

E. 全部材料已经进场

30. 生产准备阶段一般包括的主要内容是(　　)。

A. 生产组织准备　B. 招收和培训人员　C. 生产技术准备

D. 生产物资准备　E. 正常的生活福利设施准备

31. 水利建设项目工程部分费用包括(　　)。

A. 建筑工程费、安装工程费和设备费

B. 独立费用　C. 预备费　D. 建设期融资利息

E. 工程费

32. 现行水利工程概算中的工程部分划分为(　　)。

A. 建筑工程、临时工程　B. 贷款利息

C. 机电设备及安装工程　D. 独立费用

E. 金属结构设备及安装工程

33. 现场经费包括(　　)。

A. 临时设施费　B. 现场管理费　C. 施工临时工程

D. 工具用具使用费　E. 试验检验费

34. 建筑及安装工程费组成内容包括(　　)。

A. 直接工程费　B. 间接费　C. 企业利润

D. 税金　E. 直接费

35. 下列属于直接工程费组成内容的是(　　)。

A. 直接费　B. 间接费　C. 其他直接费

D. 现场经费　E. 措施费

36. 辅助工资包括(　　)。

A. 地区津贴　B. 施工津贴　C. 夜餐津贴

D. 节日加班津贴　E. 独生子女津贴

37. 下列属于工资附加费的是(　　)。

A. 职工福利基金　B. 工会经费　C. 养老保险费

D. 基本工资　E. 辅助工资

38. 人工费中基本工资生产工人年应工作天数以内非作业天数的工资,包括(　　)。

A. 职工开会学习、培训期间的工资

B. 调动工作、探亲、休假期间的工资

C. 因气候影响的停工工资

D. 女工哺乳期间的工资

E. 病假在8个月以内的工资

39. 生产工人年应工作天数以内非作业天数的工资包括(　　)。

A. 职工开会学习、培训期间的工资

B. 职工调动工作、探亲、休假期间的工资

C. 职工因气候影响的停工工资

D. 职工病假六个月以上的工资

E. 职工产、婚、丧假期的工资

40. 辅助工资包括(　　)。
A. 地方津贴　B. 施工津贴　C. 工资附加费
D. 夜餐津贴　E. 节假日加班津贴

41. 工资附加费包括(　　)。
A. 职工福利基金　B. 养老保险费　C. 住房公积金
D. 工会经费　E. 地方津贴

42. 构成材料预算单价的费用包括(　　)。
A. 材料原价　B. 运杂费　C. 保险费
D. 材料研发试验费　E. 包装费

43. 构成施工机械台时使用费的有(　　)。
A. 施工机械替换设备费　B. 折旧费　C. 机上人员人工费
D. 临时设施安拆费　E. 施工机械设计费

44. 施工机械使用费包括(　　)。
A. 租赁费　B. 修理及替换设备费　C. 安装拆卸费
D. 机上人工费　E. 动力燃料费

45. 其他直接费包括(　　)。
A. 安全事故处理费　B. 工伤人员误工补助费　C. 冬雨期施工增加费
D. 夜间施工增加费　E. 特殊地区施工增加费

46. 下列属于间接费的是(　　)。
A. 企业管理费　B. 财务费用　C. 企业定额测定费
D. 施工企业进退场补贴费　E. 现场管理费

47. 水利水电工程建设项目应征收的税金包括(　　)。
A. 营业税　B. 城市维护建设税　C. 增值税
D. 教育费附加　E. 印花税

48. 建安工程费的税金包括(　　)。
A. 印花税　B. 营业税　C. 城市维护建设税
D. 教育附加税　E. 增值税

49. 材料运杂费包括(　　)。
A. 从交货点到工地分仓库的运费
B. 从分仓库到作业面的运费
C. 货物装卸费
D. 运输保险费
E. 采购及保管费

50. 按现行部颁规定，现场经费中的临时设施费包括(　　)。
A. 施工供水　B. 简易砂石加工系统　C. 支线供水
D. 小型混凝土拌和系统　E. 施工过程中的环境保护措施

51. 根据《水利工程设计概(估)算编制规定》(水总〔2002〕116 号)，关于费用组成叙

述正确的有(　　)

A. 建筑安装工程项目上的周转性材料摊销费包括在直接工程费中

B. 工程保险费包括在间接费中

C. 施工企业进退场补贴费包括在间接费中

D. 施工机械维修费包括在直接工程费中

E. 承包工程的保函手续费包括在间接费中

52. 根据《水利工程设计概(估)算编制规定》(水总〔2002〕116 号),在其他直接费中开支的有(　　)。

A. 冬季施工增加费用

B. 夜间施工增加费用

C. 钢筋加工厂的照明费用

D. 高海拔地区施工增加费

E. 雨季施工增加费用

53. 根据《水利工程设计概(估)算编制规定》(水总〔2002〕116 号),间接费中包括(　　)。

A. 工程保险费　B. 现场管理费　C. 投标费用

D. 施工企业进退场补贴费　E. 设备折旧费

54. 根据《水利工程设计概(估)算编制规定》(水总〔2002〕116 号),直接工程费中包括(　　)。

A. 人工费　B. 建筑安装工程项目上的周转性材料摊销费

C. 企业管理费　D. 施工机械维修费

E. 企业定额测定费

55. 根据《水利工程设计概(估)算编制规定》(水总〔2002〕116 号),间接费中的财务费用包括(　　)。

A. 短期贷款利息支出　B. 承包工程的保函手续费　C. 企业定额测定费

D. 教育费附加　E. 投标费用

56. 根据《水利工程设计概(估)算编制规定》(水总〔2002〕116 号),关于费用组成叙述正确的有(　　)。

A. 短期贷款利息支出包括在间接费的其他费用中

B. 直接工程费中的直接费包括人工费、材料费、施工机械使用费、现场经费

C. 冬期施工增加费包括在直接工程费的其他直接费中

D. 投标保函费包括在间接费中

E. 间接费包括企业管理费、财务费用、其他费用

57. 根据《水利工程设计概(估)算编制规定》(水总〔2002〕116 号),关于费用组成叙述正确的有(　　)。

A. 直接工程费包括直接费、其他直接费、现场经费

B. 现场管理费属于其他直接费

C. 其他直接费包括冬雨期施工增加费、夜间施工增加费、特殊地区施工增加费、

临时设施费和其他

D. 其他直接费包括冬雨期施工增加费、夜间施工增加费、特殊地区施工增加费和其他

E. 企业利润指按规定应计入建筑、安装工程费用中的利润

58. 根据《水利工程设计概(估)算编制规定》(水总〔2002〕116 号),关于费用组成叙述不正确的有(　　)。

A. 企业投标和承包工程发生的保函手续费包括在间接费的企业管理中

B. 直接工程费中的直接费包括人工费、材料费、施工机械使用费

C. 直接工程费中的直接费包括人工费、材料费、施工机械使用费、现场经费

D. 间接费包括企业管理费、财务费用、其他费用

E. 间接费包括现场经费、企业管理费、财务费用、其他费用

59. 根据《水利工程设计概(估)算编制规定》(水总〔2002〕116 号),关于费用组成叙述正确的有(　　)。

A. 水利工程费用由工程费、独立费用、预备费、建设期融资利息组成

B. 水利工程费用由工程费、税金、独立费用、预备费、建设期融资利息组成

C. 水利工程概算第四部分施工临时工程导流工程、施工交通工程、施工场外供电工程、施工房屋建筑工程、其他施工临时工程组成

D. 水利工程概算第四部分施工临时工程导流工程、施工交通工程、施工场外供电工程、施工房屋建筑工程、其他施工临时工程、施工场地征用费组成

E. 联合试运转费包括在生产准备费中

60. 根据《水利工程设计概(估)算编制规定》(水总〔2002〕116 号),关于费用组成叙述不正确的有(　　)。

A. 水利工程费用由工程费、独立费用、预备费、建设期融资利息组成

B. 水利工程概算第四部分施工临时工程导流工程、施工交通工程、施工场外供电工程、施工房屋建筑工程、其他施工临时工程组成

C. 联合试运转费包括在生产准备费中

D. 生产及管理单位管理用具购置费在生产准备费中

E. 建设管理费包括项目建设管理费、工程建设监理费、工程质量监督费

61. 根据《水利工程设计概(估)算编制规定》(水总〔2002〕116 号),关于费用组成叙述不正确的有(　　)。

A. 水利工程概算第五部分独立费用由建设管理费、生产准备费、科研勘测设计费、建设及施工场地征用费和其他组成

B. 水利工程概算第五部分独立费用由建设管理费、生产准备费、科研勘测设计费、施工房屋建筑工程费、建设及施工场地征用费和其他组成

C. 生产及管理单位因需要提前进厂,提前进厂费应包括在建设管理费中

D. 工程保险费包括在建设管理费中

E. 企业利润指按规定应计入建筑、安装工程费用中的利润

62. 根据《水利工程设计概(估)算编制规定》(水总〔2002〕116 号),建筑安装工程费

用在计算税金时的基数包括以下哪些费用？(　　)

A. 直接工程费　B. 间接费　C. 企业利润

D. 教育费附加　E. 城市维护建设费

63. 按现行部颁规定，下列哪几项属独立费用？(　　)

A. 建设期融资利息　B. 生产职工培训费　C. 建设单位经常费

D. 工程保险费　E. 财务费用

64. 按现行部颁规定，属于建设管理费的项目有(　　)。

A. 项目建设管理费　B. 联合试运转费　C. 生产职工培训费

D. 工程质量监督费　E. 工程建设监理费

65. 按现行部颁规定，科研勘测设计费包括(　　)。

A. 定额编制管理费　B. 工程勘测设计费　C. 项目建设管理费

D. 工程质量监督费　E. 工程科学试验研究费

66. 按现行部颁规定，生产准备费包括(　　)。

A. 管理用具购置费　B. 生产职工培训费　C. 项目建设管理费

D. 工程质量监督费　E. 工器具购置费

67. 按现行部颁规定，项目建设管理费包括(　　)。

A. 工程管理经常费　B. 建设单位开办费　C. 项目建设管理费

D. 工程质量监督费　E. 建设单位人员经常费

68. 按现行部颁规定，工程管理经常费包括(　　)。

A. 低值易耗品摊销费　B. 建设监理费　C. 咨询费

D. 联合试运转费　E. 招标业务费

69. 静态总投资包括(　　)。

A. 独立费用　B. 价差预备费　C. 建设期融资利息

D. 设备费　E. 建安工程费

70. 工程总投资包括(　　)。

A. 独立费用　B. 价差预备费　C. 建设期融资利息

D. 设备费　E. 建安工程费

71. 价差预备费计算时，需要考虑的参数有(　　)。

A. 施工年度　B. 合理建设工期

C. 建设期资金流量表内第 n 年投资　D. 年物价指数　E. 付息额度

72. 生产准备费中，按一至四部分建安工作量的百分数计费的为(　　)。

A. 备品备件购置费　B. 管理用具购置费　C. 生产职工培训费

D. 生产单位提前进厂费　E. 工器具及生产家具购置费

73. 生产准备费中，按设备费的百分数计费的为(　　)。

A. 备品备件购置费　B. 管理用具购置费　C. 生产职工培训费

D. 生产单位提前进厂费　E. 工器具及生产家具购置费

74. 下列哪些费用是以建安工作量的百分数计费的？(　　)

A. 工程保险费　B. 管理用具购置费　C. 生产职工培训费

D. 工程科学研究试验费　E. 工器具及生产家具购置费

75. 下列叙述正确的是(　　)。

A. 基本预备费在初设阶段为5%～8%

B. 价差预备费以工程一至五部分投资合计的百分率计算

C. 建设期融资利息以静态总投资为计算基数

D. 工程一至五部分投资与基本预备费之和构成静态总投资

E. 预备费与建设期融资利息属于动态投资

76. 建设期融资利息计算时,需要考虑的参数有(　　)。

A. 施工年度　B. 合理建设工期

C. 建设期资金流量表内第 n、m 年投资　D. 建设期融资利率

E. 付息额度

77. 建设单位开办费依据(　　)确定。

A. 建设单位定员人数　B. 建设单位开办费标准　C. 费用指标

D. 费用计算期　E. 工程类别及规模

78. 建设单位人员经常费依据(　　)确定。

A. 建设单位定员　B. 费用指标　C. 经常费用计算期

D. 年物价指数　E. 施工年度

79. 下列哪些费用是以设备费的百分数计费的?(　　)

A. 工程保险费　B. 管理用具购置费　C. 备品备件购置费

D. 工程科学研究试验费　E. 工器具及生产家具购置费

80. 下列叙述错误的是(　　)。

A. 工程保险费按建安工作量计取

B. 管理用具购置费按一至四部分投资合计计取

C. 备品备件购置费按设备费计取

D. 工程科学研究试验费按建安工作量计取

E. 工器具及生产家具购置费按一至四部分投资合计计取

81. 根据《水利工程工程量清单计价规范》规定,工程量清单应由(　　)组成。

A. 分类分项工程量清单　B. 措施项目清单　C. 其他项目清单

D. 总价项目清单　E. 零星工作项目清单

82. 下列选项中,属于一级项目的有(　　)。

A. 建筑工程　B. 机电设备及安装工程

C. 金属结构设备及安装工程

D. 临时设施　E. 挡水工程

83. 下列选项中,属于三级项目的有(　　)。

A. 土方开挖　B. 干砌石护坡　C. 混凝土闸底板

D. 船闸　E. 发电站厂房

84. 下列项目属于三级项目的有(　　)。

A. ××段支渠　B. 土工膜　C. 启闭机室

D. 细部结构工程　E. 引水枢纽

85. 下列项目属于三级项目的有(　　)。

A. ××段支渠　B. 土工膜　C. 启闭机室

D. 细部结构工程　E. 土方开挖

86. 下列不属于水利建筑工程中枢纽工程的是(　　)。

A. 挡水工程、泄洪工程、引水工程

B. 供水工程、灌溉渠(管)道工程

C. 河湖整治工程

D. 堤防工程

E. 引水工程中的水源工程

87. 下列属于金属结构设备及安装工程的是(　　)。

A. 闸门　B. 启闭机　C. 压力钢管　D. 泵站　E. 拦污栅

88. 枢纽工程包括(　　)和其他建筑工程。

A. 挡水工程、泄洪工程、引水工程　B. 发电厂工程、升压变电站工程

C. 航运工程、鱼道工程　D. 交通工程、房屋建筑工程

E. 河湖整治工程

89. 枢纽工程的机电设备及安装工程由(　　)三项组成。

A. 发电设备及安装工程　B. 升压变电设备及安装工程

C. 公用设备及安装工程　D. 泵站设备及安装工程

E. 小水电设备及安装工程

90. 引水工程及河道工程的机电设备及安装工程由(　　)四项组成。

A. 供变电工程　B. 升压变电设备及安装工程

C. 公用设备及安装工程　D. 泵站设备及安装工程

E. 小水电设备及安装工程

91. 金属结构设备及安装工程包括(　　)。

A. 闸门、启闭机　B. 拦污栅、升船机

C. 压力钢管制作与安装工程　D. 其他金属结构设备及安装工程

E. 水电设备及安装工程

92. 按基本建设项目本身的内部组成,将其划分为(　　)。

A. 单项工程　B. 单位工程　C. 分部工程

D. 分项工程　E. 单位工序

93. 下列属于单项工程的是(　　)。

A. 电站厂房　B. 拦河坝　C. 进水闸

D. 调压井　E. 引水隧洞

94. 分部工程一般按建筑物的(　　)来划分。

A. 主要部位　B. 工种　C. 工程量的大小

D. 投资多少　E. 施工方法

95. 分部工程是编制(　　)的基本单位。

A. 工程造价　　B. 质量评定　　C. 竣工结算

D. 成本核算　　E. 组织施工

96. 水利水电建设项目按工程性质和功能划分为两大类，分别是(　　)。

A. 枢纽工程　　B. 枢纽及河道

C. 引水工程及河道工程

D. 渠道工程　　E. 引水工程

97. 下列属于建筑工程中枢纽工程的是(　　)。

A. 挡水工程、泄洪工程、引水工程

B. 发电厂工程、升压变电站工程

C. 航运工程、鱼道工程

D. 交通工程、房屋建筑工程和其他建筑工程

E. 河湖整治与提防工程

98. 水利建设项目工程部分中工程费用包括(　　)。

A. 建筑工程费　　B. 安装工程费和设备费　　C. 施工临时工程费

D. 预备费　　E. 独立费用

99. 现场经费包括(　　)。

A. 临时设施费　　B. 现场管理费　　C. 施工临时工程

D. 工具用具使用费　　E. 其他工程费用

100. 下列应在临时设施费中计列的是(　　)。

A. 钢筋辅助加工厂　　B. 混凝土预制构件厂　　C. 临时围堰

D. 临时房屋建筑工程　　E. 场地平整

101. 下列应在现场管理费中计列的是(　　)。

A. 办公费　　B. 固定资产使用费　　C. 固定资产折旧

D. 工具用具使用费　　E. 保险费

102. 下列(　　)属于间接费中的其他费用。

A. 招标投标发生的费用　　B. 企业定额测定费

C. 施工企业进退场补贴费　　D. 交通过路费

E. 保险费

103. 下列属于财务费用的内容有(　　)。

A. 投标保函手续费　　B. 短期融资利息净支出　　C. 汇兑净损失

D. 咨询费　　E. 公证费

104. 下列应在企业管理费中计列的是(　　)。

A. 投标保函手续费　　B. 投标报价费　　C. 咨询费

D. 保险费　　E. 劳动保护费

105. 税金是指国家对施工企业承担建筑及安装工程作业收入所征收的(　　)。

A. 营业税　　B. 增值税　　C. 城市维护建设税

D. 教育费附加　　E. 印花税

106. 水利建设项目工程费用包括(　　)。

A. 建筑与安装工程费　B. 独立费用　C. 预备费
D. 建设期融资利息　E. 设备费

107. 建筑及安装工程费组成内容包括(　　)。
A. 直接工程费　B. 间接费　C. 企业利润
D. 税金　E. 直接费

108. 下列属于直接工程费组成内容的是(　　)。
A. 直接费　B. 间接费　C. 其他直接费
D. 现场经费　E. 现场管理费

109. 下列属于引水工程及河道工程的是(　　)。
A. 堤防工程　B. 渡槽工程　C. 小水电站工程
D. 清淤疏浚工程　E. 泵站设备及安装工程

110. 引水工程及河道工程中机电设备及安装工程包括(　　)。
A. 泵站设备及安装工程　B. 小水电站设备及安装工程
C. 供变电设备及安装工程　D. 公用设备及安装工程
E. 发电设备及安装工程

111. 下列属于施工临时工程的是(　　)。
A. 永久性交通工程
B. 施工导流工程
C. 枢纽工程:从现有电网向施工现场供电的35 kV 及以上等级高压输电线路工程
D. 引水工程及河道工程:从现有电网向施工现场供电的10 kV 及以上等级高压输电线路工程
E. 房屋建筑工程

112. 属于施工临时工程的有(　　)。
A. 导流围堰　B. 泄洪道闸门　C. 施工用交通道路
D. 混凝土生产系统　E. 中控楼

113. 其他直接费中的检验试验费,指对建筑材料、构件和建筑安装物进行一般鉴定、检查所发生的费用,不包括(　　)等。
A. 新结构、新材料的试验费
B. 对构件进行破坏性试验的费用
C. 其他特殊要求检验试验的费用
D. 技术革新和研究试验费
E. 自设实验室所耗用的材料

114. 根据《水利工程设计概(估)算编制规定》,其他直接费包括(　　)等。
A. 冬雨季施工增加费　B. 夜间施工增加费
C. 特殊地区施工增加费　D. 检验试验费　E. 工程定位复测

115. 根据《水利工程设计概(估)算编制规定》,水利工程的独立费用中的生产准备费包括(　　)。

A. 生产职工培训费
B. 管理用具购置费
C. 备品备件购置费
D. 工器具及生产家具购置费
E. 施工单位提前进厂费

116. 根据《水利工程设计概(估)算编制规定》,水利工程的独立费用中的建设管理费包括(　　)。
A. 工程前期费　B. 项目建设管理费　C. 工程建设监理费
D. 联合试运转费　E. 生产准备费

117. 根据《水利工程设计概(估)算编制规定》,水利工程的独立费用包括(　　)。
A. 建设管理费　B. 生产准备费　C. 科研勘测设计费
D. 建设及施工场地征用费　E. 预备费

118. 建设及施工场地征用费主要包括(　　)等。
A. 征用场地上的林木、作物的赔偿费
B. 征用场地上的建筑物迁建费
C. 征用场地上的居民迁移费
D. 建筑物拆建费
E. 永久工程占耕地税

119. 建设及施工场地征用费指根据设计确定的(　　)所发生的征地补偿费用及应缴纳的耕地占用税等。
A. 永久工程征地　B. 临时工程征地　C. 管理单位用地
D. 施工单位用地　E. 居民迁移

120. 构成设备费的有(　　)。
A. 设备原价　B. 运杂费　C. 运输保险费
D. 设备设计费　E. 采购及保管费

121. 下列选项中,属于独立费的有(　　)。
A. 定额编制管理费　B. 工程质量监督费　C. 工程保险费
D. 联合试运转费　E. 价差预备费

122. 建设单位管理费包括(　　)。
A. 建设单位开办费　B. 建设单位经常费　C. 工程建设监理费
D. 科研勘测设计费　E. 生产准备费

123. 生产准备费包括(　　)。
A. 生产及管理单位提前进厂费
B. 生产职工培训费
C. 管理用具购置费
D. 工器具及家具购置费
E. 交通工具购置费

124. 预备费包括(　　)。

A. 基本预备费　B. 生产准备费　C. 变动预备费
D. 价差预备费　E. 不变预备费

125. 基本预备费是为解决工程施工过程中,(　　)所增加的投资。
A. 经上级批准的设计变更　B. 国家政策性变动
C. 人工工资上涨　D. 解决意外事故而采取的措施
E. 材料价格上涨

126. 价差预备费是为解决工程项目建设过程中,因(　　)而增加的投资。
A. 人工工资价格上涨　B. 材料价格上涨　C. 设备价格上涨
D. 费用标准调整　E. 经上级批准的设计变更

127. 下列选项中,属于施工企业管理费的有(　　)。
A. 技术转让费　B. 技术开发费　C. 业务招待费
D. 企业定额测定费　E. 施工企业进退场补贴费

128. 按索赔的目的不同,索赔可分为(　　)。
A. 施工索赔　B. 业主反索赔　C. 费用索赔
D. 商务索赔　E. 工期索赔

129. 混凝土工程项目划分的依据有(　　)。
A. 工程部位　B. 混凝土强度等级　C. 混凝土级配
D. 制作方法　E. 气候条件

130. 自行采备骨料单价一般应包括(　　)。
A. 覆盖层清除摊销　B. 毛料开采运输、加工　C. 采购及保管费
D. 成品料运输　E. 弃料处理摊销及各项损耗

131. 现行部颁定额中,按设计灌浆长度为单位计算的项目为(　　)。
A. 帷幕灌浆　B. 固结灌浆　C. 高压喷射灌浆
D. 回填灌浆　E. 接缝灌浆

132. 按现行部颁规定,人工预算单价中的辅助工资包括(　　)。
A. 施工津贴　B. 夜餐津贴　C. 工会经费
D. 地区津贴　E. 节日加班津贴

133. 水利工程压力灌浆按其使用目的可分为(　　)。
A. 帷幕灌浆　B. 固结灌浆　C. 接触灌浆
D. 回填灌浆　E. 化学灌浆

134. 按材料的使用性质,可划分为(　　)。
A. 主要材料　B. 次要材料　C. 消耗性材料
D. 装置性材料　E. 周转性材料

135. 现行部颁定额中,按设计灌浆面积计算的项目为(　　)。
A. 回填灌浆　B. 接触灌浆　C. 帷幕灌浆
D. 固结灌浆　E. 预埋骨料灌浆

136. 在工程施工中,下列用电中可直接计入工程造价的是(　　)。
A. 施工机械用电　B. 施工照明用电　C. 生产人员生活用电

D. 文化福利建筑室内外照明用电
E. 其他机械用电

137. 土方挖装常用机械有(　　)。
A. 挖掘机　B. 铲运机　C. 钻机
D. 推土机、拖拉机　E. 自卸汽车

138. 按定额的编制程序和用途可划分为(　　)。
A. 投资估算指标　B. 概算定额　C. 施工定额
D. 企业定额　E. 预算定额

139. 定额编制的原则为(　　)。
A. 水平合理　B. 基本正确　C. 专业专用
D. 简明适用　E. 工序科学

140. 水利工程造价预测一般是指(　　)。
A. 投资估算　B. 设计概算　C. 竣工决算
D. 项目管理预算　E. 标底

141. 编制概算工程量要计入(　　)。
A. 设计图纸工程量　B. 设计阶段系数　C. 允许的施工附加量
D. 允许的超挖超填量　E. 施工操作损耗

142. 按现行部颁规定,水利工程每个部分一般设置三个等级项目,以引水式电站为例,下列哪种说法是正确的?(　　)
A. 引水工程属一级项目　B. 调压井属一级项目
C. 引水隧洞属二级项目　D. 进水口属三级项目
E. 土石方开挖属三级项目

143. 按现行部颁规定,建安工程费包括下列哪几项?(　　)
A. 直接工程费　B. 间接费　C. 基本预备费
D. 企业利润　E. 税金

144. 编制预算工程量要计入(　　)。
A. 设计图纸工程量　B. 设计阶段系数　C. 允许的施工附加量
D. 允许的超挖超填量　E. 施工操作损耗量

145. 水利工程概算按现行部颁规定由(　　)组成。
A. 工程部分　B. 水库移民征地补偿　C. 水土保持工程
D. 水电站送出工程　E. 环境保护工程

146. 按现行水利工程项目划分,下列哪几项属于枢纽工程?(　　)
A. 堤防工程　B. 水库工程　C. 水电站工程
D. 灌溉工程　E. 供水工程

147. 现行水利工程概算中的工程部分划分为(　　)。
A. 建筑工程、临时工程　B. 贷款利息
C. 机电设备及安装工程　D. 独立费用
E. 金属结构设备及安装工程

148. 在工程施工中,下列用电中可直接计入工程造价的是(　　)。

A. 施工机械用电　　B. 施工照明用电　　C. 生产人员生活用电

D. 文化福利建筑室内外照明用电

E. 其他机械用电

149. (　　)是构成建筑安装工程费的主体,在水利工程总投资中占有很大的比重。

A. 人工费　　B. 间接费　　C. 材料费

D. 施工机械使用费　　E. 企业利润

150. 按现行部颁规定,直接费包括下列哪几项?(　　)

A. 人工费　　B. 现场经费　　C. 材料费

D. 机械使用费　　E. 其他直接费

151. 按现行部颁规定,枢纽工程中土石方工程的间接费率为(　　)。

A. 13%　　B. 15%　　C. 9%　　D. 8%　　E. 10%

152. 水利部《水利工程建设项目招标投标管理规定》(水利部〔2001〕14 号文)适用于水利工程建设项目的(　　)以及与水利工程建设有关的重要设备、材料采购等的招标投标活动。

A. 勘察　　B. 施工　　C. 监理　　D. 造价咨询　　E. 设计

153. 下列(　　)的水利工程建设项目必须进行招标。

A. 涉及公共安全的防洪、排涝、灌溉、水力发电、引(供)水、滩涂治理、水土保持、水资源保护等水利工程建设项目,施工单项合同估算价为 250 万元人民币

B. 使用国际组织或者外国政府贷款、援助资金的水利工程建设项目

C. 重要设备、材料等货物的采购,单项合同估算价为 100 万元人民币

D. 使用国家融资的水利工程建设项目,施工单项合同估算价为 300 万元人民币

E. 监理服务的采购,单项合同估算价为 80 万元人民币以上的

154. 招标投标活动应当遵循(　　)的原则。

A. 公开　　B. 公平　　C. 公正　　D. 独立　　E. 诚实信用

155. 下列情况(　　)的项目,履行相关规定的批准手续后可采用邀请招标。

A. 项目技术复杂　　B. 有特殊要求或涉及专利权保护

C. 受自然资源或环境限制　　D. 新技术或技术规格事先难以确定

E. 应急度汛

156. 经项目主管部门批准,下列(　　)的项目可不进行招标。

A. 涉及国家安全、国家秘密

B. 应急防汛、抗旱、抢险、救灾等

C. 不具备招标条件的公益性水利工程建设项目的项目建议书和可行性研究报告

D. 采用特定专利技术

E. 采用特有技术

157. 水利工程建设项目进行施工招标,应当具备(　　)条件。

A. 建设资金来源已落实,年度投资计划已经安排

B. 初步设计已经批准

C. 监理单位已确定

D. 具有能满足招标要求的设计文件,已与设计单位签订适应施工进度要求的图纸交付合同或协议

E. 建设项目永久征地、临时征地和移民搬迁的实施、安置工作已经落实

158. 水利工程建设项目招标投标过程中,下列说法正确的是(　　)。

A. 投标人必须具备水利工程建设项目所需的资质(资格)

B. 水利工程建设项目施工招标的评标标底可采用全部或部分投标人报价的平均值作为标底

C. 投标人应当对递交的资质(资格)预审文件及投标文件中有关资料的真实性负责

D. 投标人在递交投标文件之前,应当递交投标保证金

E. 投标人应当按照招标文件的要求编写投标文件,并在招标文件规定的投标截止时间之前密封送达招标人

159. 招标方式分为(　　)。

A. 公开招标　　B. 两阶段招标　　C. 邀请招标

D. 代理招标　　E. 议标

160. 根据《水利工程建设项目招标投标管理规定》,水利工程建设项目评标方法可采用(　　)。

A. 综合评分法　　B. 合理最低投标价法　　C. 综合评议法

D. 综合最低评标价法　　E. 两阶段评标法

161. 工程量清单包括(　　)。

A. 措施项目清单　　B. 分类分项工程量清单　　C. 零星工作项目清单

D. 其他项目清单　　E. 规费项目清单

162. 按照现行的水利工程工程量清单计价规范规定,工程单价包括(　　)。

A. 利润　　B. 风险因素　　C. 规费

D. 施工管理费　　E. 直接费

163. 下列说法中,符合工程量清单报价表填写规定的是(　　)。

A. 投标人不得随意增加、删除或涂改招标人提供的工程量清单项目中的任何内容

B. 工程量清单报价表的内容应由投标人填写

C. 工程量清单报价表中所有要求盖章、签字的地方,必须由规定的单位和人员盖章、签字

D. 投标总价应按工程项目总价表合计金额填写

E. 分类分项工程量清单计价表中列明的所有需要填写的单价和合价,投标人均应填写

164. 工程量清单是表现招标工程的(　　)的名称和相应数量等的明细清单。

A. 分类分项工程项目　　B. 措施项目　　C. 其他项目

D. 规费项目　　E. 单位工程项目

165. 分类分项工程量清单应包括(　　)等。

A. 项目编码　　B. 项目名称　　C. 主要技术条款编码

D. 计量单位　　E. 工程数量

166. 在工程量清单中,有关工程数量的规定包括(　　)。

A. 工程数量的计算应按附录A和附录B中的工程量计算规则和相关条款说明计算

B. 以"个"、"项"等为单位,应取整数

C. 以"t"、"km"为单位,应保留小数点后两位数字,第三位数字四舍五入

D. 以"m^3"为单位,应取整数。

E. 以"kg"为单位,应保留小数点后三位数字,第四位数字四舍五入

167. 投标人在编制分类分项工程单价时,应编制(　　)基础单价。

A. 人工费单价　　B. 主要材料预算价格　　C. 块石、料石单价

D. 混凝土配合比材料费　　E. 施工机械台时(班)费

168. 下列关于土方开挖工程工程量清单项目的工程量计算规则,说法正确的是(　　)。

A. 按招标设计图示轮廓尺寸范围以内的有效自然方体积计量

B. 按招标设计图示轮廓尺寸范围以内的自然方体积计量

C. 按招标设计图示轮廓尺寸的有效自然方体积计量

D. 施工过程中增加的超挖量所发生的费用,应摊入有效工程量的工程单价中

E. 施工过程中施工附加量所发生的费用,应摊入有效工程量的工程单价中

169. 下列关于土石方填筑工程工程量清单项目的工程量计算规则,说法正确的是(　　)。

A. 施工过程中增加的超挖量、施工附加量所发生的费用,应摊入有效工程量的工程单价中

B. 土石方填筑工程施工过程中填筑体及基础的深陷损失、填筑操作损耗等所发生的费用,应摊入有效工程量的工程单价中

C. 抛投水下的抛填物,石料抛投体积按抛投石料的堆方体积计量

D. 钢筋笼块石抛投体积按抛投钢筋笼的规格尺寸计算的体积计量

E. 混凝土块抛投体积按抛投混凝土块的规格尺寸计算的体积计量

170. 普通混凝土按招标设计图示尺寸计算的有效实体方体积计量。不扣除(　　)。

A. 排水管量　　B. 体积小于0.1 m^3 的圆角或斜角量

C. 截面面积小于0.1 m^2 的孔洞　　D. 预埋管

E. 钢筋

171. 隧洞开挖可以划分为(　　)等项目。

A. 平洞　　B. 斜井　　C. 导洞　　D. 旁洞　　E. 竖井

172. 模板工程可以按(　　)进行分项。

A. 形状　B. 使用年限　C. 材质　D. 周转方式　E. 制作方法

173. 模板工程中的普通模板包括(　　)等。

A. 平面模板　B. 曲面模板　C. 异型模板

D. 预制混凝土模板　E. 装饰模板

174. 按现行水利水电工程合同条件,工程变更的范围包括(　　)。

A. 增加或减少合同中任何一项工作内容

B. 取消合同中任何一项工作

C. 改变工程建筑物的形式、基线、标高、位置或尺寸

D. 任何业主提出的变更

E. 任何承包商提出的变更建议

175. 根据现行部颁定额,影响绞吸式挖泥船台班效率定额需调整的因素有(　　)。

A. 工况系数　B. 超过基本排高　C. 挖泥船的吃水深度

D. 超过基本挖深　E. 排泥管安拆

176. 按现行部颁定额,下列各项费用已经计入其他材料费和零星材料费中的是(　　)。

A. 冬雨季施工增加费

B. 地下工程照明费

C. 混凝土工程养护用材料

D. 工作面内的脚手架、排架、操作平台等的摊销费

E. 施工场地和公用施工道路的照明费用

177. 公开开标体现了招标活动的公平、公开、公正和诚实信用原则,开标后,任何投标人不得(　　)。

A. 再增加优惠条件

B. 对投标书内容进行书面澄清

C. 对投标书内容作任何解释

D. 更改投标书的报价

E. 撤销投标书

178. 在中华人民共和国境内进行下列(　　)工程建设项目的勘察、设计、施工、监理以及与工程建设有关的重要设备、材料等的采购,必须进行招标。

A. 大型基础设施、公用事业等关系社会公共利益、公众安全的项目

B. 所有大、中、小型水利项目

C. 全部或者部分使用国有资金投资或者国家融资的项目

D. 所有征地移民、环境治理等项目

E. 使用国际组织或者外国政府贷款、援助资金的项目

179. 中标人的投标应当符合下列(　　)条件之一。

A. 能够最大限度地满足招标文件中规定的各项综合评价标准

B. 能够最大限度地满足招标公告中规定的各项综合评标标准

C. 能够满足招标文件的实质性要求,并且经评审的投标价格最低;但是投标价格低于成本的除外

D. 能够满足招标文件的要求,并且经评审的投标价格最低

E. 能够最大限度地满足投标文件中规定的各项综合评价标准

180. 在(　　)情况下,造成工期延误,经监理工程师确认后,工期相应顺延。

A. 工程量增加超过合同约定

B. 设计变更

C. 质量事故

D. 不可抗力

E. 发包人不能按时支付工程款引起的停工

181. 按现行水利水电工程合同条件,工程变更的范围包括(　　)。

A. 增加或减少合同中任何一项工作内容

B. 取消合同中任何一项工作

C. 改变工程建筑物的形式、基线、标高、位置或尺寸

D. 任何业主提出的变更

E. 任何承包商提出的变更建议

182. 根据现行水利水电合同条件中关于工程变更价款确定原则的规定,以下说法正确的是(　　)。

A. 合同中已有适用于变更工作的项目时,应采用该项目的价格

B. 合同中只有类似于变更工作的项目,可以参照此类似项目的价格变更合同价款

C. 合同中只有类似于变更工作的项目,必须由监理工程师确定其变更价格

D. 合同中没有类似于变更工作的项目,由监理工程师与发包人和承包商协商确定变更价格

E. 合同中没有类似于变更工作的项目,由业主确定其变更价格

183. 由于(　　)的原因造成工期的拖延,承包商不仅能得到工期的延长,而且还能得到相应费用补偿。

A. 工人罢工　　B. 特殊异常天气　　C. 地震

D. 业主　　E. 监理工程师

184. 投标技巧中,适合高报价的项目有(　　)。

A. 工程量不大,但技术复杂或地处边远,施工现场条件差的项目

B. 工程量大的项目

C. 竞争对手较少或技术上优势明显的项目

D. 交通便利的项目

E. 能发挥企业自身专有技术或优势的项目

三、判断题

1. 建设项目在投资决策之前要进行可行性研究，以充分论证其技术的可行性和经济的合理性。（　）

2. 实行项目法人制的建设项目，项目法人应在项目建议书批准后，正式成立。（　）

3. 投资估算是项目建议书和可行性研究阶段对建筑工程造价的预测，应充分考虑多种可能的需要、风险、价格上涨等因素，并适当留有余地。（　）

4. 设计概算是初设阶段对建设工程造价的预测，它是在已经批准的可行性研究投资估算总投资的控制下进行编制。（　）

5. 概算经批准后，相隔二年及二年以上工程未开工的，项目法人应委托设计单位对概算进行重编，并报原审查单位审批。（　）

6. 我国推行的后评价主要是阶段性或专项后评价，在某些特定条件下，也可以进行全过程后评价。（　）

7. 工程造价是指完成一个建设项目所需费用总和，它不仅包括承包方的利润，而且还包括投资者的利润和税金。（　）

8. 初步设计概算仅反映了某一编制年的价格水平，因此总投资额在建设期间可以突破。（　）

9. 项目可行性研究的核心内容是项目财务评价。（　）

10. 基本建设仅是指固定资产的外延性扩大再生产，如新建、扩建、恢复建设等。（　）

11. 基本建设不仅包括固定资产的外延扩大再生产，也包括了固定资产的内涵扩大再生产。（　）

12. 恢复修理、更新改造不属于基本建设范畴。（　）

13. 基本建设程序是指基本建设项目从设计、施工到竣工验收各阶段必须遵循的先后次序和步骤。（　）

14. 固定资产必须具备的两个条件是：一、使用年限在一年以上；二、单件价值在规定限额以上。（　）

15. 按一般建设程序分类，招收和培训人员属于建设实施阶段。（　）

16. 施工预算、施工图预算、竣工结算是施工企业进行施工管理的“三算”。（　）

17. 一般基本建设工程把一个建设项目从大到小依次划分为单位工程、单项工程、分部工程、分项工程。（　）

18. 单位工程是指不能独立发挥生产能力，但能独立组织施工的工程，一般按建筑物建筑及安装来划分。（　）

19. 单项工程是建设项目的组成部分，具有独立的设计文件，建成后可以独立发挥生产能力，一般按照建筑物的主要部位或工种来划分。（　）

20. 按一般基本建设工程项目分类，基础工程、墙体工程属于分项工程。（　）

21. 水利水电工程建成以后，在办理竣工验收之前，必须进行试运行。 (　　)

22. 施工现场征地、拆迁的开始，即代表建设项目开始进入建设实施阶段。 (　　)

23. 项目法人或其代理机构按审批权限，向主管部门提出主体工程开工申请报告后，主体工程即可正式开工。 (　　)

24. 施工过程中，如设计图纸需要修改，施工单位口头告知监理工程师即可。 (　　)

25. 对于大型的水利枢纽工程，因建设时间长或建设过程中逐步投产，应分批组织验收。 (　　)

26. 工程规模较大、技术较复杂的建设项目可以先进行初步验收。 (　　)

27. 过程评价是从项目的立项决策、设计、施工、竣工投产等全过程进行系统分析。 (　　)

28. 大型机组分瓣运至工地后的拼装费用，不应包括在设备原价内。 (　　)

29. 进口设备，以到岸价和进口征收的税金、手续费、商检费及港口费等各项费用之和为原价。 (　　)

30. 设备费由设备原价、运杂费、运输保险费、采购及保管费组成。 (　　)

31. 建筑及安装工程费由直接工程费、间接费、企业利润、税金组成。 (　　)

32. 人工费指直接从事建筑安装工程施工的生产工人开支的各项费用。 (　　)

33. 材料费指用于建筑安装工程项目上的消耗性材料、装置性材料和周转性材料摊销费。不包括定额工作内容规定应计入的未计价材料和计价材料。 (　　)

34. 材料原价指材料指定交货地点的价格。 (　　)

35. 材料的包装费指材料在运输和保管过程中的包装费和包装材料的折旧摊销费。 (　　)

36. 材料的运杂费指材料从指定交货地点至工地分仓库或相当于工地分仓库（材料堆放场）所发生的全部费用。 (　　)

37. 把材料从施工工地分仓库内搬至使用地点的搬运费已经包含在材料预算价格中。 (　　)

38. 材料的运输保险费指材料在运输途中的保险费。 (　　)

39. 施工工地材料仓库保管人员的工资属于直接费中的人工费。 (　　)

40. 材料出库前的一般检验试验费归属于材料费。 (　　)

41. 自卸汽车司机的工资已经包含在自卸汽车台时使用费内，不得另外计算。 (　　)

42. 施工机械使用费指消耗在建筑安装工程项目上的机械磨损、维修和动力燃料费用等。 (　　)

43. 冬雨季施工增加费指在冬雨季施工期间为保证工程质量和安全生产所需增加的费用。包括增加施工工序，增设防雨、保温、排水等设施增耗的动力、燃料、材料以及因人工、机械效率降低而增加的费用。 (　　)

44. 夜间施工增加费指施工场地和公用施工道路的照明费用。 (　　)

45. 间接费指施工企业为建筑安装工程施工而进行组织与经营管理所发生的各项费用。它不构成产品成本。 (　　)

46. 税金指国家对施工企业承担建筑、安装工程作业收入所征收的营业税、城市维护建设税和教育费附加。（ ）

47. 根据《水利工程设计概（估）算编制规定》（水总〔2002〕116号文），企业经营期间发生的短期融资利息净支出属于财务费用。（ ）

48. 根据《水利工程设计概（估）算编制规定》（水总〔2002〕116号文），金融机构手续费属于财务费用。（ ）

49. 根据《水利工程设计概（估）算编制规定》（水总〔2002〕116号文），施工企业为组织施工生产经营活动所发生费用称为间接费。（ ）

50. 根据《水利工程设计概（估）算编制规定》（水总〔2002〕116号文），企业管理费包括管理人员基本工资、辅助工资、工资附加费和劳动保护费。（ ）

51. 折旧费指施工机械在规定使用年限内回收原值的台时折旧摊销费用。（ ）

52. 修理及替换设备费。修理费指施工机械使用过程中，为了使机械保持正常功能而进行修理所需的摊销费用和机械正常运转及日常保养所需的润滑油料、擦拭用品的费用，以及保管机械所需的费用。（ ）

53. 安装拆卸费指施工机械进出工地的安装、拆卸、试运转和场内转移及辅助设施的摊销费用。部分大型施工机械的安装拆卸费不在其施工机械使用费中计列，包含在其他施工临时工程中。（ ）

54. 机上人工费指施工机械使用时机上操作人员人工费用。（ ）

55. 动力燃料费指施工机械正常运转时所耗用的风、水、电、油和煤等费用。（ ）

56. 特殊地区施工增加费指在高海拔和原始森林等特殊地区施工而增加的费用。（ ）

57. 对于改扩建与加固工程，应计取建设单位开办费。（ ）

58. 联合试运转费指发电机组、水泵等安装完毕，在竣工验收前进行单套设备带负荷联合试运转期间所需的各项费用。（ ）

59. 静态总投资为一至五部分投资合计与预备费之和。（ ）

60. 总投资 = 静态总投资 + 价差预备费 + 建设期融资利息。（ ）

61. 建设期融资利息的计算基数为一至五部分投资合计。（ ）

62. 基本预备费与价差预备费的计算基数均为静态总投资。（ ）

63. 工程保险费按工程一至四部分投资合计计算。（ ）

64. 定额编制管理费属于建设管理费的内容。（ ）

65. 科研勘测设计费包括工程科学研究试验费、工程勘测设计费和检测试验费。（ ）

66. 电站泵站同容量、同型号机组超过一台时，只计算一台的设备费。（ ）

67. 引水及河道工程的管理用具购置费按建安工作量的0.02%～0.08%计算。（ ）

68. 备品备件购置费与管理用具购置费的计费基数相同。（ ）

69. 生产准备费由生产及管理单位提前进厂费、生产职工培训费及管理用具购置费三项费用组成。（ ）

70. 建设管理费由项目建设管理费、建设监理费及联合试运转费三项费用组成。 （ ）

71. 建设单位开办费与工程规模和定员人数有关。 （ ）

72. 设备价格中配备的备品备件不计入独立费用。 （ ）

73. 施工单位参加联合试运转人员的工资计入直接费中。 （ ）

74. 工程建设监理费属于项目建设管理费。 （ ）

75. 建设单位经常费包括企业管理费及财务费。 （ ）

76. 建设单位为解决工程涉及的技术、经济、法律等问题需要进行咨询所发生的费用从间接费中开支。 （ ）

77. 独立费用做投标时也要发生。 （ ）

78. 预备费包括基本预备费和价差预备费。 （ ）

79. 科研勘测设计费指为工程建设所需要的科研、勘测和设计等费用。 （ ）

80. 工程质量监督费是指为保证工程质量而进行的检测、监督、检查工作等费用。 （ ）

81. 一般基本建设工程把一个建设项目从大到小依次划分为单位工程、单项工程、分部工程、分项工程。 （ ）

82. 单位工程是指不能独立发挥生产能力，但能独立组织施工的工程，一般按建筑物建筑及安装来划分。 （ ）

83. 单项工程是建设项目的组成部分，具有独立的设计文件，建成后可以独立发挥生产能力，一般按照建筑物的主要部位或工种来划分。 （ ）

84. 按一般基本建设工程项目分类，基础工程、墙体工程属于分项工程。 （ ）

85. 分部工程往往是建（构）筑物中的一个结构部位，或不能单独发挥一种功能的安装工程。 （ ）

86. 单元工程系指组成分部工程的、由一个或几个工种施工完成的最小综合体，是日常质量考核的基本单位。可依据设计结构、施工部署或质量考核要求划分为层、块、区、段等来确定。 （ ）

87. 为防止项目划分的随意性，同一单位工程中，同类型的各个分部工程的工程量不宜相差太大，不同类型的各个分部工程的投资不宜相差太大，分部工程之间最大不超过1.5倍。每个单位工程的分部工程数目不宜少于5个。 （ ）

88. 根据《水利工程设计概（估）算编制规定》，枢纽工程包括水库、水电站、堤防工程、供水工程。 （ ）

89. 根据《水利工程设计概（估）算编制规定》，引水工程及河道工程包括水库、水电站、堤防工程、供水工程。 （ ）

90. 根据《水利工程设计概（估）算编制规定》，水库工程包括水库、水电站、其他大型独立建筑物。 （ ）

91. 枢纽工程指水利枢纽建筑物，不包含引水工程中的水源工程。 （ ）

92. 枢纽工程包括挡水工程、泄洪工程、引水工程、发电厂工程、升压变电站工程、航运工程、鱼道工程、交通工程、房屋建筑工程和其他建筑工程。其中挡水工程等前八项为

主体建筑工程。（　）

93. 引水工程及河道工程指供水、灌溉、河湖整治、堤防修建与加固工程。其中，包括水源工程。（　）

94. 水利工程按工程性质划分为枢纽工程、引水工程和河道工程三大类。（　）

95. 水利工程各部分下设一、二、三级项目，其中二、三级项目可根据工作深度和工程情况进行增减或再划分。（　）

96. 灌浆工程应该按不同灌浆种类分列其三级项目。（　）

97. 三级项目土方开挖工程中，应将土方开挖与砂砾石开挖分列。（　）

98. 枢纽工程中的鱼道工程，根据枢纽建筑物的布置情况，可独立列项。与拦河坝相结合的，也可作为拦河坝工程的组成部分。（　）

99. 枢纽工程中的升压变电站工程不包括开关站工程。（　）

100. 直接工程费是指建筑安装工程施工过程中直接消耗在工程项目上的活劳动和物化劳动。由直接费、其他直接费、现场经费组成。（　）

101. 水利工程按工程性质划分为三大类，具体划分为枢纽工程、引水工程和河道工程。（　）

102. 水利水电工程按性质划分为枢纽工程和引水工程及河道工程两大类。（　）

103. 水库、水电站和其他大型独立建筑物属于水利工程的枢纽工程。（　）

104. 供水工程、灌溉工程、河湖整治工程和堤防工程属于水利工程的枢纽工程。（　）

105. 枢纽工程的建筑工程指水利枢纽建筑物（含引水工程中的水源工程）和其他大型独立建筑物。其中溢洪道、泄洪洞、泵站、渡槽等都属于枢纽工程的建筑工程。（　）

106. 引水工程及河道工程的建筑工程指供水、灌溉、河湖整治、堤防修建与加固工程。包括供水、灌溉渠（管）道、河湖整治与堤防工程等。（　）

107. 枢纽工程的机电设备及安装工程指构成枢纽工程固定资产的全部机电设备及安装工程。由发电设备及安装工程、升压变电设备及安装工程和公用设备及安装工程三项组成。（　）

108. 引水工程和河道工程的机电设备及安装工程指构成该工程固定资产的全部机电设备及安装工程。由泵站设备及安装工程、小水电站设备及安装工程和供变电工程三项组成。（　）

109. 施工临时工程指为辅助主体工程施工所必须修建的生产和生活用临时性工程。其组成内容有导流工程、施工交通工程、施工场外供电工程和施工房屋建筑工程等。（　）

110. 照明线路工程费用包括在"施工临时工程"中。（　）

111. 加工厂、车间的照明，包括在夜间施工增加费中。（　）

112. 建筑及安装工程费由直接费、间接费、企业利润和税金四项组成。（　）

113. 生产工人年应工作天数内非作业天数的工资包括职工开会学习、培训期间的工资，调动工作、探亲、休假期间的工资，病假在6个月以上的工资等。（　）

114. 人工费是指直接从事建筑安装工程施工的生产工人开支的各项费用，内容包

括:基本工资、辅助工资和工资附加费。（　）

115. 材料费指用于建筑安装工程项目上的消耗性材料、装置性材料和周转性材料。（　）

116. 材料预算价格一般包括材料原价、包装费、运杂费、运输保险费和采购及保管费。（　）

117. 包装费是指材料在运输过程中的包装费和包装材料的折旧摊销费。（　）

118. 运杂费指材料从指定交货地点至工地分仓库所发生的全部费用。（　）

119. 仓库、转运站等设施的检修费、固定资产折旧费、技术安全措施费和材料检验费等应计入材料采购及保管费中。（　）

120. 施工机械使用费指消耗在建筑安装工程项目上的机械磨损、维修和动力燃料费用等。（　）

121. 折旧费指施工机械在报废年限内回收原值的台时折旧摊销费用。（　）

122. 部分大型施工机械的安装拆卸费不在其施工机械使用费中计列,包含在其他施工临时工程中。（　）

123. 机上人工费指施工机械使用时机上操作人员人工费用,应计入施工机械使用费中。（　）

124. 混凝土振捣器操作人员的工资已经包含到混凝土振捣器的使用台时使用费内,不得另外计算。（　）

125. 检验试验费、工程定位复测等费用应计入现场经费中。（　）

126. 检验试验费指对建筑材料、构件和建筑安装物进行一般鉴定、检查所发生的费用,包括新结构、新材料的试验费和建设单位要求对具有出厂合格证明的材料进行试验、对构件进行破坏性试验,以及其他特殊要求检验试验的费用。（　）

127. 现场经费包括临时设施费和现场管理费。（　）

128. 土石料场,简易砂石料加工系统,木工、钢筋、机修等辅助加工厂等费用应计入施工临时工程费中。（　）

129. 混凝土预制构件厂,场内施工排水,场地平整、道路养护及其他小型临时设施费应计入临时设施费中。（　）

130. 高空、井下、洞内、水下、水上作业等特殊工种安全保险费应计入其他费用中。（　）

131. 间接费指施工企业为建筑安装工程施工而进行组织与经营管理所发生的各项费用,由企业管理费、财务费用和其他费用组成。（　）

132. 企业管理费中的税金是指企业按规定缴纳的房产税、管理用车辆使用税、印花税等。（　）

133. 企业管理费中的保险费指企业财产保险、管理用车辆保险费用以及高空、井下、洞内、水下、水上作业等特殊工种安全保险费等。（　）

134. 工具用具使用费指企业管理使用属于固定资产的工具、用具、家具、交通工具、检验、试验、消防等的摊销及维修费用。（　）

135. 技术转让费、投标报价费等应计入企业管理费中。（　）

136. 审计费、咨询费应计入财务费用中。 ( )

137. 投标和承包工程发生的保函手续费应计入企业管理费中。 ( )

138. 企业定额测定费应计入间接费的其他费用中。 ( )

139. 施工企业进退场补贴费应计入间接费的企业管理费中。 ( )

140. 建筑及安装工程费中的税金指国家对施工企业承担建筑、安装工程作业收入所征收的营业税、城市维护建设税和教育费附加。 ( )

141. 进口设备以离岸价和进口征收的税金、手续费、商检费及港口费等各项费用之和为原价。 ( )

142. 设备费中的包装绑扎费应计入包装费中。 ( )

143. 大型变压器充氮费应计入设备原价中。 ( )

144. 安装工人所用的小型爬梯、铁锤等小型工具摊销费归属于其他直接费。( )

145. 建设期融资利息归属于直接工程费。 ( )

146. 大型变压器充氮费属于该变压器安装费中的其他直接费。 ( )

147. 大型变压器充氮费归属于该变压器的运杂费。 ( )

148. 设备费包括设备原价、运杂费、运输保险费和采购及保管费。 ( )

149. 大型机械的安装拆卸费归属于临时设施费。 ( )

150. 施工场地内的供水、供电支线的摊销费归属于现场经费中的临时设施费。 ( )

151. 独立费用由建设管理费、生产准备费、科研勘测设计费、建设及施工场地征用费和其他五项组成。 ( )

152. 独立费中的建设管理费包括项目建设管理费、工程建设监理费和联合试运转费。 ( )

153. 对构件进行破坏性检测试验所发生的费用隶属于材料费。 ( )

154. 施工期所需的水情、水文、泥沙、气象监测费和报汛费应计入工程管理经常费中。 ( )

155. 建设管理费指建设单位在工程项目筹建和建设期间进行管理工作所需的费用。包括项目建设管理费、生产准备费和联合试运转费。 ( )

156. 工程验收费和由主管部门主持对工程设计进行审查、对安全进行鉴定等费用应计入生产准备费中。 ( )

157. 联合试运转费指水利工程的发电机组、水泵等安装完毕,在竣工验收前,进行整套设备不带负荷联合试运转期间所需的各项费用。 ( )

158. 工程建设监理费指在工程建设过程中聘任监理单位,对工程质量、进度和安全进行监理所发生的全部费用。 ( )

159. 备品备件购置费指工程在投产运行初期,由于易损件损耗和可能发生的事故,而必须准备的备品备件和专用材料的购置费。不包括设备价格中配备的备品备件。 ( )

160. 工程质量监督费指为保证工程质量、安全而进行的检测、监督、检查工作等费用。 ( )

161. 定额编制管理费应计入独立费用的其他费用中。（ ）

162. 工程质量监督费应计入独立费用的建设管理费中。（ ）

163. 工程保险费应计入独立费用的项目建设管理费中。（ ）

164. 工程勘测设计费是指工程从项目建议书开始至以后各阶段发生的勘测费、设计费。（ ）

165. 建设及施工场地征用费主要包括征用场地上的林木、作物的赔偿、建筑物迁建及居民迁移费等。（ ）

166. 基本预备费主要是解决在施工过程中，设计变更和国家政策性变动增加的投资以及为解决意外事故而采取的措施所增加的工程项目和费用。（ ）

167. 价差预备费主要是解决在工程项目建设过程中，因人工工资、材料和设备价格上涨以及费用标准调整而增加的费用。（ ）

168. 预备费包括基本预备费和价差预备费。（ ）

169. 水利水电工程因设计变更而增加的费用应在基本预备费中开支。（ ）

170. 发生不可抗力事件时，应由建设单位承担的损失费用归属于基本预备费。（ ）

171. 科研勘测设计费包括工程科学研究试验费和工程勘测设计费。（ ）

172. 施工导流用的闸门应列在第三部分金属结构设备及安装工程内。（ ）

173. 施工导流用的围堰应列入第四部分临时工程内。（ ）

174. 根据现行部颁规定，安装工程的现场经费以直接工程费为计算基数。（ ）

175. 按现行部颁规定，人工预算单价中的辅助工资包括施工津贴、夜餐津贴、地区津贴和节日加班津贴。（ ）

176. 根据现行部颁规定，设备采购及保管费率为0.7%。（ ）

177. 按现行部颁规定，安装工程的间接费以人工费为计算基数。（ ）

178. 按现行部颁规定，施工机械台时费包括折旧费、修理费、机上人工费、动力、燃料费等。（ ）

179. 根据现行部颁规定，建设项目在市区的，税率标准为3.35%。（ ）

180. 直接工程费是指建筑安装工程施工过程中直接消耗在工程项目上的活劳动和物化劳动，由直接费、其他直接费、现场经费组成。（ ）

181. 根据现行部颁水利工程机械台时费定额，台时费中人工费按初级工计算。（ ）

182. 新标准水泥强度龄期统一规定为14 d。（ ）

183. 按现行部颁规定，当设计龄期为180 d时，强度等级折合系数为0.71。（ ）

184. 现行部颁《水利建筑工程概（预）算定额》中，零星材料费是以人工费、机械费之和为计算基数的。（ ）

185. 混凝土配合比计算过程中，如砾石改为碎石、粗砂改为中细砂，则应按相应的系数进行换算。（ ）

186. 现行部颁《水利建筑工程概（预）算定额》中，土方洞挖、洞井石方开挖定额的轴流通风机台时数量，都是按一个工作面长400 m拟定的。（ ）

187. 根据现行部颁规定,材料运输保险费的计算基础是材料原价及运杂费。( )

188. 按现行部颁规定,材料供应及采保人员的工资和差旅费在材料采购及保管费内支付。( )

189. 按现行部颁规定,模板工程应属于三级项目。( )

190. 根据现行部颁《水利建筑工程概(预)算定额》,砂砾(卵)石开挖和运输按Ⅲ类土计算。( )

191. 混凝土细骨料的划分标准:细度模数 2.5~3.19 为粗砂。( )

192. 混凝土浇筑定额,不包括温控所需的工作及费用。( )

193. 根据现行部颁规定,安装工程的企业利润以直接工程费、间接费之和为基数进行计算。( )

194. 超径石是指砂砾料中大于设计骨料最大粒径的卵石。( )

195. 在编制工程标底单价时,若钢筋制安工作量较小,钢筋损耗率相对较高,则钢筋材料的附加量及人工数量可适当减少。( )

196. 按现行水利水电合同条件规定,施工索赔事件发生后,承包人应在 14 d 内提交索赔意向书。( )

197. 完工结算是承包施工企业与建设单位对承建工程项目的最终结算。( )

198. 大型施工机械未计安装拆卸费时,其费用在其他施工临时工程中计列。( )

199. 工程项目竣工决算应包括项目从开工到竣工验收的全部费用。( )

200. 根据现行部颁规定,进口设备以到岸价格(CIF)和进口征收的税金、手续费、商检费及港口费等各项费用之和为原价。( )

201. 竣工决算应由承包施工企业编制。( )

202. 大体积混凝土温控措施费用已摊入相应定额中,不应再单独计算。( )

203. 变更就意味着索赔的发生。( )

204. 次要材料是指施工中用量少、价格低,对工程造价影响较小的或主要材料以外的材料。( )

205. 材料预付款是施工企业为承包工程在开工前用于购买储备主要材料所需的资金。( )

206. 价差预备费,是指概算编制年至工程开工时止这段时间因物价上涨所增加的费用。( )

207. 材料采购及保管费,是指在材料采购、供应和保管过程中所发生的各项费用。( )

208. 招标人向中标人发出中标通知时,也将结果通知所有未中标的投标人。( )

209. 水利水电工程概算中的预备费,是工程静态投资的组成部分。( )

210. 材料预算价格,是指工地分仓库或相当于工地分仓库的材料堆放场地的材料出库价格。( )

211. 工期索赔是要求延长竣工时间及补偿由此而引起的相关费用。( )

212. 承包人的合理方案可不经监理工程师批准而实施。( )

213. 根据现行部颁规定,在海拔 2 500 m 以上地区,其人工和机械定额应乘以调整系

数。 ( )

214. 直接工程费是指建筑安装工程施工过程中直接消耗在工程项目上的活劳动和物化劳动，由直接费、现场经费组成。 ( )

215. 承包人的合理方案可不经监理工程师批准而实施。 ( )

216. 变更就意味着索赔的发生。 ( )

217. 工期索赔是要求延长竣工时间及补偿由此而引起的相关费用。 ( )

218. 招标人只向中标人发出中标通知书，不必将结果通知所有未中标的投标人。 ( )

219. 水利部负责受理有关水利工程建设项目招标投标活动的投诉，依法查处招标投标活动中的违法违规行为。 ( )

220. 以重量为单位计算工程量的金属结构设备或装置性材料，按招标设计图示尺寸计算的有效重量计量。运输、加工及安装过程中的操作损耗所发生的费用，应摊入有效工程量的工程单价中。 ( )

221. 项目总投资额超过3 000万元，但分标施工单项合同估算价不超过200万元的项目可以采用邀请招标。 ( )

222. 省级水行政主管部门组建并管理省级水利工程建设项目评标专家库。 ( )

223. 分类分项工程量清单的项目编码，应采用十二位阿拉伯数字表示。一至九位应按附录的规定设置，十至十二位应根据招标工程的工程量清单项目名称设置。 ( )

224. 招标人发布招标公告，应当对招标公告的真实性负责。 ( )

225. 分部分项工程量清单的计量单位应按招标人理解的计量单位确定。 ( )

226. 工程量清单中需附有补充项目的名称、项目特征、计量单位、工程量计算规则、工程内容。 ( )

227. 招标人发布招标公告，根据工作需要可以在招标公告中限制投标人的数量。 ( )

228. 两个或两个以上单位联合投标的，应当按资质等级较低的单位确定联合体资质等级。 ( )

229. 工程量清单是由投标人自行编制的。 ( )

230. 招标过程中，投标人少于5个的，招标人应当依照本规定重新招标。 ( )

231. 根据现行水利工程计价规范规定，工程量清单是指招标工程的分类分项工程项目、措施项目、其他项目的名称和相应数量的明细清单。 ( )

232. 招标人应当根据国家有关规定，结合项目特点和需要编制招标文件。 ( )

233. 工程量清单包括了工程数量和工程单价。 ( )

234. 招标人与中标人签订合同后5个工作日内，应当退还投标保证金。 ( )

235. 招标文件应当按其制作成本确定售价，一般可按1 000元至2 000元人民币标准控制。 ( )

236. 暂列金额应是投标人自己得出的金额，然后填写表格。 ( )

237. 采用邀请招标的水利工程项目，招标前招标人必须履行有关批准手续，其中国家重点水利项目经水利部初审后，报国家发展和改革委员会批准。 ( )

238. 招标文件中应当明确投标保证金金额，合同估算价 3 000 万元至 10 000 万元人民币之间，投标保证金金额不超过合同估算价的千分之五。 ( )

239. 水利水电工程建设项目总概算中包含运营期间融资利息。 ( )

240. 分类分项工程量清单以"个"、"项"为计量单位的工程数量应取整数。 ( )

241. 其他项目清单是指为完成工程项目施工，发生于该工程施工过程中招标人要求计列的费用项目。 ( )

242. 工程量清单是由建设主管部门提供的。 ( )

243. 分类分项工程量清单中所列工程量应按附录中所规定的工程量计算规则计算。 ( )

244. 我国现行的《水利工程工程量清单计价规范》(GB 50501—2007)规定，分类分项工程量清单计价应采用工程单价计价。 ( )

245. 工程量清单是由招标人提供的。 ( )

246. 在工程量清单计价过程中，分类分项工程单价中包括规费。 ( )

247. 工程量清单格式的组成内容中不包括措施项目清单。 ( )

248. 工程量清单是包括工程数量的明细清单。 ( )

249. 工程量清单表中项目编码分为四级。 ( )

250. 工程量清单表中项目编码由 9 位数字组成。 ( )

251. 块石松方指块石堆方。 ( )

252. 工程量清单是由招标人自行编制的。 ( )

253. 以重量计算的机电设备装置性材料，按招标设计图示尺寸计算的重量计量。 ( )

254. 投标人在进行措施项目计价时不得对措施项目清单作任何调整。 ( )

255. 模板工程结算工程量，按实际完成进行周转使用的有效立模面积计算。( )

256. 我国现行的《水利工程工程量清单计价规范》(GB 50501—2007)中所采用的单价是全费用单价。 ( )

257. 在招标投标活动中，标底自始至终应严格保密。 ( )

258. 工程单价应包括除规费、税金外的全部费用。 ( )

259. 块石实方指堆石坝坝体方。 ( )

260. 工程量清单要包括工程数量相应的单价。 ( )

261. 模板制作安装中所用钢筋、小型钢构件，应摊入相应模板有效工程量的工程单价中。 ( )

262. 计日工是指完成招标人提出的零星工作项目所需的人工、材料、机械单价。 ( )

263. 以长度计算的机电设备装置性材料，按招标设计图示尺寸计算的有效长度计量。 ( )

264. 编制工程量清单最主要的依据是清单计价规范。 ( )

265. 定额是指在一定的外部条件下，预先规定完成某项合格产品所需的要素（人力、物力、财力、时间等）的标准额度。 ( )

266. 初步设计阶段编制设计概算和施工图设计阶段编制施工图预算均应采用预算定额。 ( )

267. 混凝土、砂浆材料单价是指配制 1 m^3 混凝土、砂浆所需的水泥、砂石骨料、水、掺合料及外加剂等各种材料的费用之和。 ( )

268. 现行《水利建筑工程概算定额》(2002)附录 7 列出了不同混凝土、砂浆配合比。其中表中混凝土配合比是卵石、粗砂混凝土,如改用碎石或中、细砂,需进行系数换算。 ( )

269. 现行建筑概算定额的零星材料费是以费率(%)形式表示的,编制建筑单价表时,其计量基数为人工费加主要材料费之和。 ( )

270. 现行概算定额中,按工程部位和钢筋规格型号分列了钢筋制作与安装定额。 ( )

271. 模板工程,应将不同规格形状和材质的模板分列。 ( )

272. 编制模板安装、拆除概算单价时,定额中嵌套有模板 100 m^2 的子目,计算"其他材料费"时,应为主要材料费之和乘以定额百分比。 ( )

273. 现行部颁定额规定人工预算单价由基本工资、辅助工资、工资附加费和劳动保护费组成。 ( )

274. 现行水利部颁定额规定人工预算单价划分为一级工、二级工、三级工、四级工四个档次。 ( )

参考答案

一、单项选择题

1. B	2. B	3. C	4. C	5. B	6. B	7. B	8. B	9. A	10. B
11. D	12. C	13. A	14. B	15. D	16. B	17. C	18. B	19. A	20. D
21. C	22. D	23. B	24. C	25. B	26. B	27. B	28. C	29. B	30. A
31. D	32. B	33. A	34. A	35. B	36. D	37. A	38. C	39. B	40. B
41. A	42. D	43. C	44. A	45. B	46. D	47. A	48. A	49. C	50. B
51. A	52. C	53. D	54. D	55. B	56. D	57. C	58. B	59. C	60. B
61. D	62. D	63. C	64. D	65. A	66. C	67. B	68. B	69. B	70. D
71. C	72. A	73. A	74. A	75. A	76. A	77. A	78. A	79. A	80. A
81. C	82. D	83. D	84. D	85. A	86. A	87. B	88. B	89. B	90. C
91. D	92. A	93. C	94. C	95. D	96. C	97. A	98. D	99. B	100. D
101. B	102. A	103. C	104. B	105. B	106. C	107. B	108. B	109. B	110. D
111. C	112. B	113. B	114. A	115. D	116. C	117. C	118. A	119. A	120. A
121. A	122. C	123. B	124. B	125. B	126. D	127. B	128. C	129. C	130. C
131. C	132. A	133. A	134. C	135. B	136. D	137. B	138. D	139. B	140. B
141. B	142. C	143. B	144. C	145. A	146. C	147. B	148. C	149. D	150. B

151. B　152. C　153. A　154. B　155. A　156. D　157. C　158. A　159. D　160. D
161. A　162. B　163. A　164. C　165. D　166. C　167. B　168. C　169. C　170. A
171. B　172. C　173. B　174. D　175. C　176. A　177. C　178. B　179. C　180. B
181. B　182. B　183. A　184. B　185. B　186. C　187. A　188. B　189. D　190. B
191. D　192. B　193. C　194. C　195. D　196. B　197. B　198. B　199. A　200. A
201. D　202. D　203. D　204. C　205. B　206. D　207. D　208. A　209. D　210. B
211. A　212. D　213. D　214. C　215. C　216. C　217. C　218. A　219. D　220. C
221. B　222. B　223. C　224. A　225. C　226. B　227. D　228. B　229. D　230. A
231. C　232. C　233. A　234. A　235. C　236. C　237. B　238. C　239. A　240. C
241. D　242. B　243. C　244. D　245. C　246. B　247. A　248. D　249. C　250. D
251. C　252. B　253. B　254. A　255. B　256. D　257. D　258. B　259. B　260. C
261. C　262. C　263. B　264. D　265. B　266. D　267. B　268. C　269. B　270. C
271. A　272. C　273. D　274. B　275. D　276. D　277. B　278. A　279. D　280. C
281. C　282. B　283. A　284. B　285. C　286. B　287. C　288. C　289. C　290. D
291. D　292. A　293. C　294. B　295. B　296. A　297. A　298. C　299. C　300. C
301. A　302. B　303. C　304. D

二、多项选择题

1. BC　2. BC　3. ACE　4. BCD　5. ABDE
6. ACDE　7. BDE　8. BCD　9. AB　10. ADE
11. ABE　12. CDE　13. ABD　14. BC　15. BCDE
16. AE　17. ABC　18. AC　19. ACE　20. BE
21. ACE　22. ABCD　23. BD　24. ABCD　25. BDE
26. ABCDE　27. ACD　28. ABDE　29. BCD　30. ABCDE
31. ABCD　32. ACDE　33. AB　34. ABCD　35. ACD
36. ABCD　37. ABC　38. ABCD　39. ABCE　40. ABDE
41. ABCD　42. ABCE　43. ABC　44. BCDE　45. CDE
46. ABCD　47. ABD　48. BCD　49. AC　50. BCD
51. CDE　52. ABDE　53. CD　54. ABD　55. ABE
56. CDE　57. ADE　58. ACE　59. AC　60. CE
61. BCD　62. ABC　63. BCD　64. ABE　65. BE
66. ABE　67. ABE　68. CE　69. ADE　70. ABCDE
71. ABCD　72. BCD　73. AE　74. BCD　75. AD
76. ABCDE　77. ABE　78. ABC　79. CE　80. ABE
81. ABCE　82. ABC　83. ABC　84. BCD　85. BCDE
86. BCD　87. ABCE　88. ABCD　89. ABC　90. ACDE
91. ABCD　92. ABCD　93. AB　94. AB　95. ABCDE
96. AC　97. ABCD　98. ABC　99. AB　100. ABE

101. ABDE	102. BC	103. ABC	104. BCDE	105. ACD
106. ABCDE	107. ABCD	108. ACD	109. ABCDE	110. ABCD
111. BCDE	112. ACD	113. ABC	114. ABCDE	115. ABCD
116. BCD	117. ABCD	118. ABCE	119. ABC	120. ABCE
121. ABCD	122. AB	123. ABCD	124. AD	125. ABD
126. ABCD	127. ABC	128. CE	129. ABCD	130. ABDE
131. ABC	132. ABDE	133. ABCD	134. CDE	135. AB
136. ABE	137. ABDE	138. ABCE	139. ABD	140. ABDE
141. AB	142. ACE	143. ABDE	144. ACD	145. ABCE
146. BC	147. ACDE	148. ABE	149. ACD	150. ACD
151. CD	152. ABCE	153. ABCD	154. ABCE	155. ABCDE
156. ABCDE	157. ABCDE	158. ABCE	159. AC	160. ABCDE
161. ABCD	162. ABDE	163. ABCDE	164. ABC	165. ABCDE
166. ABCD	167. ABCDE	168. ADE	169. ABCDE	170. ABCD
171. ABE	172. ACD	173. ABCD	174. ABC	175. ABD
176. BCD	177. ADE	178. ACE	179. AC	180. ABDE
181. ABC	182. ABD	183. DE	184. ACE	

三、判断题

1. ✓	2. ×	3. ✓	4. ✓	5. ✓	6. ×	7. ×	8. ×
9. ×	10. ×	11. ✓	12. ×	13. ×	14. ✓	15. ×	16. ✓
17. ×	18. ✓	19. ×	20. ×	21. ✓	22. ×	23. ×	24. ×
25. ✓	26. ✓	27. ✓	28. ×	29. ✓	30. ✓	31. ✓	32. ✓
33. ×	34. ✓	35. ✓	36. ✓	37. ×	38. ✓	39. ×	40. ✓
41. ✓	42. ✓	43. ✓	44. ✓	45. ×	46. ✓	47. ✓	48. ✓
49. ×	50. ✓	51. ✓	52. ✓	53. ✓	54. ✓	55. ✓	56. ✓
57. ×	58. ×	59. ×	60. ✓	61. ×	62. ×	63. ✓	64. ×
65. ×	66. ✓	67. ×	68. ×	69. ×	70. ✓	71. ✓	72. ✓
73. ×	74. ×	75. ×	76. ×	77. ×	78. ✓	79. ✓	80. ✓
81. ×	82. ✓	83. ×	84. ×	85. ✓	86. ✓	87. ✓	88. ×
89. ×	90. ✓	91. ×	92. ×	93. ×	94. ×	95. ✓	96. ✓
97. ✓	98. ✓	99. ×	100. ✓	101. ×	102. ✓	103. ✓	104. ×
105. ×	106. ✓	107. ✓	108. ×	109. ✓	110. ×	111. ×	112. ×
113. ×	114. ✓	115. ×	116. ✓	117. ×	118. ✓	119. ✓	120. ✓
121. ×	122. ✓	123. ✓	124. ×	125. ×	126. ×	127. ✓	128. ×
129. ✓	130. ×	131. ✓	132. ✓	133. ×	134. ×	135. ✓	136. ×
137. ×	138. ✓	139. ×	140. ✓	141. ×	142. ×	143. ×	144. ×
145. ×	146. ×	147. ✓	148. ✓	149. ×	150. ✓	151. ✓	152. ✓

153. ×	154. ✓	155. ×	156. ×	157. ×	158. ×	159. ✓	160. ✓
161. ×	162. ×	163. ✓	164. ✓	165. ✓	166. ×	167. ✓	168. ✓
169. ✓	170. ✓	171. ✓	172. ×	173. ✓	174. ×	175. ✓	176. ✓
177. ✓	178. ×	179. ×	180. ✓	181. ×	182. ×	183. ✓	184. ✓
185. ✓	186. ×	187. ×	188. ✓	189. ✓	190. ×	191. ×	192. ✓
193. ✓	194. ✓	195. ×	196. ×	197. ✓	198. ✓	199. ×	200. ✓
201. ×	202. ×	203. ×	204. ✓	205. ✓	206. ×	207. ✓	208. ✓
209. ×	210. ✓	211. ×	212. ×	213. ×	214. ×	215. ×	216. ×
217. ×	218. ×	219. ✓	220. ✓	221. ✓	222. ✓	223. ✓	224. ✓
225. ×	226. ✓	227. ×	228. ✓	229. ×	230. ×	231. ✓	232. ✓
233. ×	234. ✓	235. ×	236. ×	237. ✓	238. ×	239. ×	240. ✓
241. ✓	242. ×	243. ✓	244. ✓	245. ✓	246. ×	247. ×	248. ✓
249. ×	250. ×	251. ✓	252. ×	253. ✓	254. ✓	255. ×	256. ✓
257. ×	258. ×	259. ✓	260. ×	261. ✓	262. ✓	263. ✓	264. ✓
265. ✓	266. ×	267. ✓	268. ✓	269. ×	270. ×	271. ✓	272. ×
273. ×	274. ×						

第二部分 实操题

实操题一

一、计算人工预算单价(8 分)

某大型水利枢纽工程位于八类工资区,经国家物价部门批准的地区津贴为 35 元/月,地方政府规定的特殊地区补贴为 30 元/月,请按现行部颁规定计算高级工的人工预算单价(假设养老保险费率为 15%,住房公积金费率为 5%)。

二、主要材料及混凝土预算价格(共 10 分,各 5 分)

1. 某水利工程用强度等级 42.5 的普通硅酸盐水泥,资料如表 2-1-1 所示,请计算该种水泥的预算价格。要求写出计算过程,并把计算结果填入相应表格(见表 2-1-2)。

表 2-1-1 基本资料表

项目	甲厂	乙厂
供应比例(%)	40	60
出厂价(元/t)	350	330
厂家至工地距离(km)	85	120
吨公里运价(元)	0.55	0.55
装卸费小计(元/t)	15.0	15.0
材料运输保险费率(%)	0.4	0.4

表 2-1-2 主要材料预算价格计算表

名称及规格	单位	原价依据	单位毛重(t)	每吨运费(元)	价格(元)					
					原价	运杂费	采购及保管费	运到工地分仓库价格	保险费	预算价格

2. 某 C25 三级配纯混凝土,所用材料为强度等级 32.5 的普通硅酸盐水泥、中砂、碎石。已知各材料预算价格为:水泥 350 元/t,中砂 45 元/m^3,碎石 50 元/m^3,水 1.10 元/m^3。试计算该混凝土材料的预算单价。要求写出计算过程,并把计算结果填入表 2-1-3中。

表 2-1-3 混凝土材料单价计算表 （单位：m^3）

混凝土强度等级	水泥强度等级	级配	材料用量												预算单价（元）
			水泥		砂		石		粉煤灰		外加剂		水		
			数量（kg）	单价（元）	数量（m^3）	单价（元）	数量（m^3）	单价（元）	数量（kg）	单价（元）	数量（kg）	单价（元）	数量（m^3）	单价（元）	

三、施工机械台时费（5 分）

查《水利工程施工机械台时费定额》计算 10 t 自卸汽车台时费，已知：一类费用调整系数为 1.2，工长、高级工、中级工和初级工的人工预算单价分别为 7.11 元/工时、6.61 元/工时、5.65 元/工时、3.04 元/工时，柴油预算单价为 7.20 元/kg。计算该机械台时费。要求写出计算过程，并把计算结果填入表 2-1-4 中。

表 2-1-4 施工机械台时费计算表 （单位：元）

序号	定额编号	名称及规格	台时费	一类费用	二类费用	
					机上人工费	动力燃料费

四、计算设备费（5 分）

某引水工程泵站用的一台桥式起重机，自重 45 t，单价为 2.80 万元/t，采用公路汽车直接运到工地安装现场，运距 70 km，运输保险费率 0.2%。试计算该桥式起重机的设备费。

五、根据背景资料，完成以下指定项目（共 60 分）

（一）项目背景

华东地区某引水及河道治理工程位于县城之外，海拔 2 000 m 以下。包括新建一座橡胶坝、修筑河道堤防、引水管道工程、穿堤涵洞一座。其中橡胶坝坝段包括坝袋、锚固系统、底板、中墩和边墩。橡胶坝顺水流向自上而下依次设铺盖，长 10.0 m，厚 1.0 m；底板，现浇钢筋混凝土结构，长 12.0 m，厚 1.0 m；消力池，现浇钢筋混凝土结构，长 19.0 m，池深 1.0 m，底板厚 0.5 m，均采用现浇钢筋混凝土结构，C25 二级配混凝土，水泥强度等级为 32.5；海漫长 38.0 m，底部为 M5 浆砌乱石，厚 0.3 m，上部现浇混凝土护面，厚 0.1 m；下游设防冲槽，深 2.0 m，长 7.0 m；河道左岸设橡胶坝充排水泵站一处，水泵为全调节叶片，自重 25 t。铺盖、海漫及防冲槽两岸均采用 M10 浆砌石护砌。

该工程为政府投资，建设工期 10 个月。

（二）施工方法

（1）橡胶坝基础土方开挖：土的级别为Ⅰ、Ⅱ类土，1 m^3 挖掘机挖装 10 t 自卸汽车运输,平均运距6 km;橡胶坝基础土方回填Ⅲ类土,蛙式打夯机夯实;堤坝坝体采用74 kW拖拉机压实,重度17.3 kN/m³。

(2)砌石采用常规坐浆砌筑方法。

(3)混凝土工程采用0.8 m³混凝土搅拌机拌制、胶轮车运输200 m、1.1 kW插入式振捣器振捣。

(4)充排水泵站基础一般石方开挖,手持式风钻钻孔,导电线,岩石级别为Ⅸ~Ⅹ。

(5)底板混凝土模板采用普通标准钢模板。

(6)岩石基础固结灌浆,透水率2~4 Lu,采用风钻钻孔。

(三)编制依据

依据:水利部水总〔2002〕116号发布的《水利工程设计概(估)算编制规定》、〔2002〕《水利建筑工程预算定额》、〔2002〕《水利水电设备安装工程预算定额》、〔2002〕《水利工程施工机械台时费定额》等的有关规定。

(四)基础单价

1. 人工预算单价

工长4.91元/工时,高级工4.56元/工时,中级工3.87元/工时,初级工2.11元/工时。

2. 机械台时费、材料预算价格

机械台时费、材料预算价格见表2-1-5、表2-1-6。

表2-1-5 施工机械台时费表

序号	名称及规格	台时费(元)	序号	名称及规格	台时费(元)
1	胶轮车	0.90	14	混凝土搅拌机 0.8 m³	36.87
2	挖掘机 单斗式1 m³	182.64	15	推土机 59 kW	95.00
3	灰(砂)浆搅拌机	15.27	16	振捣器 插入式1.1 kW	2.42
4	灌浆泵 中低压泥浆	33.71	17	风钻 手持式	101.79
5	电焊机 交流25 kVA	16.67	18	刨毛机	74.29
6	汽车起重机 5 t	79.41	19	蛙式夯实机 2.8 kW	11.67
7	载重汽车 5 t	77.8	20	推土机 74 kW	129.45
8	钢筋切断机 20 kW	27.12	21	拖拉机 履带式 74 kW	103.23
9	塔式起重机 10 t	112.18	22	自卸汽车 10 t	132.77
10	对焊机 电弧型150	105.81	23	摇臂钻床 Φ35~50 mm	17.39
11	钢筋弯曲机 Φ6~40	13.85	24	牛头刨床 $B=650$ mm	12.06
12	风(砂)水枪 6 m³/min	116.14	25	普通车床 Φ400~600 mm	24.67
13	钢筋调直机 4~14 kW	17.68	26	桥式起重机 单小车16 t	26.97

表 2-1-6　材料预算价格表

序号	名称及规格	单位	价格(元)	序号	名称及规格	单位	价格(元)
1	汽油	kg	7.52	19	合金钻头	个	45.00
2	柴油	kg	7.31	20	导电线	m	0.15
3	电	kWh	1.10	21	型钢	kg	4.80
4	水	m^3	1.00	22	紫铜片	kg	25.00
5	风	m^3	0.55	23	雷管	个	0.55
6	M10 砂浆	m^3	156.43	24	木材	m^3	2 000.00
7	C25－2 混凝土	m^3	185.71	25	中砂	m^3	45.00
8	钢板	kg	4.80	26	块石	m^3	75.00
9	氧气	m^3	8.00	27	碎石	m^3	50.00
10	乙炔气	m^3	7.50	28	铁丝	kg	4.20
11	电焊条	kg	5.40	29	钢筋	t	5 500
12	油漆	kg	10.00	30	组合钢板模	kg	5.80
13	黄油	kg	12.00	31	卡扣件	kg	4.50
14	棉纱头	kg	12.00	32	铁件	kg	4.50
15	炸药	kg	5.50	33	预埋铁件	kg	4.50
16	导火线	m	0.43	34	破布	kg	2.00
17	空心钢	kg	3.80	35	橡胶板	kg	7.62
18	水泥	t	350.00	36	混凝土柱	m^3	175.00

(五)计算项目

请根据以上资料完成下面各题的计算。

1. 建筑及安装工程单价计算(50 分)

①土方开挖工程单价(5 分);②堤坝坝体压实工程单价(5 分);③一般石方开挖工程单价(5 分);④M10 浆砌块石平面护坡工程单价(5 分);⑤底板混凝土工程单价(10 分);⑥钢筋工程单价(5 分);⑦模板工程单价(5 分);⑧固结灌浆工程单价(5 分);⑨水泵安装工程单价(5 分)。(其他直接费费率:建筑工程取 2.5%,安装工程取 3.2%。)

2. 完成以下表格(表 2-1-7～表 2-1-10),计算各部分投资(5 分)

表 2-1-7　建筑工程预算表

序号	工程或费用名称	单位	数量	单价(元)	合计(元)
	第一部分　建筑工程				
1	土方工程				
1.1	1 m^3 挖掘机开挖Ⅰ、Ⅱ类土,10 t 自卸汽车运输 6 km	m^3	11 460		
1.2	土方回填Ⅲ类,蛙式打夯机夯实	m^3	9 760	8.58	
1.3	74 kW 拖拉机土方压实,重度 17.3 kN/m^3	m^3	34 000		
2	石方工程				

续表 2-1-7

序号	工程或费用名称	单位	数量	单价（元）	合计（元）
2.1	一般石方开挖	m^3	6 000		
3	砌石工程				
3.1	M10 浆砌块石挡土墙	m^3	64	245.00	
3.2	M10 浆砌块石护滩	m^3	186	187.61	
3.3	M10 浆砌块石平面护坡	m^3	1 120		
3.4	M10 浆砌块石基础	m^3	124	183.21	
3.5	M5 浆砌卵石海漫	m^3	1 330	173.20	
4	混凝土工程				
4.1	C25－2 混凝土底板	m^3	1 857		
4.2	C25－2 混凝土坝墩	m^3	276	307.40	
4.3	C25－2 混凝土铺盖	m^3	1 510	313.67	
4.4	钢筋制作与安装	t	620		
5	模板工程				
5.1	普通标准钢模板	m^2	700		
6	钻孔灌浆及锚固工程				
6.1	基础固结灌浆	m	2 000		

表 2-1-8 机电设备及安装工程预算表

编号	规格及名称	单位	数量	单价（元）		合计（元）	
				设备费	安装费	设备费	安装费
	第二部分 机电设备及安装工程						
1	水泵（自重 25 t）	2	台	7 200			
2	电机	2	台	4 500	3 970		
3	其余设备					580 000	400 000

表 2-1-9 金属结构设备及安装工程预算表

编号	规格及名称	单位	数量	单价（元）		合计（元）	
				设备费	安装费	设备费	安装费
	第三部分 金属结构设备及安装工程						
1	电动蝶阀	个	8	10 000	291.10		
2	冲水泵阀	个	5	50	631.10		
3	钢管	m	1 000	750	20.00		
4	其余设备					500 000	27 000

表 2-1-10 施工临时工程预算表

编号	规格及名称	单位	数量	单价(元)	合计(元)
	第四部分 施工临时工程				
1	施工导流工程				31 166
2	临时交通工程	km	3.0	20 377.31	
3	临时场外供电线路	km	0.5	48 090.00	
4	临时房屋建筑工程				35 500
5	其他施工临时工程				36 000

3. 对指定项目中指定的人、材、机用量进行分析计算(5 分)

在单价分析表的基础上,求浇筑 3 857 m^3 C25－2 纯混凝土(中砂、碎石)底板需要的中级工、32.5 等级水泥、搅拌机预算量是多少?

六、根据给定条件,完成工程总概算表(12 分)

某水利工程第一至第五部分的分年度投资、资金流量如表 2-1-11、表 2-1-12 所示,试按给定条件,计算并完善资金流量表和总概算表(基本预备费率 5%,物价指数 2%,融资利率 6%,融资比例 40%)。要求写出计算过程。

表 2-1-11 资金流量表

项 目	合计	建设工期(年)		
		1	2	3
一、建筑工程				
分年度资金流量	6 430	2 830	2 950	650
1. 建筑工程	6 000	2 600	2 800	600
2. 施工临时工程	430	230	150	50
二、安装工程				
分年度资金流量	170	20	50	100
1. 机电设备安装工程	100	10	40	50
2. 金属结构设备安装工程	70	10	10	50
三、设备工程				
分年度资金流量	700	100	280	320
1. 机电设备	400	60	170	170
2. 金属结构设备	300	40	110	150
四、独立费用				
分年度资金流量	600	260	200	140
一至四部分合计	7 900	3 210	3 480	1 210
基本预备费				
静态总投资				
价差预备费				
建设期融资利息				
总投资				

表 2-1-12 总概算表

序号	工程或费用名称	建安工程费	设备购置费	独立费用	合计（万元）	占一至五部分的投资(%)
1	第一部分 建筑工程					
2	第二部分 机电设备及安装					
3	第三部分 金属设备及安装					
4	第四部分 临时工程					
5	第五部分 独立费用					
6	一至五部分合计					
7	基本预备费					
8	静态总投资					
9	价差预备费					
10	建设期融资利息					
11	总投资					

实操题二

一、计算工程项目的人工预算单价(8 分)

某大(1)型枢纽工程位于八类地区。经国家物价部门批准的地区津贴为 30 元/月，地方政府规定的特殊地区补贴为 20 元/月，养老保险费率为 22%，住房公积金费率为 5%，请按现行部颁规定计算初级工、中级工、高级工、工长的人工工时预算单价。

二、主要材料及混凝土预算价格(共 10 分，各 5 分)

1. 水泥：某水利枢纽工程水泥由工地附近甲、乙两个水泥厂供应。两厂水泥供应的基本资料如下：

(1)甲厂 42.5 散装水泥出厂价 290 元/t；乙厂 42.5 水泥出厂价袋装 330 元/t，散装 300 元/t。两厂水泥均为车上交货。

(2)袋装水泥汽车运价 0.55 元/(t · km)，散装水泥在袋装水泥运价基础上上浮 20%；袋装水泥装车费为 6.00 元/t，卸车费 5.00 元/t，散装水泥装车费为 5.00 元/t，卸车费 4.00 元/t。其运输路径如图 2-2-1 所示，均为公路运输。

(3)运输保险费率:1‰。

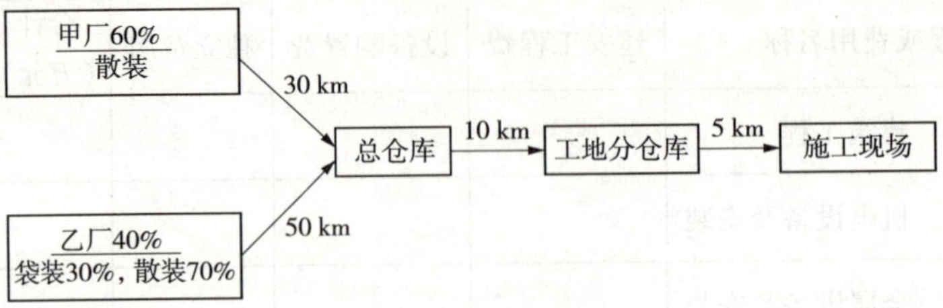

图 2-2-1 运输路径

(4)计算该水泥的综合预算价格,并填入表 2-2-1 中。

表 2-2-1 主要材料预算价格计算表

编号	名称及规格	单位	原价依据	单位毛重(t)	每吨运费(元)	价格(元)					
						原价	运杂费	采购及保管费	运到工地分仓库价格	保险费	预算价格

2. 某工程挡水坝体纯混凝土设计选用的混凝土强度等级与级配为 C20 三级配,混凝土用 42.5 号普通硅酸盐水泥。已知混凝土各组成材料的预算价格为:42.5 号普通硅酸盐水泥 400 元/t,中砂 50 元/m^3,碎石 45 元/m^3,水 1 元/m^3。试计算该工程中坝体混凝土材料的预算单价,并填入表 2-2-2 中。

表 2-2-2 混凝土材料单价计算表 (单位:m^3)

序号	混凝土强度等级	水泥强度等级	级配	材料用量												预算单价(元)
				水泥		砂		石		粉煤灰		外加剂		水		
				数量(kg)	单价(元)	数量(m^3)	单价(元)	数量(m^3)	单价(元)	数量(kg)	单价(元)	数量(kg)	单价(元)	数量(m^3)	单价(元)	

三、施工机械台时费(5 分)

查《水利工程施工机械台时费定额》计算①88 kW 推土机、②8.0 t 塔式起重机、③单斗挖掘机(电 2.0 m^3)机械台时费。已知工长、高级工、中级工和初级工的人工预算单价分别为 7.11 元/工时、6.61 元/工时、5.62 元/工时、3.04 元/工时;柴油预算单价为 8.50 元/kg,电预算单价为 0.9 元/kWh。写出计算过程并将编号、台时费、一类费用、二类费用填入表 2-2-3 中。

表 2-2-3　施工机械台时费计算表　（单位：元）

序号	编号	名称及规格	台时费	一类费用	二类费用	
					机上人工费	动力燃料费

四、计算设备费（5 分）

某水利枢纽工程中采用的国产水轮机设备原价 700 000 元/台，运输由铁路火车运 2 000 km，转公路汽车运 120 km 到工地。运输保险费 0.8%。试计算水轮机的设备费，并填入表 2-2-4 中。

表 2-2-4　主要设备费计算表

编号	名称及规格	单位	价格（元）				
			原价	运杂费	采购及保管费	运输保险费	预算价格

五、根据背景资料，完成以下指定项目（共 60 分）

（一）施工背景资料

GTP 水利枢纽工程位于某县某江上（工程在县城以外），海拔为 1 200 m。对外交通以铁路为主，铁路终端设物资中转站，中转站距坝址有 130 km 的简易公路。枢纽正常蓄水位 638 m。总库容 59.3 亿 m^3。淹没耕地 27 199 亩，移民 25 304 人，电站总装机容量 4×50 万 kW，保证出力 70.18 万～75.54 万 kW，年平均发电量 88.85 亿～91.92 亿 kWh；拦河大坝为重力坝，大坝左岸有 0.5 km 长的均质土附坝；右岸地下厂房，左岸三级垂直升船工程。总工期 10 年，另施工准备工期 1 年，自开工之日至开始发挥效益时间为 8.5 年，施工总工日 4 000 万工日，高峰施工人数 20 000 人。施工主要材料水泥和钢筋由厂家直供，炸药（导电线）在当地爆破管理公司购买，柴油在 A 市石化公司购买。

主要项目的施工方法如下：

（1）大坝基础覆盖层为Ⅳ类土，开挖采用 2 m^3 挖掘机挖装 20 t 自卸汽车运 2 km 至弃渣场弃渣。

（2）挡水工程一般明挖石方采用风钻钻孔爆破，岩石级别为Ⅺ～Ⅻ级，2 m^3 挖掘机装 10 t 自卸汽车运 3 km 到弃渣场弃渣。

（3）本工程地质缺陷处采用 M10 浆砌块石平面护坡，所有的砂石料均按外购考虑。

（4）副坝的均质土坝填筑设计工程量 2 万 m^3，施工组织设计为：①土料场覆盖层清除（Ⅱ类土）0.1 万 m^3，采用 88 kW 推土机推运 30 m，其开挖工程单价为 3 元/m^3。②土料开采用 2 m^3 挖掘机装Ⅲ类土，20 t 自卸汽车运 6.0 km 上坝填筑，其挖运综合单价为 15 元/m^3。③土料压实：74 kW 推土机推平，8～12 t 羊角碾压实，天然干重度 14.8 kN/m^3，设计干重度 17 kN/m³。(覆盖层开挖和土料挖运工程单价按已知计算,压实单价列单价分析表计算。)

(5)挡水工程坝体混凝土(C20 三级配)2×1.5 m³混凝土搅拌楼拌制 5 t 自卸汽车运输 1 km 到浇筑现场,浇筑采用机械化施工,浇筑层厚 2~3 m。

(6)钢筋制安。坝体混凝土钢筋在施工现场加工厂加工,平板车运输到施工现场人工绑扎。

(7)大坝坝顶防浪墙混凝土施工用标准钢模板立模。

(8)闸门安装。该工程的引水工程采用一般平板焊接闸门,每扇闸门自重为 9 t。

(二)编制依据

水利部水总〔2002〕116 号发布的《水利工程设计概(估)算编制规定》、〔2002〕《水利建筑工程预算定额》、〔1999〕《水利水电设备安装工程预算定额》、〔2002〕《水利工程施工机械台时费定额》等的有关规定。其中建筑工程其他直接费费率取 2.5%,建筑工程其他直接费费率取 3.2%。

(三)主要资料

1. 人工预算价格表(见表 2-2-5)

表 2-2-5　人工预算价格表

序号	名称及规格	单位	预算单价
1	工长	工时	7.11
2	高级工	工时	6.61
3	中级工	工时	5.62
4	初级工	工时	3.04

2. 施工机械台时费汇总表(见表 2-2-6)

表 2-2-6　施工机械台时费汇总表

序号	定额编号	名称及规格	台时费	一类费用	二类费用
1	1011	液压挖掘机　2 m³	313.37	147.3	166.07
2	1042	推土机　59 kW	100.55	24.31	76.24
3	3019	自卸汽车　20 t	211.69	83.37	128.32
4	1042	推土机　88 kW	164.46	56.85	107.61
5	3019	自卸汽车　10 t	136.77	48.79	87.98
6	1088	羊角碾　8~12 t	2.92	2.92	0
7	1062	拖拉机　74 kW	109.01	21.57	87.44
8	1043	推土机　74 kW	135.34	42.67	92.67
9	1095	蛙夯机　2.8 kW	14.10	1.18	12.92
10	1094	刨毛机	88.39	19.62	68.77

续表 2-2-6

序号	定额编号	名称及规格	台时费	一类费用	二类费用
11	1014	挖掘机 4 m^3	669.29	320.21	349.08
12	1044	推土机 88 kW	164.46	56.85	107.61
13	3022	自卸汽车 32 t	431.23	233.44	197.79
14	1096	风钻手持式	17.48	2.43	15.05
15	1101	潜孔钻 150 型	766.22	79.38	686.84
16	1031	装载机 3 m^3	273.87	89.52	184.35
17	1045	推土机 103 kW	193.89	69.85	124.04
18	3019	自卸汽车 20 t	211.69	83.37	128.32
19	1114	凿岩台车 三臂	699.85	528.47	171.38
20	1117	平台车	178.49	43.8	134.69
21	9066	轴流通风机 55 kW	51.62	19.81	31.81
22	6021	砂浆搅拌机 0.4 m^3	22.77	9.70	13.07
23	3074	胶轮机	0.90	0.90	0
24	2014	搅拌楼	228.21	138.74	89.47
25	3012	自卸汽车 5 t	91.38	16.10	75.28
26	2048	振动器 1.5 kW	3.05	2.31	0.74
27	2052	变频机组 8.5 kVA	15.73	11.44	4.29
28	2054	平仓振捣机	181.05	116.97	64.08
29	2080	风水(砂)枪	18.86	0.66	18.2
30	2027	混凝土搅拌车 3 m^3	166.60	83.85	82.75
31	2032	混凝土泵 30 m^3/h	84.60	53.21	31.39
32	2047	振动器 1.1 kW	2.08	1.54	0.54
33	9147	钢筋调直机 14 kW	16.86	4.73	12.13
34	9146	钢筋切断机 20 kVA	22.00	3.17	18.83
35	9126	电焊机 25 kVA	10.44	0.72	9.72
36	3004	载重汽车 5 t	83.46	18.63	64.83
37	4085	汽车起重机 5 t	86.86	25.34	61.52
38	1096	风钻	17.48	2.43	15.05
39	6024	灌浆泵中压泥浆	32.23	9.9	22.33
40	6021	灰浆搅拌机	14.84	3.31	11.53
41	6002	地质钻机 150 型	38.20	14.73	23.47
42	9143	钢筋弯曲机 Φ6－40	13.55	2.22	11.33
43	9136	电弧对焊机 150 型	67.74	5.01	62.73
44	4030	塔式起重机 10 t	101.12	61.36	39.76
45	4024	门式起重机 10 t	177.12	94.37	82.75
46		骨料系统	120.00		
47		水泥系统	180.00		

3. 材料预算价格表(表 2-2-7)

表 2-2-7　材料预算价格表

序号	名称及规格	单位	预算单价	序号	名称及规格	单位	预算单价
1	柴油	kg	7.47	16	组合钢模板	kg	10.00
2	电	kWh	0.67	17	型钢	kg	6.60
3	风	m^3	0.01	18	卡扣件	kg	6.50
4	汽油 90 号	kg	7.99	19	铁件	kg	4.80
5	合金钻头	个	50.00	20	电焊条	kg	6.60
6	炸药	kg	8.70	21	铁件	kg	4.80
7	电雷管	个	1.00	22	预制混凝土柱	m^3	500.00
8	导电线	m	0.50	23	钢板	kg	7.50
9	块石	m^3	80.00	24	氧气	kg	5.00
10	砂浆	m^3	161.57	25	乙炔气	kg	12.80
11	混凝土(C20－3)	m^3	140.00	26	汽油 70 号	kg	6.00
12	水	m^3	0.34	27	油漆	kg	15.60
13	钢筋	t	6 000.00	28	棉纱头	kg	48.00
14	铁丝	kg	5.60	29	黄油	kg	10.00
15	火雷管	个	1.2	30	导火线	m	0.80

(四)计算项目

1. 建筑及安装工程单价计算(50 分)

①土方开挖工程单价(5 分);②土方填筑工程单价(7 分);③石方开挖工程单价(6 分);④M10 砌石工程平面护坡工程单价(5 分);⑤C20(3)混凝土工程单价(9 分);⑥钢筋工程单价(5 分);⑦模板制作及安装工程单价(8 分);⑧平板焊接闸门安装单价(5 分)。

2. 完成以下表格(表 2-2-8～表 2-2-11),计算各部分投资(5 分)

表 2-2-8　建筑工程预算表

序号	工程或费用名称	单位	数量	单价(元)	合计(元)
	第一部分　建筑工程				
一	挡水工程				
1	土方工程				
1.1	覆盖层土方开挖	m^3	1 000		
1.2	均质土坝填筑	m^3	20 000		
2	石方工程				

续表 2-2-8

序号	工程或费用名称	单位	数量	单价(元)	合计(元)
2.1	石方开挖	m^3	3 500		
3	砌石工程				
3.1	浆砌块石护底	m^3	100	240.00	24 000
3.2	干砌块石护坡	m^3	500	110.55	55 275
3.3	M10 浆砌块石平面护坡	m^3	500		
3.4	反滤层	m^3	200	118.42	23 684
4	混凝土工程				
4.1	C20－3 坝体混凝土	m^3	20 000		
4.2	隧洞衬砌混凝土	m^3	3 000	600	1 800 000
4.3	闸墩混凝土	m^3	8 000	400	3 200 000
4.4	钢筋制作与安装	t	50		
5	模板工程				
	钢模板制作与安装	m^2	1 200		
	…				

表 2-2-9　机电设备及安装工程预算表

编号	规格及名称	单位	数量	单价(元)		合计(元)	
				设备费	安装费	设备费	安装费
	第二部分　机电设备及安装工程						
1	水轮机	台	4	300 000.00	50 000.00		
2	调速器	台	4	80 000.00	8 000.00		
3	油压装置	套	4	75 000.00	12 000.00		
	…						

表 2-2-10　金属结构设备及安装工程预算表

编号	规格及名称	单位	数量	单价(元)		合计(元)	
				设备费	安装费	设备费	安装费
	第三部分　金属结构设备及安装工程						
1	9 t 平板焊接闸门安装	t	36	12 000.00			
2	闸门埋件安装	t	10	10 000.00	3 000.00		
3	门式启闭机	台	1	120 000.00	20 000.00		
	…						

表 2-2-11　施工临时工程预算表

编号	规格及名称	单位	数量	单价(元)	合计(元)
	第四部分　施工临时工程				
1	土石围堰填筑与拆除	m^3	20 000	20.00	
2	临时交通工程	km	10	20 000.00	
3	临时供电工程	项	1	500 000.00	500 000
4	临时房屋建筑工程	m^2	500	800.00	
5	其他施工临时工程	项	1	300 000	300 000
	…				

3. 对指定项目中指定材料的用量进行分析计算(5 分)

在单价分析表的基础上,①分析浇筑 20 000 m^3 坝体混凝土(C20－3 级配,水泥的强度等级为 32.5,粗骨料为碎石、细骨料为中砂)需要碎石数量是多少?②分析砌筑 500 m^3 M10 浆砌块石平面护坡(水泥的强度等级为 32.5)需要的水泥数量是多少?

六、完成工程总概算表的编制(12 分)

某水利工程为某流域规划的一座大型综合利用水利枢纽工程,控制流域面积 1 927 km^2,水库主要任务是防洪、发电、工业及生活供水,兼顾灌溉等。水库设计洪水标准为 100 年一遇,校核洪水标准为 2 000 年一遇,校核洪水位 289.9 m,水库总库容为 7.98 亿 m^3。资金来源由中央水利基建投资 80%,余额由融资解决。基本预备费费率6%,物价指数 6%,融资利率 8.25%。试完成以下几个表格(见表 2-2-12 ~ 表 2-2-14)。

表 2-2-12　分年度投资表　(单位:万元)

项目	合计	建设工期(年)				
		1	2	3	4	5
一、建筑工程	68 020.18	10 060.6	20 536.21	20 885.39	12 704.16	3 833.82
二、安装工程	550	15.78	3.77	130.45	3.77	396.21
三、设备工程	3 965.29	521.95	25.6	1 380.62	25.6	2 011.51
四、独立费用	6 890.69	1 765.84	1 414.95	1 414.95	1 233.89	1 061.11
一至四部分合计	79 426.16	12 364.17	21 980.53	23 811.41	13 967.42	7 302.65

表 2-2-13　资金流量表　（单位：万元）

项目	合计	建设工期（年）				
		1	2	3	4	5
一、建筑工程	68 020.18	16 586.02	16 537.85	18 501.1	12 020.76	4 374.45
二、安装工程	550	15.78	3.77	130.45	3.77	396.21
三、设备工程	3 965.29	527.51	228.43	1 176.92	323.05	1 709.39
四、独立费用	6 890.69	1 765.84	1 414.95	1 414.95	1 233.89	1 061.11
一至四部分合计	79 426.16	18 895.15	18 185	21 223.42	13 581.47	7 541.16
基本预备费						
静态总投资						
价差预备费						
建设期融资利息						
总投资						

表 2-2-14　工程总概算表　（单位：万元）

序号	工程或费用名称	建安工程费	设备购置费	独立费用	合计	占一至五部分投资（%）
1	第一部分　建筑工程	58 428.98			58 428.98	
2	第二部分　机电设备及安装工程	236.32	2 247.86		2 484.18	
3	第三部分　金属结构设备及安装工程	313.68	1 717.43		2 031.11	
4	第四部分　施工临时工程	9 591.2			9 591.2	
5	第五部分　独立费用			6 890.69	6 890.69	
6	一至五部分投资合计	68 570.18	3 965.29	6 890.69	79 426.16	
7	基本预备费					
8	静态总投资					
9	价差预备费					
10	建设期融资利息					
11	总投资					

实操题三

一、计算工程项目的人工预算单价

在十类地区兴建一座水利枢纽工程，无地区津贴，养老保险费率为20%，住房公积金费率为5%，请按现行部颁规定计算初级工的人工预算单价。

二、主要材料及混凝土预算价格

1. 计算某水利工程水泥预算价格。

水泥由水泥厂直供，强度等级为42.5，其中袋装水泥占10%，散装水泥占90%，出厂价为290元/t。运输路线、运输方式和各项费用：至水泥厂通过公路运往工地仓库，其中袋装运杂费为25.2元/t，散装水泥运杂费15.9元/t；从仓库至拌和楼由汽车运送，运费1.5元/t，进罐费1.3元/t；运输保险费率按1%计，采购及保管费费率按3%计。

2. 某枢纽的隧洞混凝土衬砌，设计选用28天龄期，二级配，混凝土强度为C25，采用42.5级普通硅酸盐水泥370元/t，粗砂36元/m^3，卵石48元/m^3，施工用水0.40元/m^3。计算混凝土材料的单价。

三、施工机械台时费

试计算10 t载重汽车台时费。

已知：该工程的中级工人工工时预算单价5.62元/工时，柴油预算价格5.8元/kg，台时一类费用调整系数为1.00。写出计算过程并将编号、台时费、一类费用、二类费用填入表2-3-1中。

表2-3-1 施工机械台时费计算表 （单位：元）

序号	编号	名称及规格	台时费	其中	
				一类费用	二类费用

四、计算设备费（机电设备或金属结构设备）

项目需购置一台桥式起重机，由火车从生产厂家运输2 000 km至转运站，由汽车从转运站运输60 km到安装现场，桥机自重50 t，单价为4万元/t，运输保险费率为0.2%。

五、根据背景资料，完成以下指定项目（50分）

（一）项目背景

某地区黄塘溪中小河流治理工程位于县城以外，该工程由滚水坝工程和涵管工程两部分组成。其基础土方为Ⅲ类土，土方开挖采用1 m^3挖掘机挖装土8 t自卸汽车运输，土方开挖地点至河堤填筑现场的平均距离为 1 km。工程采用 M7.5 水泥砂浆浆砌块石护底(水泥强度等级为 32.5);钢筋混凝土底板(厚度为 200 cm)、钢筋混凝土梁板均采用 C25(三级配、42.5 水泥)现浇混凝土,混凝土拌制采用 0.8 m^3 搅拌机搅拌,混凝土运输采用 1 t机动翻斗车配合挖掘机吊运混凝土进行浇筑(运距 100 m,吊高 10 m),模板采用标准钢模板。人工铺筑砂石垫层。各分项工程量详见表 2-3-4。

金属结构设备为闸门、闸门埋件(埋件自重为 4.2 t)及 10 t 卷扬式启闭机。

该工程机电设备及安装工程、金属结构设备及安装工程内容详见表 2-3-5、表 2-3-6。

建筑工程、安装工程其他直接费均取 2.5%。

已知人工预算单价:工长 5.18 元/工时,高级工 4.83 元/工时,中级工 4.15 元/工时,初级工 2.22 元/工时。

(二)编制依据

水利部水总〔2002〕116 号文颁发的《水利工程设计概(估)算编制规定》、〔2002〕《水利建筑工程预算定额》、〔1999〕《水利水电设备安装工程预算定额》、〔2002〕《水利工程施工机械台时费定额》等的有关规定。

(三)主要资料

材料预算价格表见表 2-3-2。

表 2-3-2 材料预算价格表

序号	名称及规格	单位	价格(元)	序号	名称及规格	单位	价格(元)
1	汽油 70#	kg	8.0	15	型钢	kg	4.2
2	柴油	kg	8.0	16	绝缘线	m	1.5
3	机油	kg	4.2	17	破布	kg	3
4	水	m^3	0.7	18	垫铁	kg	4.70
5	混凝土柱	m^3	320	19	钢筋	t	5 500
6	M7.5 砂浆	m^3	182.21	20	块石	m^3	70
7	C25-3 混凝土	m^3	220	21	木材	m^3	2 000
8	钢板	kg	4.8	22	碎石	m^3	70
9	氧气	m^3	8	23	铁丝	kg	4.2
10	乙炔气	m^3	7.5	24	组合钢板模	kg	6
11	电焊条	kg	8	25	卡扣件	kg	10
12	油漆	kg	10	26	铁件	kg	5
13	黄油	kg	12	27	预埋铁件	kg	5.5
14	棉纱头	kg	12				

施工机械台时费汇总见表2-3-3。

表2-3-3 施工机械台时费汇总表

序号	定额编号	名称及规格	台时费	一类费用	二类费用
1	1009	单斗挖掘机(液压) 1 m^3	193.675	63.270	130.405
2	1042	推土机 59 kW	101.470	24.310	77.160
3	3013	自卸汽车 8 t	123.135	36.140	86.995
4	3074	胶轮车	0.900	0.900	0
5	2002	砂浆搅拌机 0.4 m^3	19.653	9.700	9.953
6	2003	搅拌机 0.8 m^3	26.975	12.040	14.935
7	3075	机动翻斗车 1 t	19.835	2.440	17.395
8	2077	混凝土吊罐 3 m^3	12.150	12.150	0
9	2080	风(砂)水枪 6.0 m^3/min	46.055	0.660	45.395
10	9147	钢筋调直机 14 kW	13.941	4.730	9.211
11	9146	钢筋切断机 20 kW	17.681	3.170	14.511
12	9143	钢筋弯曲机 Φ6~40	10.795	2.220	8.575
13	9126	电焊机 25 kVA	8.405	0.720	7.685
14	9135	对焊机 150型	53.048	5.200	47.848
15	3004	载重汽车 5 t	81.625	18.630	62.995
16	4030	塔式起重机 10 t	92.016	61.360	30.656
17	4085	汽车起重机 5 t	82.945	25.340	57.605
18	4035	门式起重机 10 t	46.605	27.370	19.235
19	4151	卷扬机 5 t	19.028	8.280	10.748
20	2047	振动器 1.1 kW	1.964	1.540	0.424
21	1014	挖掘机 4 m^3	689.015	320.210	368.805
22	4087	汽车起重机 8 t	108.365	35.560	72.805

(四)计算项目

1. 建筑及安装工程单价计算(50分)

①土方开挖工程单价;②M7.5浆砌石护底工程单价;③C25混凝土底板工程单价;④钢筋工程单价;⑤模板制作及安装工程单价;⑥砂碎石垫层工程单价;⑦闸门埋件安装

单价；⑧启闭机安装单价。

2. 完成以下表格(表2-3-4～表2-3-7)，计算各部分投资(5分)

表2-3-4 建筑工程预算表

序号	工程或费用名称	单位	数量	单价(元)	合计(元)
	第一部分 建筑工程				
1	涵管工程				
1.1	土方开挖	m^3	1 755		
1.2	土方回填	m^3	1 060	5.95	
1.3	M7.5浆砌块石集水井	m^3	122.71	236.49	
1.4	碎砂石垫层	m^3	13.98		
1.5	预制混凝土盖板	m^3	3.24	770.93	
1.6	C25混凝土出水池底板混凝土	m^3	132.48		
1.7	C25混凝土出水池墙混凝土	m^3	151.66	345.22	
1.8	钢筋石笼护底	m^3	247.05	204.80	
1.9	DN800钢筋混凝土管	m	400	349.28	
1.10	钢筋制作与安装	t	32.58		
1.11	模板	m^2	715.60		
2	滚水坝工程				
2.1	C25混凝土底板	m^3	40.00		
2.2	C15素混凝土垫层	m^3	10.80	320.21	
2.3	M7.5浆砌块石护底	m^3	96.20		
2.4	碎砂石垫层	m^3	53.30		
2.5	M10浆砌条石坝体	m^3	31.98	313.99	
2.6	C25压顶混凝土	m^3	7.8	420.17	
2.7	M7.5浆砌条石边墙	m^3	47.04	309.06	
2.8	钢筋制作与安装	t	2.69		
2.9	Φ100 PVC排水管	m	28	35.76	
2.10	模板	m^2	50.4		

表 2-3-5　机电设备及安装工程预算表

编号	规格及名称	单位	数量	单价(元)		合计(元)	
				设备费	安装费	设备费	安装费
	第二部分　机电设备及安装工程						
1	滚水坝						
	LQ－100－SD 启闭机	台	2	10 000			

表 2-3-6　金属结构设备及安装工程预算表

编号	规格及名称	单位	数量	单价(元)		合计(元)	
				设备费	安装费	设备费	安装费
	第三部分　金属结构设备及安装工程						
1	涵管工程						
1.1	铸铁圆闸门(直径 800 mm 以内)	座	2	8 500	11 933.72		
2	滚水坝工程						
2.1	闸门埋设件制作　铸钢轨道	t	2.1				

表 2-3-7　施工临时工程预算表

编号	规格及名称	单位	数量	单价(元)	合计(元)
	第四部分　施工临时工程				
一	导流工程				
1	袋装土围堰填筑	m^3	3 000	81.16	
2	抽水台班	台班	800	104.17	
3	围堰拆除	m^3	3 000	8.75	
二	交通工程				
1	施工临时道路	km	1.50	18 000	
三	施工供电工程				
1	供电线路	套	1.00	5 000	
四	房屋建筑工程				
1	施工临时房屋	m^2	300.00	200	
五	其他临时工程				
1	其他临时工程	项	1.00	20 000.00	

3. 对指定项目中指定材料的用量进行分析计算(5 分)

在单价分析表的基础上，①分析砌筑 96.2 m^3 的 M7.5 浆砌块石护底需要的水泥数量是多少？②浇筑 40 m^3 的 C25 混凝土底板需要的中砂数量是多少？

六、完成某工程总概算表

某水利枢纽工程，基本预备费率 5%，物价指数 6%，融资利率 8%，各施工年份融资额占当年投资比例的 70%。请根据现有分年度投资表（表 2-3-8）和分年度资金流量表（表 2-3-9），编制总概算表。写出计算过程。

表 2-3-8 分年度投资表 （单位：万元）

序号	工程或费用名称	合计（万元）	第一年	第二年	第三年
1	第一部分 建筑工程	15 600	5 200	8 500	1 900
2	第二部分 机电设备及安装工程	900	200	400	300
3	第三部分 金属设备及安装工程	300	50	100	150
4	第四部分 临时工程	260	120	100	40
5	第五部分 独立费用	950	400	300	250
6	第一至五部分合计	18 010	5 970	9 400	2 640

表 2-3-9 资金流量表 （单位：万元）

项目	合计	建设工期（年）		
		1	2	3
一、建筑工程				
分年度资金流量	15 860	5 430	8 690	1 740
1. 建筑工程	15 600	5 300	8 600	1 700
2. 施工临时工程	260	130	90	40
二、安装工程				
分年度资金流量	400	175	140	85
1. 机电设备及安装工程	280	120	100	60
2. 金属结构设备及安装工程	120	55	40	25
三、设备工程				
分年度资金流量	800	315	280	205
1. 机电设备	620	240	220	160
2. 金属结构设备	180	75	60	45
四、独立费用				
分年度资金流量	950	420	310	220

续表 2-3-9

项目	合计	建设工期(年)		
		1	2	3
一至四部分合计	18 010	6 340	9 420	2 250
基本预备费				
静态总投资				
价差预备费				
建设期融资利息				
总投资				

实操题四

一、计算该工程项目的人工预算单价(8 分)

某大型水利枢纽位于七类地区。经国家物价部门批准的地区津贴为 30 元/月，地方政府规定的特殊地区补贴为 20 元/月，养老保险费率为 18%，住房公积金费率为 5%，请按现行部颁规定计算高级工的人工工时预算单价。

二、主要材料及混凝土预算价格(共 10 分，各 5 分)

(1)计算某水电工程 P. O 42. 5 散装水泥预算价格。

火车(500 km)　　汽车 100 km　　10 km

水泥厂——————→中转站——————◎——————→工地分仓库

国道　　山区支线

已知基础资料：

①散装水泥出厂价:350. 00 元/t。

②铁路运输:全部为整车，发到基价 8. 30 元/t，运行基价 0. 085 1 元/(t · km)。袋装水泥公路运输:国道 0. 60 元/(t · km)，山区支线:0. 70 元/(t · km)。

散装水泥公路运费在袋装水泥的基础上上浮 30%。

③杂费。

铁路:调车费 1. 50 元/t，罐车使用费 1. 90 元/t，装罐车费 3. 00 元/t。中转站运行及摊销费 10. 00 元/t。

公路:卸车上罐费 2. 00 元/t。

④运输保险费率 1‰。

(2)一混凝土重力坝工程，坝身采用 90 天强度等级为 C25(三级配)掺粉煤灰混凝土。掺粉煤灰量 25%，取代系数 1. 3，混凝土用 32. 5 号普通硅酸盐水泥。已知混凝土各组成材料的预算价格为：32.5 号普通硅酸盐水泥 400 元/t，粗砂 70 元/m^3，卵石 60 元/m^3，水 0.80 元/m^3，粉煤灰 200 元/t，外加剂 5.5 元/kg。试计算混凝土重力坝工程中混凝土材料的预算单价。

三、施工机械台时费(5 分)

查《水利工程施工机械台时费定额》计算 10 t 自卸汽车机械台时费，已知工长、高级工、中级工和初级工的人工预算单价分别为 6.94 元/工时、6.11 元/工时、5.02 元/工时、3.24 元/工时；柴油预算单价为 8.50 元/kg。写出计算过程并将编号、台时费、一类费用、二类费用填入表 2-4-1 中。

表 2-4-1　施工机械台时费计算表　（单位：元）

序号	编号	名称及规格	台时费	其中	
				一类费用	二类费用

四、计算设备费(5 分)

某水利枢纽工程中采用国产主变压器，型号为 SFSZ9 − 80000/220，设备原价 1 000 000元/台，运输由铁路火车运 1 450 km，转公路汽车运 80 km 到工地。运输保险费 0.7%。试计算变压器的设备费。

五、根据背景资料，完成以下指定项目(共 60 分)

(一)项目背景

某工程位于县城之外 49.5 km。该枢纽属Ⅲ等工程，工程规模为中型。枢纽主要建筑物包括泄水闸、河床式厂房、接头重力坝及开关站等。

河床式厂房布置于河右侧，安装间位于厂房右端。厂房内布置 3 台单机容量为 20.83 MW 的灯泡贯流式水轮发电机组，型号：水轮机 GZ(K241) − WP − 560，250 t 发电机 SFWG20，200 t。厂房段全长 77.48 m，其中主机间长 47.98 m、宽 62.598 m；安装间长 29.5 m、宽 48.448 m，厂房高度为 35.82 m。土类级别为Ⅲ类，土方开挖采用 1 m^3 挖掘机挖装土，5 t 自卸汽车运 1 km 至弃渣场；厂房基础岩石级别Ⅷ级，开挖采用手风钻钻孔爆破底部保护层石方，1 m^3 挖掘机装石渣 5 t 自卸汽车运 1 km 至弃渣场；土方回填采用 1 m^3挖掘机装土，5 t 自卸汽车运 1 km，拖拉机牵引 5 t 羊角辗压实，干重度 13.5 kN/m^3；厂房上部采用 C25 二级配混凝土，水泥强度等级为 32.5，混凝土采用 2 × 1.5 m^3搅拌楼拌制，机动翻斗车运输 100 m，塔式起重机吊运 3 m^3罐 20 m 入仓；模板采用标准钢模板；M7.5 浆砌块石挡墙。其他直接费费率建筑工程取 2.5%，安装工程取 3.2%。

(二)编制依据

依据水利部水总〔2002〕116 号发布的《水利工程设计概(估)算编制规定》、〔2002〕《水利建筑工程预算定额》、〔1999〕《水利水电设备安装工程预算定额》、〔2002〕《水利工程施工机械台时费定额》等的有关规定。

(三)主要资料

施工机械台时费汇总表见表2-4-2。

表2-4-2 施工机械台时费汇总表 (单位:元)

序号	定额编号	名称及规格	台时费	一类费用	二类费用
1	1002	挖掘机 1 m^3	196.69	60.82	135.87
2	1042	推土机 59 kW	109.20	24.31	84.89
3	1043	推土机 74 kW	146.26	42.67	103.59
4	1044	推土机 88 kW	177.44	56.85	120.59
5	1061	拖拉机 59 kW	93.55	12.91	80.64
6	1087	羊角碾 5~7 t	2.33	2.33	0
7	1094	刨毛机	96.01	19.62	76.39
8	1095	蛙式打夯机 2.8 kW	14.05	1.18	12.87
9	1096	手持式风钻	40.49	2.43	38.06
10	2002	混凝土搅拌机 0.4 m^3	22.60	9.7	12.90
11	2014	混凝土搅拌楼 2×1.5 m^3	226.76	138.74	88.02
12		骨料系统	180.6		
13		水泥系统	46.6		
14	2047	插入式振动器 1.1 kW	2.06	1.54	0.52
15	2077	混凝土吊罐 3 m^3	12.15	12.15	0.00
16	2080	风(砂)水枪 6 m^3/min	46.47	0.66	45.81
17	3004	载重汽车 5 t	84.98	18.63	66.35
18	3012	自卸汽车 5 t	100.76	16.1	84.66
19	3074	胶轮车	0.90	0.90	0.00
20	3075	机动翻斗车 1 t	22.50	2.44	20.06
21	4030	塔式起重机 10 t	100.39	61.36	39.03
22	4032	塔式起重机 25 t	163.29	96.96	66.33
23	4060	桥式起重机 250 t	70.58	33.57	37.01
24	4085	汽车起重机 5 t	88.07	25.34	62.73
25	8014	空气压缩机 9 m^3/min	174.59	15.75	158.84
26	9126	电焊机 25 kVA	10.15	0.72	9.43
27	9136	对焊机 150型	68.64	5.01	63.63
28	9143	钢筋弯曲机 Φ6~40	13.43	2.22	11.21
29	9146	钢筋切断机 20 kW	21.66	3.17	18.49
30	9147	钢筋调直机 14 kW	16.72	4.73	11.99
31	9170	车床 Φ400~600	23.35	10.84	12.51
32	9180	摇臂钻床 Φ50	17.55	7.19	10.36
33	9198	刨 床 B650	13.30	4.5	8.80
34		砂浆搅拌机 0.4 m^3	22.60		

材料预算价格表见表 2-4-3。

表 2-4-3 材料预算价格表

序号	名称及规格	单位	价格(元)	序号	名称及规格	单位	价格(元)
1	汽油	kg	8.2	18	油漆	kg	10
2	柴油	kg	8.5	19	破布	kg	4
3	电	kWh	0.65	20	香蕉水	kg	3
4	水	m^3	0.8	21	苯	kg	7
5	风	m^3	0.21	22	酒精 500 g	瓶	13
6	块石	m^3	80	23	玻璃丝带	卷	5
7	碎石	m^3	70	24	氧气	m^3	8
8	M7.5 砂浆	m^3	160	25	乙炔气	m^3	7.5
9	钢筋	t	5 500	26	木材	m^3	2 000
10	C25－2 混凝土	m^3	340	27	铁丝	kg	6.1
11	合金钻头	个	80	28	组合钢板模	kg	6.8
12	炸药	kg	7	29	型钢	kg	6.8
13	火雷管	个	3	30	卡扣件	kg	10
14	导火线	m	2.5	31	铁件	kg	6.3
15	钢板	kg	4.8	32	电焊条	kg	8
16	钢管	kg	6.6	33	预埋铁件	kg	6.4
17	铜材	kg	25	34	混凝土柱	m^3	540.00

人工预算单价见表 2-4-4。

表 2-4-4 人工预算单价

名称	单位	单价(元)
工长	工时	7.1
高级工	工时	6.61
中级工	工时	5.62
初级工	工时	3.04

(四)计算项目

1. 建筑及安装工程单价计算(50 分)

①土方开挖工程单价(5 分);②土方回填工程单价(5 分);③石方开挖工程单价(5 分);④砌石工程单价(5 分);⑤混凝土工程单价(10 分);⑥钢筋工程单价(5 分);⑦模板工程单价(5 分);⑧水轮发电机安装单价(10 分)。

2. 完成以下表格(表 2-4-5 ~ 表 2-4-8),计算各部分投资(5 分)

表 2-4-5 建筑工程预算表

序号	工程或费用名称	单位	数量	单价(元)	合计(元)
	第一部分 建筑工程				
一	挡水工程				
(一)	混凝土坝工程				
	土方开挖	m^3	92 600	18. 20	
	石方开挖	m^3	356 900	38. 28	
	土石方回填	m^3	6 900	24. 00	
	C20 混凝土三级配	m^3	75 300	317. 16	
	C10 混凝土三级配	m^3	21 700	282. 93	
	固结灌浆钻孔	m	4 088. 4	233. 98	
	固结灌浆	m	4 088. 4	136. 62	
	帷幕灌浆	m	1 834. 9	252. 71	
	帷幕灌浆岩石钻孔	m	1 834. 9	233. 98	
	钢筋	t	1 834. 24	8 437. 89	
	细部结构	m^3	18 000	7. 29	
二	发电厂工程				
(一)	地面厂房工程				
	土方开挖	m^3	78 400		
	石方开挖	m^3	176 400		
	土方回填	m^3	900		
	混凝土(下部)C20 二级配 28 d	m^3	51 000	500. 13	
	混凝土(上部)C25 二级配 28 d	m^3	22 000		
	浆砌石 M7. 5 挡墙	m^3	7 900		
	钢筋	t	2 745		
	钢模板制作与安装	m^2	3 400		
	水工结构钢材	t	12. 7	8 800. 00	
	栏杆	t	8. 4	7 000. 00	
	细部结构	m^3	2 112. 29	28. 93	

表 2-4-6 机电设备及安装工程预算表

编号	名称及规格	单位	数量	单价(元)		合计(元)	
				设备费	安装费	设备费	安装费
	第二部分 机电设备及安装工程						
一	发电设备及安装工程						
(一)	水轮机设备及安装工程						
	水轮机 GZ(K241)-WP-560 250 t/台,3 万元/t	台	3	7 500 000	406 140.91		
	调速器及油压装置 CJWT-2/2 微机调速器	台	3	800 000	84 500.00		
(二)	发电机设备及安装工程						
	发电机 SFWG20,200 t/台,4.0 万元/t	台	3	8 000 000			
(三)	主阀设备及安装工程						
	水蝶阀 压力 3.0 MPa,直径 800 mm	台	3	280 000	17 273.41		

表 2-4-7 金属结构设备及安装工程预算表

编号	名称及规格	单位	数量	单价(元)		合计(元)	
				设备费	安装费	设备费	安装费
	第三部分 金属结构设备及安装工程						
一	泄洪工程						
(一)	闸门设备及安装工程						
	进水口工作闸门 20 t/扇,3 扇	t	60	12 000	1 294.95		
	进水口工作闸门 配重 24 t/扇,3 扇,铸铁	t	72	7 000	176.92		
	进水口工作闸门门槽 20 t/孔,3 孔	t	60	11 000	2 601.68		
(二)	启闭设备及安装工程						
	进水口拦污栅启闭设备 30 kN 手动葫芦 0.1 t/台,2 万/t	台	3	2 000	200		
	进水口工作闸门启闭设备 320 kN 固卷机 6 t/台,2 万/t	台	3	120 000	23 629.26		
(三)	拦污设备及安装工程						
	进水口拦污栅栅叶 20 t/扇,3 扇	t	60	11 000	434.65		
	进水口拦污栅栅槽 20 t/孔,3 孔	t	60	11 000	2 302.2		

表 2-4-8　施工临时工程预算表

编号	名称及规格	单位	数量	单价(元)	合计(元)
	第四部分　临时工程				
一	导流工程				
(一)	土石围堰工程				
	堰体填筑(土石)	m^3	5 740	14.66	
	大块石护坡(弃渣干砌)	m^3	1 181	31.61	
	高压摆喷灌浆	m	2 246	741.32	
	高压摆喷灌浆钻孔	m	2 246	119.38	
	土石堰体拆除	m^3	5 740	14.66	
二	施工交通工程				
三	施工供电工程				
四	建设单位用房				
	生活福利设施用房　15 人 × 15 m^2/人	m^2	175	10 000	
五	其他施工临时工程	项	1	1 000 000.00	

3. 对指定项目中指定材料的用量进行分析计算(5 分)

在单价分析表的基础上,分析出砌筑 7 900 m^3 浆砌石 M7.5 挡墙需要的砂子数量和水泥量是多少?

六、完成某工程总概算表(12 分)

已知某水利枢纽工程初步设计概算的基本预备费费率取 5%,物价上涨指数为 6%,贷款额度为当年投资额的 70%,贷款利率为 6.5%,完成该工程的总概算表,请写出计算过程。表 2-4-9 为该工程分年度投资表,表 2-4-10 为该工程分年度资金流量表。

表 2-4-9　分年度投资表　(单位:万元)

序号	项目名称	第一年	第二年	第三年
1	建筑工程费	5 000	6 600	6 000
2	机电设备费/安装费	1 000/400	2 100/150	2 100/150
3	金结设备费/安装费	1 100/340	1 500/460	1 980/100
4	临时工程费(建筑工程)	2 450		
5	独立费用	1 000	2 200	1 300
6	合计	11 290	13 010	11 630

表 2-4-10 资金流量表 （单位：万元）

项目名称	合计	建设工期		
		第一年	第二年	第三年
一、建筑工程				
二、安装工程				
三、设备工程				
四、独立费用				
一至四部分合计				
基本预备费				
静态总投资				
价差预备费				
建设期融资利息				
总投资				

实操题五

一、计算该工程项目的人工预算单价（8 分）

某大型水电站工程位于九类地区。经国家物价部门批准的地区津贴为 30 元/月，地方政府规定享受特殊地区生活补贴为 20 元/月，养老保险费率为 20%，住房公积金费率为 5%，请按现行部颁规定计算中级工的人工工时预算单价。

二、主要材料及混凝土预算价格（共 10 分，各 5 分）

1. 某水利工程用钢材由工程所在地省会钢材交易中心提供，其中品种规格普通 A3 光面钢筋占 40%，低合金 20MnSi 螺纹钢筋占 60%。请结合下列资料，计算钢筋的综合预算价格，并填入表 2-5-1 中。

（1）出厂价：普通 A3 光面钢筋 2 400 元/t，低合金 20MnSi 螺纹钢筋 2 600 元/t。

（2）运输流程：

（3）计算依据：

①铁路：火车运输整车零担比为 80∶20，整车装载系数 0.80；火车运价：整车运价 30.00 元/t，零担运价 0.06 元/kg，装卸费 6.0 元/t。

②公路：汽车运价 0.60 元/(t · km)，汽车装车费 6.00 元/t、卸车费 4.00 元/t。

③运输保险费率为 0.5%。

表2-5-1 主要材料预算价格计算表

编号	名称及规格	单位	原价依据	单位毛重（t）	每吨运费（元）	价格（元）					
						原价	运杂费	采购及保管费	运到工地分仓库价格	保险费	预算价格

2. 某水利工程中某部位采用掺粉煤灰混凝土材料（掺粉煤灰量25%，取代系数1.3），采用的混凝土为C20三级配，混凝土用32.5普通硅酸盐水泥。已知混凝土各组成材料的预算价格为：32.5普通硅酸盐水泥400元/t、中砂80元/m^3、碎石60元/m^3、水0.80元/m^3、粉煤灰200元/t、外加剂5.0元/kg。试计算该混凝土材料的预算单价。

三、施工机械台时费（5分）

按2002部颁定额，计算双面刨床的机械台时费，并填入表2-5-2中。

已知：主管部门发布调整系数为1.02，人工预算单价：工长为7.11元/工时、高级工为6.61元/工时、中级工为5.62元/工时、初级工为3.04元/工时；柴油预算单价为8.40元/kg，汽油预算单价为8.10元/kg，电的预算单价为1.05元/kWh。

表2-5-2 施工机械台时费计算表 （单位：元）

序号	编号	名称及规格	台时费	一类费用	二类费用	
					机上人工费	动力燃料费

四、计算设备费（5分）

某水利枢纽工程采购水轮发电机组3台，出厂价格560 000元/台，全厂水轮机用透平油油量20 t，透平油的预算价格0.56万元/t。水轮机由公路汽车直接运输，运200 km到工地。运输保险费0.6%，采购及保管费按现行部颁定额规定。试计算水轮发电机的设备费（单位：万元）。

五、根据背景资料，完成以下指定项目（共60分）

（一）项目背景

某枢纽工程位于华北某省，单项工程引水工程仅是其一部分，并位于县城以外。

该引水工程由引水隧洞、闸室、渠道等工程组成，其中引水隧洞总长200 m，纵坡2‰，开挖断面城门洞形，直径为6 m，隧洞高度为4 m，渠道开挖断面底宽8 m，顶宽30 m。该工程所处地理位置交通便利，省级公路、高速公路、铁路等均于此经过，施工用水、用电方便可靠，施工临时住房可就近租用附近民房。

施工组织设计：

（1）机械开挖渠道土方采用1 m^3挖掘机挖装10 t自卸汽车运4 km弃土，利用方就近堆放,土的级别为Ⅲ级。

(2)渠堤填筑料来自渠道开挖土料(不计挖运费用),压实采用74 kW 拖拉机碾压,天然干重度为15.60 kN/m³,设计干重度为16.68 kN/m³。

(3)隧洞石方开挖采用风钻钻孔,导电线爆破,岩石的级别为Ⅶ级,其中超挖量为设计断面开挖量的5%,附加量为设计开挖量的6%,石渣运输采用洞内外连续运输,采用3.5 m³矿车洞外运输350 m 至弃渣场。

(4)M7.5浆砌块石挡土墙,所用块石从隧洞开挖石渣中捡集;胶轮车运300 m 至施工现场。

(5)水闸底板是钢筋混凝土,厚度0.5 m,采用C25(32.5)三级配混凝土浇筑,不掺外加剂,混凝土拌和采用0.8 m³搅拌机,混凝土运输采用机动翻斗车,运距300 m。

(6)水闸模板使用普通标准钢模板。

(7)隧洞固结灌浆,透水率为6~8 Lu,孔深为6 m,岩石的级别为Ⅶ级,采用风钻钻孔,进行固结灌浆。

(8)工程中所用带形铝母线(母线属于未计价装置性材料,再无其他未计价装置性材料,单位材料用量为1.05 m/m)截面面积600 mm²,隧洞进水闸门采用每扇5 t的弧形闸门。

建筑工程其他直接费费率为2.5%,安装工程其他直接费费率为3.2%。

已知人工预算单价:工长7.1元/工时,高级工6.61元/工时,中级工5.62元/工时,初级工3.04元/工时。

(二)编制依据

依据:水利部水总〔2002〕116号发布的《水利工程设计概(估)算编制规定》、〔2002〕《水利建筑工程预算定额》、〔1999〕《水利水电设备安装工程预算定额》、〔2002〕《水利工程施工机械台时费定额》等的有关规定。

(三)主要资料

施工机械台时汇总表见表2-5-3。

表2-5-3 施工机械台时汇总表

序号	名称及规格	台时费(元/台时)	序号	名称及规格	台时费(元/台时)
1	装载机 1 m³	107.40	9	风钻 手持式	40.48
2	单斗挖掘机 液压1 m³	197.64	10	风钻 气腿式	55.74
3	推土机 59 kW	105.00	11	风钻	49.46
4	推土机 74 kW	140.96	12	混凝土搅拌机 0.8 m³	40.95
5	推土机 88 kW	171.14	13	砂浆搅拌机 0.4 m³	27.33
6	拖拉机 74 kW	114.26	14	灰浆搅拌机	18.18
7	刨毛机	92.31	15	轴流通风机 37 kW	49.77
8	蛙式夯实机 2.8 kW	15.42	16	混凝土吊罐 3 m³	12.15

续表 2-5-3

序号	名称及规格	台时费（元/台时）	序号	名称及规格	台时费（元/台时）
17	振捣器　插入式 1.1 kW	2.5	30	电焊机　20～30 kVA	18.12
18	矿车　3.5 m^3	2.17	31	对焊机　电弧型 150	108.63
19	变频机组　8.5 kVA	19.12	32	钢筋弯曲机　Φ6～40	16.73
20	风(砂)水枪　6 m^3/min	46.26	33	中压泥浆灌浆泵	39.23
21	载重汽车　5 t	83.54	34	立抓装岩机　100 m^3/h	90.62
22	自卸汽车　10 t	142.50	35	钢筋切断机　20 kW	31.12
23	机动翻斗车　1 t	21.75	36	钢筋调直机　14 kW	20.68
24	胶轮车	0.90	37	摇臂钻床　Φ50	20.14
25	门式起重机　10 t	61.86	38	立式钻床　Φ25 mm	14.54
26	塔式起重机　10 t	120.57	39	牛头刨床　B = 650 mm	14.57
27	汽车起重机　5 t	86.91	40	氩弧焊机　≤500 A	31.21
28	砂浆搅拌机	18.18	41	电瓶机车　5 t	23.04
29	电焊机　交流 25 kVA	18.12	42	风(砂)水枪	46.26

材料预算价格表见表 2-5-4。

表 2-5-4　材料预算价格表

序号	名称及规格	单位	价格(元)	序号	名称及规格	单位	价格(元)
1	电	kWh	1.2	14	粗砂	m^3	50
2	水	m^3	0.75	15	中砂	m^3	70
3	风	m^3	0.21	16	电焊条	kg	6.0
4	柴油	kg	8.0	17	调合漆	kg	9.28
5	汽油	kg	7.80	18	黄油	kg	10
6	汽油　70#	kg	7.50	19	卡扣件	kg	6.0
7	棉纱头	kg	5	20	铝焊条	kg	15
8	钢筋	t	5 500	21	铁件	kg	5.2
9	型钢	kg	5.0	22	预埋铁件	kg	5.8
10	炸药	kg	8	23	铁丝	kg	6
11	水泥　32.5	t	400	24	油漆	kg	7.5
12	碎石	m^3	80	25	组合钢模板	kg	6.5
13	块石	m^3	80	26	导电线	m	0.3

续表 2-5-4

序号	名称及规格	单位	价格(元)	序号	名称及规格	单位	价格(元)
27	氧气	m^3	8.0	35	空心钢	kg	10
28	乙炔气	m^3	9.75	36	母线金具 JNP1	套	20
29	预制混凝土柱	m^3	450	37	钢板	kg	4.8
30	氩气	m^3	15	38	镀锌螺栓	套	0.60
31	雷管	个	0.8	39	M7.5 水泥砂浆	m^3	181.52
32	合金钻头	个	40	40	C25－3 混凝土	m^3	221
33	绝缘沥青漆	kg	5.10	40(2)	C25－3 混凝土	m^3	230.97
34	沉头螺栓	套	1.10	41	铝母线	m	30

(四)计算项目

1. 建筑及安装工程单价计算(50 分)

①渠道土方开挖工程单价(3 分);②渠道土方填筑工程单价(3 分);③隧洞石方开挖工程单价(9 分);④浆砌块石挡土墙工程单价(6 分)⑤C25 混凝土底板工程单价(8 分);⑥钢筋制安工程单价(3 分);⑦水闸模板工程单价(3 分);⑧钻孔与固结灌浆工程单价;(7 分);⑨带形铝母线和弧形闸门安装单价(8 分)。

2. 完成以下表格(表 2-5-5～表 2-5-8),计算各部分投资(5 分)

表 2-5-5　建筑工程预算表

编号	名称	单位	数量	单价(元)	合价(元)
	第一部分　建筑工程				
一	渠道工程				
1	土方开挖	m^3	48 000		
2	土方开挖(利用方)	m^3	50 000	2.82	
3	土方回填	m^3	4 456		
4	M7.5 浆砌块石曲面	m^3	86	171.57	
5	M7.5 浆砌块石挡土墙	m^3	104		
6	C25 混凝土明渠	m^3	2 576	391.46	
7	明渠衬砌模板制安	m^2	9 680	13.34	
二	建筑物工程				
(一)	隧道工程				
1	平洞石方开挖	m^3	4 267.56		
2	石方超挖	m^3	201.3		

续表 2-5-5

编号	名称	单位	数量	单价(元)	合价(元)
3	石渣运输	m^3	4 468.86		
4	C25 衬砌混凝土	m^3	1 063.5	412.67	
5	钢筋制安	t	36.20		
6	模板制安	m^2	720	58.80	
7	钻灌浆孔	m	2 102		
8	回填灌浆	m	1 806		
9	锚杆支护	根	191	95.80	
(二)	水闸工程				
1	土方开挖	m^3	2 400	19.38	
2	人工回填土	m^3	1 860	11.35	
3	C25 钢筋混凝土闸底板	m^3	204		
4	C25 钢筋混凝土闸墩	m^3	142	383.36	
5	钢筋制安	t	23		
6	模板制安	m^2	78		
7	C25 闸门槽二期混凝土	m^3	48	427.85	
三	其他建筑工程				115 486

表 2-5-6　机电设备及安装工程预算表

编号	名称	单位	数量	单价(元)		合价(元)	
				设备费	建安费	设备费	建安费
	第二部分　机电设备安装工程						
一	供变电工程						
1	变压器安装	台	1	58 000.00	13 142.78		
2	带型铝母线安装	10 m/单相	30				
二	公用设备及安装工程						
	通信设备安装	套	3	15 000.00	5 684.71		
	管理自动化系统	套	1	230 000.00	28 667.84		
	消防设备	套	5	11 000.00	300		
	交通设备	辆	3	130 000.00			
三	其他设备及安装工程					28 000	7 853.43

表 2-5-7 金属结构设备及安装工程预算表

编号	名称	单位	数量	单价(元)		合价(元)	
				设备费	建安费	设备费	建安费
	第三部分 金属结构安装工程						
一	水闸工程						
	弧形闸门安装	t	15	9 000.00			
	螺杆式启闭机	台	3	30 000.00	8 968.86		
	闸门埋件安装	t	3.42	7 000.00	2 677.22		
二	其他设备及安装工程					45 000	21 436

表 2-5-8 施工临时工程预算表

编号	名称	单位	数量	单价(元)	合价(元)
	第四部分 临时设施工程				
一	施工导流工程				73 856
二	交通工程				120 000
三	施工供电工程				20 000
四	房屋建筑工程				
	施工仓库	m^2	1 000	100	
	办公、生活及文化福利建筑	m^2	300	200	
五	其他临时工程				50 000

3. 对指定项目中指定材料的用量进行分析计算(5 分)

在单价分析表的基础上,求浇筑 204 m^3 C25 – 3 钢筋混凝土(中砂、碎石)闸底板需要的高级工、32.5 级水泥以及风水枪预算量是多少?

六、完成某工程总概算表(12 分)

某水利枢纽工程一至五部分的分年度投资如表 2-5-9 所示。已知:基本预备费费率为6%,年物价指数为 5%,融资利率为 6.21%,各施工年份融资额占当年投资比例的 40%。按给定条件编写该枢纽工程资金流量表(表 2-5-9)和总概算表(表 2-5-10)。写出计算过程。

表 2-5-9　资金流量表　（单位：万元）

序号	工程或费用名称	合计	建设工期（年）		
			1	2	3
1	第一部分　建筑工程	9 000	2 000	6 000	1 000
2	第二部分　机电设备及安装工程	400	50	200	150
3	第三部分　金属结构设备及安装工程	100	20	50	30
4	第四部分　施工临时工程	80	10	50	20
5	第五部分　独立费用	300	220	50	30
6	一至五部分合计	9 880	2 300	6 350	1 230
	基本预备费				
	静态总投资				
	价差预备费				
	建设期融资利息				
	总投资				

表 2-5-10　某工程总概算表　（单位：万元）

编号	工程或费用名称	建安工程费	设备购置费	其他费用	合计
1	第一部分　建筑工程	9 000			9 000
2	第二部分　机电设备及安装工程	100	300		400
3	第三部分　金属结构设备及安装工程	50	50		100
4	第四部分　临时工程	80			80
5	第五部分　独立费用			300	300
	一至五部分合计	9 230	350	300	9 880
	预备费				
	基本预备费				
	价差预备费				
	建设期融资利息				
	静态总投资				
	总投资				
	合计　人民币（大写）：				

实操题六

一、计算该工程项目的人工预算单价(8分)

某水库工程位于六类工资区。该地区无地区津贴,地方政府规定的特殊地区补贴为35元/月,养老保险费率为20%,住房公积金费率为5%,请按现行部颁规定计算工长的人工工时预算单价。

二、主要材料及混凝土预算价格(共10分,各5分)

(1)某水利工程所用钢筋由一大型钢厂供应,采用公路运输。普通A3光面钢筋占70%,低合金20MnSi螺纹钢筋占30%。其他资料如表2-6-1所示,请计算钢筋的预算价格,并填入表2-6-2中。

表2-6-1 基本资料表

钢筋规格	20MnSi螺纹钢筋	A3光面钢筋
供应比例(%)	30	70
出厂价(元/t)	3 800	3 500
厂家至工地距离(km)	65	65
吨公里运价(元)	0.55	0.55
装卸费小计(元/t)	12.0	12.0
材料运输保险费率(%)	0.8	0.8

表2-6-2 主要材料预算价格计算表

编号	名称及规格	单位	原价依据	单位毛重(t)	每吨运费(元)	价格(元)					
						原价	运杂费	采购及保管费	运到工地分仓库价格	保险费	预算价格

(2)某基础混凝土,设计选用的混凝土强度等级与级配为C25三级配,混凝土用水泥采用强度等级42.5普通硅酸盐水泥。已知混凝土各组成材料的预算价格为:强度等级42.5普通硅酸盐水泥460元/t,粗砂60元/m^3,碎石65元/m^3,水0.52元/m^3。试计算该基础混凝土材料的预算单价,并填入表2-6-3中。

<table>
<caption>表 2-6-3　混凝土材料单价计算表　（单位：m³）</caption>
<tr><th rowspan="3">序号</th><th rowspan="3">混凝土强度等级</th><th rowspan="3">水泥强度等级</th><th rowspan="3">级配</th><th colspan="12">材料用量</th><th rowspan="3">预算单价（元）</th></tr>
<tr><th colspan="2">水泥</th><th colspan="2">砂</th><th colspan="2">石</th><th colspan="2">粉煤灰</th><th colspan="2">外加剂</th><th colspan="2">水</th></tr>
<tr><th>数量（kg）</th><th>单价（元）</th><th>数量（m³）</th><th>单价（元）</th><th>数量（m³）</th><th>单价（元）</th><th>数量（kg）</th><th>单价（元）</th><th>数量（kg）</th><th>单价（元）</th><th>数量（m³）</th><th>单价（元）</th></tr>
<tr><td></td><td></td><td></td><td></td><td></td><td></td><td></td><td></td><td></td><td></td><td></td><td></td><td></td><td></td><td></td><td></td><td></td></tr>
</table>

三、施工机械台时费（5 分）

查《水利工程施工机械台时费定额》计算 59 kW 推土机机械台时费，已知工长、高级工、中级工和初级工的人工预算单价分别为 7.11 元/工时、6.61 元/工时、5.62 元/工时、3.04 元/工时；电价为 0.91 元/kWh，水价为 0.52 元/m³，风价为 0.16 元/m³，汽油预算单价为 6 900 元/t，柴油预算单价为 6 800 元/t。填写表 2-6-4 并写出计算过程。

<table>
<caption>表 2-6-4　施工机械台时费预算单价表</caption>
<tr><th rowspan="3">编号</th><th rowspan="3">机械名称及规格</th><th rowspan="3">预算价格（元）</th><th colspan="2">调整系数</th><th colspan="7">二类费用</th></tr>
<tr><th colspan="2">1.05</th><th rowspan="2">人工</th><th rowspan="2">汽油</th><th rowspan="2">柴油</th><th rowspan="2">电</th><th rowspan="2">风</th><th rowspan="2">水</th><th rowspan="2">小计（元）</th></tr>
<tr><th>一类费用</th><th>小计（元）</th></tr>
<tr><td></td><td></td><td></td><td></td><td></td><td></td><td></td><td></td><td></td><td></td><td></td><td></td></tr>
</table>

四、计算设备费（5 分）

某水电站采用的主阀设备为 DF47D－1.00 型蝴蝶阀，原价 95 000 元/台，运输采用公路汽车运 70 km 到工地。运输保险费率为 0.5%。试计算该蝴蝶阀的设备费。

五、根据背景资料，完成以下指定项目（共 60 分）

（一）项目背景

中南地区某水库工程，位于县城之外，距县城约 125.0 km，该水库工程以灌溉为主，由大坝、输水涵洞、水电站建筑物等组成，挡水大坝为堆石坝。由于工程存在诸多险情，需要进行除险加固。

水库坝体加固设计是在原大坝上游面新增一道钢筋混凝土防渗面板，在面板下部的基岩上增设混凝土趾板，在趾板上帷幕灌浆，使坝体与坝基形成完整的防渗体系。趾板上回填黏土、石方，其中石方回填利用开挖的石渣回填。坝体上游面采用 C30 二级配混凝土浇筑 0.30 m 等厚钢筋混凝土防渗面板，水泥强度等级为 42.5。沿坝轴线每隔 10 m 设一道伸缩缝，缝内设紫铜片止水和沥青柵板填充。输水涵洞进口闸门更新，配置平板钢闸门及启闭设备。

该水库除险加固工程的各项施工图设计工程量见以下各部分工程预算表（表 2-6-7 ~

表 2-6-10)。

上游坝脚砂砾石土方开挖采用 1 m^3 挖掘机挖装土 5 t 自卸汽车运输 2 km 弃土。土的类别为Ⅳ类土。

上游坝脚石方露天开挖,岩石级别为Ⅵ级。采用风钻钻孔爆破开挖,1 m^3 挖掘机挖装石渣 5 t 自卸汽车运输 1 km 弃渣。

大坝下游坝坡采用干砌石护坡(平面护坡)。

建筑物回填土石,利用开挖的石渣回填,5 m 以内取石渣,松填不夯实。

混凝土工程施工采用 0.4 m^3 拌和机,混凝土水平运输采用机动翻斗车运 100m,垂直运输采用塔式起重机吊运混凝土罐直接入仓,吊高 30 m,混凝土吊罐容积为 0.65 m^3,插入式振捣器振捣。

模板采用标准钢模板。金属结构设备为 3 t 平板焊接闸门,闸门埋件(埋件自重小于 2 t)及启闭机。

坝基帷幕灌浆,针对水库坝基渗漏问题,根据现场地质察勘,本工程布置一排灌浆孔,孔距取 2.0 m。灌浆材料设计采用 32.5 级以上普通硅酸盐水泥。采用自下而上的灌浆顺序,露天作业,坝基岩层透水率为 10 Lu。

建筑工程其他直接费率取 2.5%,安装工程其他直接费费率取 2.7%。

已知人工预算单价:工长 7.11 元/工时,高级工 6.61 元/工时,中级工 5.62 元/工时,初级工 3.04 元/工时。

(二)编制依据

依据:水利部水总〔2002〕116 号发布的《水利工程设计概(估)算编制规定》、〔2002〕《水利建筑工程预算定额》、〔1999〕《水利水电设备安装工程预算定额》、〔2002〕《水利工程施工机械台时费定额》等的有关规定。

(三)主要资料

施工机械台时费汇总表见表 2-6-5。

表 2-6-5 施工机械台时费汇总表

序号	定额编号	名称及规格	台时费	一类费用	二类费用
1	1009	液压挖掘机 1 m^3	179.76	63.27	116.49
2	1011	液压式挖掘机 2.0 m^3	299.83	147.30	152.53
3	1041	推土机 55 kW	87.29	20.08	67.21
4	1042	推土机 59 kW	94.92	24.31	70.61
5	1044	推土机 88 kW	156.02	56.85	99.17
6	1062	拖拉机 74 kW	102.38	21.57	80.81
7	3075	机动翻斗车 1 t	19.95	2.44	17.51
8	1096	手持式 风钻	30.50	2.43	28.07

续表 2-6-5

序号	定额编号	名称及规格	台时费	一类费用	二类费用
9	2002	混凝土搅拌机 0.4 m^3	24.86	9.70	15.16
10	2047	插入式振动器 1.1 kW	2.27	1.54	0.73
11	2048	插入式振动器 1.5 kW	3.31	2.31	1.00
12	2052	变频机组 8.5 kVA	17.28	11.44	5.84
13	2075	混凝土吊罐 0.65 m^3	2.53	2.53	0
14	2080	风(砂)水枪 6 m^3/min	34.18	0.66	33.52
15	3004	载重汽车 5 t	75.62	18.63	56.99
16	3012	自卸汽车 5 t	85.29	16.10	69.19
17	3074	胶轮车	0.90	0.90	0
18	4028	塔式起重机 6 t	69.15	36.40	32.75
19	4030	塔式起重机 10 t	110.03	61.36	48.67
20	4035	龙门式起重机 10 t	56.83	27.37	29.46
21	4085	汽车起重机 5 t	80.53	25.34	55.19
22	4087	汽车起重机 8 t	103.09	35.56	67.53
23	4143	卷扬机 5 t	18.70	4.18	14.52
24	9126	电焊机 25 kVA	13.95	0.72	13.23
25	9136	对焊机 电弧型 150 型	88.34	5.01	83.33
26	9143	钢筋弯曲机 Φ6 ~ 40	15.00	2.22	12.78
27	9146	钢筋切断机 20 kW	26.17	3.17	23.00
28	9147	钢筋调直机 14 kW	18.61	4.73	13.88
29	9148	型钢剪断机 13 kW	31.39	14.87	16.52
30	6024	灌浆泵(中压泥浆)	35.40	9.90	25.50
31	6021	灰浆搅拌机	16.35	3.31	13.04
32	6002	地质钻机 150 型	40.77	14.73	26.04

材料预算价格表见表 2-6-6。

表 2-6-6　材料预算价格表

序号	名称及规格	单位	价格(元)	序号	名称及规格	单位	价格(元)
1	柴油	kg	6.8	18	导火线	m	0.80
2	汽油	kg	6.9	19	M10 砂浆	m^3	159.00
3	电	kWh	0.91	20	型钢	kg	3.14
4	风	m^3	0.16	21	紫铜片	kg	65.00
5	水	m^3	0.52	22	合金钻头	个	45.00
6	C30－2 混凝土	m^3	248.94	23	木材	m^3	1 057.00
7	C25－3 混凝土	m^3	217.44	24	黄砂(粗砂)	m^3	70.00
8	钢板	kg	4.25	25	块石	m^3	80.00
9	氧气	m^3	3.50	26	碎石	m^3	65.00
10	乙炔气	m^3	11.50	27	铁丝	kg	6.00
11	电焊条	kg	7.50	28	钢筋	t	3 775.00
12	油漆	kg	3.50	29	组合钢模板	kg	4.80
13	黄油	kg	12.00	30	卡扣件	kg	6.00
14	棉纱头	kg	5.00	31	预埋铁件	kg	6.20
15	合金钻头	个	45.00	32	铁件	kg	6.20
16	炸药	kg	7.06	33	预制混凝土柱	m^3	240.00
17	雷管	个	1.00	34	水泥	t	454.00

(四)计算项目

1. 建筑及安装工程单价计算(50 分)

①土方开挖工程单价(5 分);②建筑物回填土石(用石渣回填,松填不夯实)工程单价(5 分);③石方开挖工程单价(5 分);④砌石工程单价(5 分);⑤混凝土工程单价(10 分);⑥钢筋工程单价(5 分);⑦模板工程单价(5 分);⑧坝基帷幕灌浆(5 分);⑨平板焊接闸门安装单价(5 分)。

2. 完成以下表格(表 2-6-7～表 2-6-10),计算各部分投资(5 分)

表 2-6-7　建筑工程预算表

序号	工程或费用名称	单位	数量	单价(元)	合计(元)
	第一部分　建筑工程				
一	大坝加固工程				
1	上游坝坡工程				
1.1	上游坝脚土方开挖	m^3	772.00		

续表 2-6-7

序号	工程或费用名称	单位	数量	单价（元）	合计（元）
1.2	上游坝脚石方开挖	m^3	235.00		
1.3	上游混凝土防渗面板 C30	m^3	705.60		
1.4	趾板混凝土 C25	m^3	134.40	352.82	
1.5	钢筋制作与安装	t	50.40		
1.6	钢模板制作与安装	m^2	1 480.5		
1.7	回填土石（石渣回填，松填不夯实）	m^3	363.80		
1.8	趾板上黏土回填	m^3	785.00	11.19	
1.9	铜片止水	延长米	42.0	554.05	
1.10	沥青杉板伸缩缝	m^2	116.9	91.54	
2	下游坝坡工程				
2.1	干砌块石平面护坡	m^3	1 308.30		
2.2	M7.5 浆砌块石挡土墙	m^3	134.45	189.25	
3	坝顶工程				
3.1	混凝土路面 C25	m^2	514.50	62.04	
3.2	沥青杉板伸缩缝	m^2	8.40	91.54	
3.3	栏杆	m	72.0	150.00	
4	帷幕灌浆				
4.1	坝基帷幕灌浆钻孔	m	400.0	148.26	
4.2	坝基帷幕灌浆（10 Lu）	m	400.0		
4.3	地质钻孔 150 型先导孔	m	72.0	316.00	
4.4	钻孔压水试验	段	18.0	804.83	

表 2-6-8 机电设备及安装工程预算表

编号	规格及名称	单位	数量	单价（元）		合计（元）	
				设备费	安装费	设备费	安装费
	第二部分 机电设备及安装工程						
1	消防设备	套	2	450	150		

表 2-6-9 金属结构设备及安装工程预算表

编号	规格及名称	单位	数量	单价(元)		合计(元)	
				设备费	安装费	设备费	安装费
	第三部分 金属结构设备及安装工程						
1	3 t 平板焊接闸门安装	t	7.2	11 000			
2	闸门埋件安装	t	1.5	10 500	2 795.47		
3	30 kN 螺杆式启闭机	台	2	16 000	3 517.70		

表 2-6-10 施工临时工程预算表

编号	规格及名称	单位	数量	单价(元)	合计(元)
	第四部分 施工临时工程				
一	施工围堰工程				
1	隧洞前的围堰				
	袋装黏土围堰	m^3	68	63.25	
	土石填筑量	m^3	740	83.39	
	黏土围堰拆除	m^3	68	10.37	
	土石拆除	m^3	740	19.03	
2	趾板前的围堰				
	袋装黏土围堰	m^3	14	63.25	
	土石填筑量	m^3	149.5	83.39	
	黏土围堰拆除量	m^3	14	10.37	
	土石拆除	m^3	149.5	19.03	
二	施工交通工程				
	施工道路工程	km	3	40 000.00	
三	临时房屋建筑工程				
	施工仓库	m^2	200	200.00	
四	其他临时工程				55 520.78

3. 对指定项目中指定材料的用量进行分析计算(5 分)

在单价分析表的基础上分析以下材料用量：

(1)分析出砌筑 1 308.30 m^3 干砌块石护坡需要的块石数量是多少？

(2)浇筑 C30－2 防渗面板混凝土(水泥强度等级为 42.5)需要的水泥量是多少？

六、总概算表编制(12 分)

某水利枢纽工程的资金流量表如表 2-6-11 所示。

已知:基本预备费费率为 5%,年物价指数为 4%,融资利率为 6.2%,各施工年份融资额占当年投资比例为60%。按给定条件编写该枢纽工程的资金流量表(表 2-6-11)和总概算表(表 2-6-12)。

表 2-6-11　资金流量表　(单位:万元)

序号	工程或费用名称	建设工期(年)			
		合计	第一年	第二年	第三年
1	一、建筑工程				
	分年度资金流量	1 812.64	687.23	846.45	278.96
2	二、安装工程				
	分年度资金流量	911.02	234.43	350.92	325.67
3	三、设备工程				
	分年度资金流量	381.39	67.21	124.86	189.32
4	四、独立费用				
	分年度资金流量	535.97	277.46	133.87	124.64
5	一至四部分合计	3 641.02	1 266.33	1 456.10	918.59
	分年度资金流量	3 641.02	1 266.33	1 456.10	918.59
6	基本预备费				
7	静态总投资				
8	价差预备费				
9	建设期融资利息				
10	总投资				

表 2-6-12　工程总概算表　(单位:万元)

编号	工程或费用名称	建安工程费	设备购置费	其他费用	合计
1	第一部分　建筑工程	1 178.22			1 178.22
2	第二部分　机电设备及安装工程	419.07	221.21		640.28
3	第三部分　金属结构设备及安装工程	491.95	160.18		652.13
4	第四部分　临时工程	634.42			634.42
5	第五部分　独立费用			535.97	535.97
	一至五部分合计	2 723.66	381.39	535.97	3 641.02

续表 2-6-12

编号	工程或费用名称	建安工程费	设备购置费	其他费用	合计
	基本预备费				
	静态总投资				
	价差预备费				
	建设期融资利息				
	总投资				
	合计　人民币(大写):				

实操题七

一、计算该工程项目的人工预算单价(8分)

某饮水安全工程位于九类地区,假定经国家物价部门批准的地区津贴为30元/月,地方政府规定的特殊地区补贴为35元/月,施工津贴5元/天。养老保险费率为22%,住房公积金费率为8%,请按现行部颁规定计算机械台时费中的人工工时预算单价。

二、主要材料及混凝土预算价格(共10分,各5分)

1. 计算某水电工程P. O 42.5散装水泥预算价格。

水泥由工地附近甲、乙两个水泥厂供应。两厂水泥供应的基本资料如下:

甲厂42.5散装水泥出厂价为380元/t;乙厂42.5水泥出厂价,袋装的为410元/t,散装的为370元/t。两厂水泥均为车上交货。

袋装水泥汽车运价为0.65元/(t·km),散装水泥在袋装水泥运价的基础上上浮25%;袋装水泥装车费为8元/t,卸车费为6元/t,散装水泥装车费为6元/t,卸车费为5元/t。采购及保管费费率为3%,运输保险费率为2‰,其运输路径如图2-7-1所示。

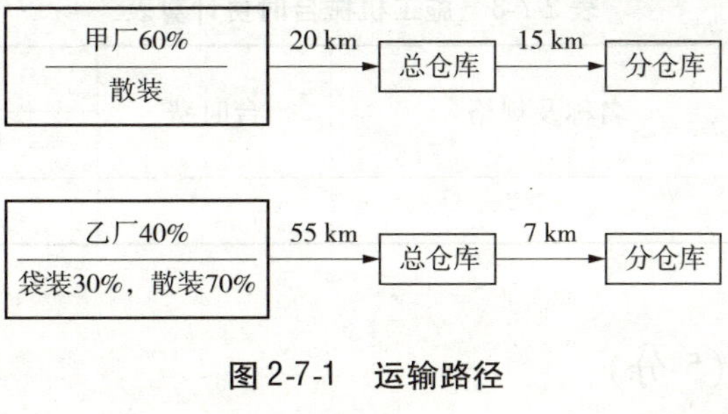

图2-7-1　运输路径

求水泥综合预算价格,并填入表2-7-1中。

表 2-7-1　主要材料预算价格计算表

编号	名称及规格	单位	原价依据	单位毛重（t）	每吨运费（元）	价格（元）					
						原价	运杂费	采购及保管费	运到工地分仓库价格	保险费	预算价格
1	水泥 P. O 42. 5	t	当地价格								

2. 某岸边开敞式溢洪道工程，设计选用的混凝土强度等级与级配为：C20 二级配占 6%、C20 三级配占 69%、C15 三级配占 25%。C20 混凝土用 32. 5 号普通硅酸盐水泥，C15 混凝土用 32. 5 号矿渣硅酸盐水泥。外加剂采用木质素磺酸钙。已知混凝土各组成材料的预算价格为：32. 5 号普通硅酸盐水泥 350 元/t，32. 5 号矿渣硅酸盐水泥 325 元/t，木质素磺酸钙 1. 20 元/kg，砂石骨料 83 元/m^3，水 0. 86 元/m^3。

试计算溢洪道混凝土工程定额中混凝土材料单价，并填入表 2-7-2 中。

表 2-7-2　混凝土材料单价计算表　（单位：m^3）

序号	混凝土强度等级	水泥强度等级	级配	材料用量												预算单价（元）	材料价差（元）
				水泥		砂		石		粉煤灰		外加剂		水			
				数量（kg）	单价（元）	数量（m^3）	单价（元）	数量（m^3）	单价（元）	数量（kg）	单价（元）	数量（kg）	单价（元）	数量（m^3）	单价（元）		

三、施工机械台时费（5 分）

查《水利工程施工机械台时费定额》计算中低压泥浆灌浆泵机械台时费，已知工长、高级工、中级工和初级工的人工预算单价分别为 9. 87 元/工时、9. 32 元/工时、7. 22 元/工时、5. 6 元/工时；电价为 1. 14 元/kWh。写出计算过程并将编号、台时费、一类费用、二类费用填入表 2-7-3 中。（调整系数为 1. 00）

表 2-7-3　施工机械台时费计算表　（单位：元）

序号	编号	名称及规格	台时费	其中	
				一类费用	二类费用

四、计算设备费（5 分）

某大型泵站，购得一台桥式起重机。厂家至安装现场共 2 000 km，其中采用公路运输的是：①卸货火车站—工地设备库，72 km；②工地设备库—安装现场，6 km；其余为铁路运输。桥式起重机自重 47 t,单价为 3.6 万元/t,运输保险费率为 0.3%。试计算:①桥机设备原价;②桥机设备运杂费。

五、根据背景资料,完成以下指定项目(共 60 分)

(一)项目背景

某中小河流治理工程位于华北地区某县城之外 38 km,工程海拔 1 300 m。该工程规模为中型,本次流域治理项目堤防工程全长 4.95 km,主要内容为迎水面削坡、堤身加高培厚,采用预制混凝土六方块护坡,背水面采用草皮护坡,为了少占耕地、道路、鱼塘等,部分堤段采用浆砌石挡墙,建筑物(涵闸)拆除改造和河道清障。

该工程土类级别为Ⅲ类,堤防清表土采用 1 m^3 挖掘机挖装土,8 t 自卸汽车运 1.7 km 至弃渣场。土方填筑采用拖拉机压实,干重度 13.5 kN/m^3。堤防迎水面采用预制 C20 混凝土实心六方块护坡,混凝土厚度为 12 cm,水泥强度等级为 32.5;预制混凝土板运输采用手扶拖拉机运 150 m。M7.5 浆砌块石挡墙。×××涵闸需先行拆除再建设,钢筋混凝土采用风钻钻孔,人工凿除。浇筑 C20 混凝土闸底板厚度为 40 cm,水泥强度等级为 32.5,混凝土采用 0.8 m^3 搅拌机拌制,机动翻斗车运输 100 m,沔槽运混凝土入仓,沔槽斜长 7 m。模板采用标准钢模板,闸门为平板焊接钢闸门,共 2 扇,每扇自重 9 t。埋件每套 3 t,共 2 套。冬雨季施工增加费费率 1.5%。

(二)编制依据

依据:水利部水总〔2002〕116 号发布的《水利工程设计概(估)算编制规定》、〔2002〕《水利建筑工程预算定额》、〔1999〕《水利水电设备安装工程预算定额》、〔2002〕《水利工程施工机械台时费定额》等的有关规定。

(三)主要资料

施工机械台时费汇总表见表 2-7-4。

表 2-7-4　施工机械台时费汇总表　（单位:元）

序号	定额编号	名称及规格	台时费	一类费用	二类费用
1	1009	挖掘机　1 m^3	206.58	63.27	143.31
2	1042	推土机　59 kW	110.04	24.31	85.73
3	1043	推土机　74 kW	147.32	42.67	104.65
4	1062	拖拉机　74 kW	120.20	21.57	98.63
5	1066	手扶拖拉机　11 kW	23.25	3.01	20.24
6	1094	刨毛机	96.75	19.62	77.13
7	1095	蛙式打夯机　2.8 kW	14.87	1.18	13.69
8	1096	手持式风钻	35.09	2.43	32.66
9	1098	手持式风镐	15.57	2.16	13.41
10	2002	混凝土搅拌机　0.4 m^3	25.43	9.7	15.73
11	2003	混凝土搅拌机　0.8 m^3	36.99	12.04	24.95
12	2047	插入式振动器　1.1 kW	2.32	1.54	0.78

续表 2-7-4

序号	定额编号	名称及规格	台时费	一类费用	二类费用
13	2051	平板振动器 2.2 kW	3.34	1.67	1.67
14	2080	风(砂)水枪 6 m^3/min	40.04	0.66	39.74
15	3004	载重汽车 5 t	97.65	18.63	79.02
16	3013	自卸汽车 8 t	131.17	36.14	95.03
17	3074	胶轮车	0.90	0.9	0.00
18	3075	机动翻斗车 1 t	22.65	2.44	20.21
19	4025	门式起重机 10 t	247.44	136.54	110.90
20	4030	塔式起重机 10 t	112.5	61.36	51.14
21	4085	汽车起重机 5 t	98.28	25.34	72.94
22	4143	卷扬机 5 t	19.23	4.18	15.05
23	9126	电焊机 25 kVA	14.93	0.72	14.21
24	9136	对焊机 150 型	94.84	5.01	89.83
25	9143	钢筋弯曲机 Φ6~40	15.41	2.22	13.19
26	9146	钢筋切断机 20 kW	27.33	3.17	24.16
27	9147	钢筋调直机 14 kW	19.09	4.73	14.36

材料预算价格表见表 2-7-5。

表 2-7-5 材料预算价格表

序号	名称及规格	单位	价格	序号	名称及规格	单位	价格
1	汽油	kg	9.96	17	空心钢	kg	12
2	柴油	kg	8.6	18	氧气	m^3	8
3	电	kWh	0.98	19	乙炔气	m^3	11
4	水	m^3	0.8	20	木材	m^3	1 800
5	风	m^3	0.18	21	铁丝	kg	6.2
6	水泥	t	379.66	22	组合钢板模	kg	6.5
7	粗砂	m^3	100	23	型钢	kg	6.8
8	卵石	m^3	71.20	24	卡扣件	kg	7.7
9	块石	m^3	88.44	25	铁件	kg	5.85
10	碎石	m^3	91.14	26	电焊条	kg	8.5
11	钢筋	t	5 500	27	混凝土柱	m^3	550.00
12	合金钻头	个	80	28	黄油	kg	24
13	钢板	kg	6.5	29	混凝土	m^3	200.84
14	专用钢模板	kg	8	30	砂浆	m^3	176.92
15	油漆	kg	18	31	搅拌机 0.4 m^3	台时	25.43
16	棉纱头	kg	18				

人工预算单价见表 2-7-6。

表 2-7-6　人工预算单价

名称	单位	单价(元)
工长	工时	7.11
高级工	工时	6.61
中级工	工时	5.62
初级工	工时	3.04

(四)计算项目

1. 建筑及安装工程单价计算(50 分)

①土方开挖工程单价(5 分);②土方回填工程单价(5 分);③砌石工程单价(5 分);④预制混凝土六方块砌筑工程单价(5 分);⑤钢筋混凝土凿除工程单价(5 分);⑥钢筋制作安装工程单价(5 分);⑦混凝土闸底板工程单价(5 分);⑧模板工程单价(5 分);⑨平板焊接闸门安装单价(5 分);⑩闸门埋件安装单价(5 分)。

2. 完成以下表格(表 2-7-7 ~ 表 2-7-10),计算各部分投资(5 分)

表 2-7-7　建筑工程预算表

序号	工程或费用名称	单位	数量	单价(元)	合计(元)
	第一部分　建筑工程				
一	护岸工程				
1	K0 + 000—K0 + 800				
	清表土	m^3	2 400		
	泥结石路面(10 cm)	m^3	3 200	17.79	
2	K0 + 800—K2 + 300				
	清表土	m^3	23 826		
	土方运输	m^3	5 300	10.5	
	土方填筑	m^3	7 037		
	M7.5 浆砌石挡土墙	m^3	514		
	预制 C15 混凝土实心六方块护坡	m^3	558.6		
	钢模板制作与安装	m^2	500		
二	河道清障工程				
1	K2 + 300—K3 + 500				
	挖掘机挖淤泥	m^3	8 708	10.8	
2	K4 + 200—K4 + 950				

续表 2-7-7

序号	工程或费用名称	单位	数量	单价（元）	合计（元）
	挖掘机挖淤泥	m^3	4 667	10. 8	
三	建筑物工程				
1	千官裕闸改造				
	C20 混凝土闸墩	m^3	475	376. 76	
	C20 混凝土闸底板	m^3	229. 45		
	钢筋混凝土凿除	m^3	134		
	钢筋制安	t	11. 97		

表 2-7-8　机电设备及安装工程预算表

编号	规格及名称	单位	数量	单价(元)		合计(元)	
				设备费	安装费	设备费	安装费
	第二部分　机电设备及安装工程						
一	公用设备及安装工程						
1	管理用房通信设备及安装	项	1	40 000. 00			
2	管理自动化系统	项	1	120 000. 00			

表 2-7-9　金属结构设备及安装工程预算表

编号	规格及名称	单位	数量	单价(元)		合计(元)	
				设备费	安装费	设备费	安装费
	第三部分　金属结构设备安装工程						
一	千官裕闸						
	平板钢闸门 9 t/扇 2 扇	t	18	10 000			
	埋件	t	6	9 000			
	螺杆式启闭机(15 t)	台	2	35 000	11 833. 85		

表 2-7-10 施工临时工程预算表

编号	规格及名称	单位	数量	单价（元）	合计（元）
	第四部分 临时工程				
一	导流工程				
	袋装黏土围堰	m^3	236	63.25	
	土石填筑	m^3	1 120	83.39	
	黏土围堰拆除	m^3	236	10.37	
	土石拆除	m^3	1 120	19.03	
二	施工交通工程				
	施工道路工程	km	2	35 000.00	
三	施工房屋建筑工程				
1	施工仓库	m^2	1 200	200.00	
2	办公及生活福利建筑		1.50%		
四	其他临时工程		1.0%		

3. 对指定项目中指定材料的用量进行分析计算(5 分)

在单价分析表的基础上，分析出 558.6 m^3预制 C20 混凝土实心六方块护坡需要的砂子、卵石、水泥数量各是多少？(级配未给出)

六、完成某工程总概算表(12 分)

某枢纽工程分年度投资表及资金流量表如表 2-7-11 所示，基本预备费率 5%，物价指数 7%，融资利率 9%，贷款比例为 65%。建筑工程中包括临时工程，临时工程投资为 240 万元。机电设备及安装工程投资 860 万元，其中 580 万元为设备购置费；金属结构设备及安装工程投资 120 万元，其中 75 万元为设备购置费。请将资金流量表补充完整，并编制总概算表(见表 2-7-12)。

表 2-7-11 某工程资金流量表 (单位:万元)

项目	合计	建设工期(a)		
		1	2	3
一、建筑工程	17 040	6 060	8 680	2 300
二、机电设备及安装工程	860	240	400	220
三、金属结构设备及安装工程	120	50	50	20
四、独立费用	935	305	370	260

续表 2-7-11

项目	合计	建设工期(a)		
		1	2	3
一至四部分合计	18 955	6 655	9 500	2 800
基本预备费				
静态总投资				
价差预备费				
建设期融资利息				
总投资				

表 2-7-12 某工程总概算表 （单位：万元）

编号	工程或费用名称	建安工程费	设备购置费	其他费用	合计
1	第一部分 建筑工程				
2	第二部分 机电设备及安装工程				
3	第三部分 金属结构设备及安装工程				
4	第四部分 临时工程				
5	第五部分 独立费用				
	第一至五部分合计				
	基本预备费				
	静态总投资				
	价差预备费				
	建设期融资利息				
	总投资				
	合计 人民币(大写)：				

实操题八

一、计算工程项目的人工预算单价(8 分)

某灌溉工程位于十一类工资区,国家规定的地区津贴 30 元/月,国家规定的特殊地区生活补贴 25 元/月,养老保险费率为 15%,住房公积金费率为 6%。试计算该工程初级工人工预算单价。

二、主要材料及混凝土预算价格(10 分,每题 5 分)

1. 某大型工程由甲、乙两厂供应钢筋,甲厂供应 70%,乙厂供应 30%,从甲厂用火车将钢筋运至工地铁路转运站,运输距离 150 km;从乙厂用火车将钢筋运至工地铁路转运站,运距 500 km;从铁路转运站用汽车运至工地分仓库,运距 20 km。保险费率 0.2%,求钢筋的综合预算价格。

已知:根据铁路部门颁发的货物运价费率,甲厂供应的火车整车运价为 9.5 元/t,零担运价为 0.02 元/kg;乙厂供应的火车整车运价为 19.2 元/t,零担运价为 0.054 元/kg;火车运输整车与零担比为 8∶2。整车装载系数为 0.90;A3 钢筋的出厂价为 1 890 元/t,20 MnSi 钢筋出厂价为 1 800 元/t,根据设计要求,两种规格的钢筋所占比重分别为 40% 和 60%;汽车运输价为 0.30 元/(t·km);火车、汽车装卸费 15 元/t(每装、卸一次);铁路进站费 3.5 元/t。

主要材料运杂费计算表见表 2-8-1,主要材料预算价格计算表见表 2-8-2。

表 2-8-1 主要材料运杂费计算表

编号	1	2	3	材料名称	钢筋			材料编号	
交货条件	甲厂	乙厂		运输方式	火车	汽车	船运	火车	
交货地点	××市	××市		货物等级		特等		零担	整车
交货比例				装载系数					

编号	运输费用项目	运输起讫点	运输距离(km)	计算公式	合计(元)
1	铁路运杂费	甲厂—转运站			
	公路运杂费	转运站—工地			
	水路运杂费				
	场内运杂费				
	综合运杂费				
2	铁路运杂费	乙厂—转运站			
	公路运杂费	转运站—工地			
	水路运杂费				
	场内运杂费				
	综合运杂费				
每吨运杂费					

表 2-8-2 主要材料预算价格计算表

编号	名称规格	单位	价格(元/t)					
			原价	运杂费	保险费	运至工地仓库价格	采购及保管费	预算价格
1	碳素结构钢筋	t						
2	20MnSi 钢筋	t						
	钢筋综合价格							

2. 根据设计条件,某工程采用 90 d C25 三级配掺粉煤灰混凝土,水灰比(W/C) = 0.6,选用 42.5 普通大坝水泥。水泥取代百分率 $f = 15\%$,取代系数 $k = 1.3$。外加剂用量按水泥用量的 0.2% 计算。

问题:①混凝土强度等级换算;②求掺粉煤灰混凝土 C20(28 d)三级配的材料用量。

三、施工机械台时费(5 分)

按 2002 部颁定额,计算自行式铲运机 7 m^3 机械台时费。已知人工预算单价:工长为 7.11 元/工时、高级工为 6.61 元/工时、中级工为 5.62 元/工时、初级工为 3.04 元/工时;柴油预算单价为 8.20 元/kg。一类费用编制年调整系数为 1.2。

施工机械台时费计算表见表 2-8-3。

表 2-8-3 施工机械台时费计算表 (单位:元)

序号	编号	名称及规格	台时费	一类费用	二类费用	
					机上人工费	动力燃料费

写出计算过程。

四、计算设备费(5 分)

某水利枢纽工程采购单机容量为 75 MW 的水轮机 2 台,型号为 HL220 - LJ - 410,主机重 320 t/台,辅机重 15 t/台,平均出厂价 3 万元/t,水轮机透平油总量需要 150 t,透平油价格 0.7 万元/t。运输由铁路火车运 1 800 km,转公路汽车运 150 km 到工地。运输保险费率 0.6%,运杂费费率规定见表 2-8-4。采购及保管费费率 0.7%。试计算水轮机设备费。

表 2-8-4 主要设备运杂费费率表 (%)

设备分类	铁路		公路		公路直达基本费率
	基本运距 1 000 km	每增运 500 km	基本运距 50 km	每增运 10 km	
水轮发电机组	2.21	0.40	1.06	0.10	1.01
主阀、桥机	2.99	0.70	1.85	0.18	1.33

五、根据背景资料,完成以下指定项目(共60分)

(一)项目背景

华中地区某水库枢纽工程由大坝及泄水闸等组成。大坝为黏土心墙堆石坝,坝长2 000 m,坝顶高程185 m,交通便利,有一级公路在工程附近通过。心墙设计工程量为120万 m^3,设计干重度16.67 kN/m^3。土料含水率23%,天然干重度15.19 kN/m^3,土料上坝前需翻晒处理,土壤级别为Ⅲ类土。水闸闸室段为岩石基础,$f=13$,闸底板长15 m,厚1.0 m。

(1)覆盖层为Ⅱ类土,清除方量为5万 m^3,单价为8.54元/m^3;土料用三铧犁在料场翻晒,翻晒单价为6.55元/m^3;料场翻晒中心距坝址右坝头3 km,翻晒后由3 m^3装载机装20 t自卸汽车上坝,12 t羊角碾碾压。

(2)溢洪道底宽6 m,石方开挖采用风钻钻孔开挖,2 m^3挖掘机挖装、15 t自卸汽车运输2 km弃渣,岩石强度系数$f=13$。

(3)下游坝坡设有C20混凝土排水沟,贴坡排水采用干砌块石。

(4)水闸闸底板采用C25混凝土浇筑;混凝土采用水泥强度等级32.5,二级配;混凝土采用0.8 m^3混凝土搅拌机拌制,机动翻斗车运350 m;模板采用标准钢模板;钢筋在施工现场加工厂加工,平板车运输到闸底板施工现场人工绑扎。

(5)坝基防渗处理采用32.5水泥进行帷幕灌浆,钻灌比1.1,灌浆方式为自上而下,露天作业,平均孔深30 m,岩层平均透水率10 Lu,岩层为特坚石灰岩,坚固系数$f=15$。钻孔单价为155.23元/m。

(6)坝基与心墙连接处,需要做混凝土防渗墙,液压开槽机开槽,孔深12 m。混凝土采用10 t自卸汽车运输,运距1 km。开槽单价为178.18元/m^3。

(7)金属结构设备为7.5 t平板焊接闸门,卷扬式启闭机1台,卷扬式启闭机设备自重5 t。

(8)桥式起重机轨道长100 m,型号QU100,螺栓为未计价装置性材料,再无其他未计价装置性材料,材料用量8 kg/m。

(二)编制依据

依据:水利部水总〔2002〕116号发布的《水利工程设计概(估)算编制规定》、〔2002〕《水利建筑工程预算定额》、〔1999〕《水利水电设备安装工程预算定额》、〔2002〕《水利工程施工机械台时费定额》等的有关规定。

(三)主要资料

(1)人工预算单价与费率:工长7.10元/工时,高级工6.61元/工时,中级工5.62元/工时,初级工3.04元/工时。其他直接费费率:建筑工程取2.5%,安装工程取3.2%。

(2)材料预算价格、机械台时费见表2-8-5、表2-8-6。

表 2-8-5　材料预算价格汇总表

序号	名称及规格	单位	价格(元)	序号	名称及规格	单位	价格(元)
1	C25－2 混凝土水泥 32.5	m^3	187.32	18	黄油	kg	11.5
2	水下混凝土	m^3	192	19	块石	m^3	80
3	螺栓	kg	8.5	20	预制混凝土柱	m^3	380
4	雷管	个	1	21	合金钻头	个	45
5	水泥	t	350	22	铁丝	kg	6.5
6	钢筋	t	4 500	23	铁件及预埋铁件	kg	7.14
7	钢板(综合)	kg	5.3	24	铁件	kg	5.32
8	型钢	kg	5.25	25	卡扣件	kg	6.78
9	角钢	kg	5.25	26	橡皮板	kg	18
10	钢导管	kg	8.6	27	电	kWh	1.2
11	组合钢模板	kg	7.25	28	风	m^3	0.2
12	锯材	m^3	5.6	29	水	m^3	0.85
13	炸药	kg	5.8	30	乙炔气	m^3	8.75
14	导火线	m	0.8	31	氧气	m^3	7.68
15	汽油	kg	7.25	32	电焊条	kg	7.6
16	汽油 70#	kg	7.35	33	棉纱头	kg	4.2
17	柴油	kg	7.56	34	油漆	kg	7.12

表 2-8-6　施工机械台时费汇总表

序号	名称及规格	台时费(元)	序号	名称及规格	台时费(元)
1	单斗挖掘机　液压 2 m^3	315.18	17	自卸汽车　20 t	213.15
2	装载机　轮胎式 3 m^3	276	18	胶轮车	0.9
3	推土机　74 kW	136.3	19	机动翻斗车　1 t	21.09
4	推土机　88 kW	165.6	20	门座式起重机　10/30 t 高架 10～30 t	267.42
5	拖拉机　履带式 74 kW	109.9	21	塔式起重机　10 t	120.57
6	羊角碾　8～12 t	2.92	22	汽车起重机　5 t	82.56
7	刨毛机	80.34	23	汽车起重机　8 t	108.94
8	蛙式夯实机　2.8 kW	15.42	24	地质钻机　150 型	43.87
9	风钻 手持式	38.71	25	灰浆搅拌机	18.18
10	混凝土搅拌机　0.4 m^3	27.33	26	灌浆泵　中低压泥浆	30.23
11	混凝土搅拌机　0.8 m^3	40.95	27	电焊机　交流 25 kVA	18.12
12	振捣器　插入式 1.1 kW	2.5	28	对焊机　电弧型 150	112.78
13	风(砂)水枪　6 m^3/min	44.64	29	钢筋弯曲机　Φ6～40	16.73
14	载重汽车　5 t	78.14	30	钢筋切断机　20 kW	31.12
15	自卸汽车　10 t	137.75	31	钢筋调直机　4～14 kW	20.68
16	自卸汽车　15 t	178.89			

(四)计算项目

1. 建筑及安装工程单价计算(50分)

①黏土心墙综合预算单价;②溢洪道石方开挖综合预算单价;③棱体排水砌石工程单价;④闸底板混凝土工程单价;⑤钢筋工程单价;⑥模板工程单价;⑦帷幕灌浆综合单价;⑧防渗墙工程单价;⑨平板焊接闸门安装单价;⑩轨道安装单价。

2. 完成以下表格(表2-8-7~表2-8-10),计算各部分投资(5分)

表2-8-7 建筑工程预算表

序号	工程或费用名称	单位	数量	单价(元)	合价(元)
	第一部分 建筑工程				
(一)	大坝工程				
1	上游坝坡				
(1)	土方开挖	m^3	163.11	15.71	
(2)	土方回填	m^3	113.04	6.22	
(3)	C20混凝土面板	m^3	225.05	343.06	
(4)	C25齿墙	m^3	78.44	377.83	
(5)	模板	m^2	48.00	61.47	
(6)	钢筋	t	7.84	6 593.77	
2	坝顶工程				
(1)	坝顶C20混凝土防浪墙	m^3	39.06	374.05	
(2)	坝顶碎石垫层	m^3	38.22	103.36	
3	下游坝坡				
(1)	C20混凝土排水沟	m^3	51.98	379.63	
(2)	贴坡排水干砌石	m^3	161.67	187.53	
(3)	贴坡排水M7.5浆砌石护底	m^3	21.17	269.97	
(二)	溢洪道				
1	石方开挖	m^3	50.00	22.72	

表2-8-8 机电设备及安装工程预算表

序号	工程及规格	单位	数量	单价(元)		合价(元)	
				设备费	安装费	设备费	安装费
	第二部分 机电设备及安装工程						
1	干粉灭火器	个	4.00	400.00			
2	交通设备	辆	1.00	50 000.00			

表 2-8-9　金属结构设备及安装工程预算表

序号	工程及规格	单位	数量	单价(元)		合价(元)	
				设备费	安装费	设备费	安装费
	第三部分　金属结构设备及安装工程						
1	平板焊接钢闸门	t	4.50	11 000.00	1 651.49		
2	启闭机	台	1.00	27 000.00	9 427.97		

表 2-8-10　施工临时工程预算表

序号	工程或费用名称	单位	数量	单价(元)	合价(元)
	第四部分　施工临时工程				
(一)	导流工程				
1	导流明渠开挖	m^3	5 200	8.53	
2	围堰填筑与拆除	m^3	137.81	9.43	
(二)	施工交通工程				
	临时道路	m	250.00	200.00	
(三)	房屋建筑工程				
	施工仓库	m^2	200.00	200.00	
(四)	其他施工临时工程				

3. 对指定项目中指定的人、材、机用量进行分析计算(5 分)

(1)在单价分析表的基础上,求浇筑 1 562 m^3 C25－2 纯混凝土(中砂、碎石)底板需要的中级工、32.5 等级水泥、搅拌机预算量是多少?

(2)在单价分析表的基础上,求帷幕灌浆 1 358 m 需要的 32.5 等级水泥、地质钻机(150 型)预算量是多少?

(3)在单价分析表的基础上,求溢洪道开挖 7 496 m^3需要的初级工、炸药、手持式风钻预算量是多少?

六、完成某工程总概算表(12 分)

某工程资金流量表见表 2-8-11,编制总概算表(见表 2-8-12)。

已知:

(1)基本预备费费率为 5%。

(2)年物价指数 5%,年利率为 8%,融资比例为 70%。

表 2-8-11 资金流量表 (单位:万元)

项目名称	合计	建设工期		
		第一年	第二年	第三年
一、建筑工程分年度资金流量	1 000	150	350	500
二、安装工程分年度资金流量	200	30	60	110
三、设备工程分年度资金流量	500	130	260	110
四、独立费用分年度资金流量	250	80	100	70
一至四部分合计分年度资金流量				
基本预备费				
静态总投资				
价差预备费				
建设期融资利息				
总投资				

表 2-8-12 某工程总概算表 (单位:万元)

编号	工程或费用名称	建安工程费	设备购置费	其他费用	合计
1	第一部分 建筑工程	983			
2	第二部分 机电设备及安装工程	160	437		
3	第三部分 金属结构设备及安装工程	40	63		
4	第四部分 临时工程	17			
5	第五部分 独立费用			250	
	一至五部分合计				
	基本预备费				
	静态总投资				
	价差预备费				
	建设期融资利息				
	总投资				
	合计 人民币(大写):				

实操题九

一、计算工程项目的人工预算单价

某大型枢纽工程位于八类地区。经国家物价部门批准的地区津贴为30元/月,地方政府规定的特殊地区补贴为20元/月,养老保险费率为18%,住房公积金费率为5%,请按现行部颁规定计算初级工的人工工时预算单价。

二、主要材料及混凝土预算价格(10分,各5分)

1. 某水利工程用强度等级42.5的普通硅酸盐水泥和普通A3光面钢筋,资料如表2-9-1所示,请计算这两种材料的预算价格。要求写出计算过程,并把计算结果填入表2-9-2。

表2-9-1 基本资料表

名称及规格	42.5水泥	A3钢筋
出厂价(元/t)	350	4 800
铁路运输距离(km)	—	490
公路运输距离(km)	85	18
发到基价(元/t)	—	7.6
运行基价(元/(t·km))	—	0.034 8
装载系数	—	0.9
毛重系数	1	1
汽车运价(元/(t·km))	0.55	0.55
整车卸车费	—	1.15
汽车装卸费小计(元/t)	15.0	3.6
材料运输保险费率(%)	0.4	0.8

注:钢筋为整车运输。

表2-9-2 主要材料预算价格计算表

名称及规格	单位	原价依据	单位毛重(t)	每吨运费(元)	价格(元)					
					原价	运杂费	采购及保管费	运到工地分仓库价格	保险费	预算价格

2. 计算混凝土预算价格。

施工现场运用中砂预算价格70元/m³,碎石预算价格65元/m³,水泥强度等级32.5

预算价格450元/t,水的价格1元/m^3,块石10元/m^3,把计算结果填入混凝土材料单价计算表(见表2-9-3)。

计算C25-3埋石率(5%)混凝土的预算价格。

表2-9-3 混凝土材料单价计算表 (单位:m^3)

混凝土强度等级	水泥强度等级	级配	材料用量												预算单价(元)
			水泥		砂		石		块石		外加剂		水		
			数量(kg)	单价(元)	数量(m^3)	单价(元)	数量(m^3)	单价(元)	数量(m^3)	单价(元)	数量(kg)	单价(元)	数量(m^3)	单价(元)	

三、施工机械台时费(5分)

查《水利工程施工机械台时费定额》计算:①灰浆搅拌机台时费;②胶轮车台时费;③5 t自卸汽车台时费。已知工长、高级工、中级工和初级工的人工预算单价分别为7.11元/工时、6.61元/工时、5.65元/工时、3.04元/工时;施工用电预算单价为1.10元/kWh,柴油的预算单价为8.50元/kg。写出计算过程,并把计算结果填入表2-9-4中。

表2-9-4 施工机械台时费计算表 (单位:元)

序号	定额编号	名称及规格	台时费	一类费用 调整系数1.21	二类费用	
					机上人工费	动力燃料费

四、计算设备费

水轮发电机组由生产厂家到安装现场共1 800 km,其中:①卸货火车站—工地设备库,70 km;②工地设备库—安装现场,5 km;其余为铁路运输。出厂价3.2万元/t,运输保险费率0.6%。

试计算水轮机的设备费。

五、请按出题要求完成以下指定项目(共60分)

(一)项目背景

工程概况:华东地区某县城镇河道整治工程,海拔2 000 m以下。交通便利,施工用电、用水方便可靠。不计冬雨季施工增加费。

(二)施工组织设计

(1)土方开挖:土的级别为Ⅰ、Ⅱ类土,1 m^3挖掘机挖装8 t自卸汽车运输,平均运距

6 km;橡胶坝基础土方回填Ⅲ类土,蛙式打夯机夯实;堤坝坝体采用 9 ~ 16 t 轮胎碾压实,重度 17. 3 kN/m^3。

(2)砌石采用常规坐浆砌筑方法。均采用 M7. 5 砂浆砌筑。

(3)混凝土工程采用 0. 4 m^3 混凝土搅拌机拌制、胶轮车运输 100 m、人工入仓,1. 1 kW插入式振捣器振捣。

(4)一般石方开挖,80 型浅孔钻钻孔,孔深 6 m,导电线,岩石级别为Ⅸ ~ Ⅹ。

(5)模板采用普通标准钢模板。

(6)岩石基础固结灌浆,透水率 2 ~ 4 Lu,采用风钻钻孔。

(7)河道左岸设橡胶坝充排水泵站一处,水泵为全调节叶片,自重 18 t。

(三)编制依据

依据:水利部水总〔2002〕116 号发布的《水利工程设计概(估)算编制规定》、〔2002〕《水利建筑工程预算定额》、〔2002〕《水利水电设备安装工程预算定额》、〔2002〕《水利工程施工机械台时费定额》等的有关规定。

(四)基础单价

1. 人工预算单价

工长 4. 91 元/工时,高级工 4. 56 元/工时,中级工 3. 87 元/工时,初级工 2. 11 元/工时。

2. 机械台时费、材料预算价格(见表 2-9-5、表 2-9-6)。

表 2-9-5　施工机械台时费表

序号	名称及规格	台时费(元)	序号	名称及规格	台时费(元)
1	单斗式挖掘机　1 m^3	182. 64	16	胶轮车	0. 90
2	推土机　59 kW	95. 00	17	灰(砂)浆搅拌机	15. 27
3	自卸汽车　8 t	132. 77	18	灌浆泵　中低压泥浆	33. 71
4	蛙式夯实机　2. 8 kW	13. 92	19	电焊机　交流 25 kVA	16. 67
5	轮胎碾　9 ~ 16 t	29. 27	20	汽车起重机　5 t	79. 41
6	拖拉机　履带式 74 kW	103. 23	21	载重汽车　5 t	77. 8
7	推土机　74 kW	129. 45	22	钢筋切断机　20 kW	27. 12
8	风钻　手持式	101. 79	23	塔式起重机　10 t	112. 18
9	潜孔钻　80 型	98. 23	24	对焊机　电弧型 150	105. 81
10	混凝土搅拌机　0. 4 m^3	22. 17	25	钢筋弯曲机　Φ6 ~ 40	13. 85
11	混凝土泵　30 m^3/h	82. 72	26	风(砂)水枪　6 m^3/min	116. 14
12	振捣器　插入式 1. 1 kW	2. 42	27	钢筋调直机　4 ~ 14 kW	17. 68
13	摇臂钻床　Φ35 ~ 50 mm	17. 39	28	桥式起重机	26. 97
14	牛头刨床　B = 650 mm	12. 06	29	刨毛机	86. 91
15	车床　Φ400 ~ 600	24. 67			

表 2-9-6 材料预算价格表

序号	名称及规格	单位	价格(元)	序号	名称及规格	单位	价格(元)
1	汽油	kg	7.52	18	水泥	t	350.00
2	电	kWh	1.10	19	合金钻头	个	45.00
3	水	m^3	1.00	20	导电线	m	0.15
4	风	m^3	0.55	21	型钢	kg	4.80
5	C25－2 混凝土	m^3	185.71	22	木材	m^3	2 000.00
6	钢板	kg	4.80	23	中砂	m^3	45.00
7	氧气	m^3	8.00	24	块石	m^3	75.00
8	乙炔气	m^3	7.50	25	碎石	m^3	50.00
9	电焊条	kg	5.40	26	铁丝	kg	4.20
10	油漆	kg	10.00	27	钢筋	t	5 500
11	钻头 80 型	个	55.00	28	组合钢板模	kg	5.80
12	冲击器	套	60.00	29	卡扣件	kg	4.50
13	火雷管	个	1.00	30	铁件	kg	4.50
14	电雷管	个	0.80	31	预埋铁件	kg	4.50
15	M7.5 砂浆	m^3	154.81	32	破布	kg	2.00
16	炸药	kg	5.50	33	橡胶板	kg	7.62
17	导火线	m	0.43	34	混凝土柱	m^3	175.00

(五)计算项目

请根据以上资料完成下面各题的计算。

1. 建筑及安装工程单价计算(50 分)

①土方开挖工程单价;②堤坝坝体压实工程单价;③一般石方开挖工程单价;④挡土墙砌石工程单价;⑤混凝土防浪墙(30 cm 厚)工程单价;⑥钢筋工程单价;⑦模板工程单价;⑧固结灌浆工程单价;⑨水泵安装工程单价。

2. 完成以下表格(表 2-9-7 ~ 表 2-9-10),计算各部分投资(5 分)

表 2-9-7 建筑工程预算表

序号	工程或费用名称	单位	数量	单价(元)	合计(元)
	第一部分 建筑工程				
1	土方工程				

续表 2-9-7

序号	工程或费用名称	单位	数量	单价(元)	合计(元)
1.1	1 m^3挖掘机开挖Ⅰ、Ⅱ类土,8 t自卸汽车运输6 km	m^3	11 360		
1.2	土方回填Ⅲ类,蛙式打夯机夯实	m^3	9 860	8.48	
1.3	9~16 t轮胎碾压实,重度17.3 kN/m^3	m^3	15 000		
2	石方工程				
2.1	一般石方开挖	m^3	6 100	18.54	
3	砌石工程				
3.1	M7.5浆砌块石挡土墙	m^3	64		
3.2	M7.5浆砌块石护滩	m^3	186	187.61	
3.3	M7.5浆砌块石平面护坡	m^3	1 120	245.00	
3.4	M7.5浆砌块石基础	m^3	124	183.21	
3.5	M5浆砌乱石海漫	m^3	1 330	173.20	
4	混凝土工程				
4.1	C25-2混凝土底板	m^3	1 857	211.3	
4.2	C25-2混凝土防浪墙30 cm厚	m^3	276		
4.3	C25-2混凝土铺盖	m^3	1 510	313.67	
4.4	钢筋制作与安装	t	600		
5	模板工程				
5.1	普通标准钢模板	m^2	720		
6	钻孔灌浆及锚固工程				
6.1	基础固结灌浆	m	1 800		
6.2	风钻钻孔	m	1 450	42.02	

表 2-9-8 机电设备及安装工程预算表

编号	规格及名称	单位	数量	单价(元)		合计(元)	
				设备费	安装费	设备费	安装费
	第二部分 机电设备及安装工程						
1	水泵(自重18 t)	台	2	5 800			
2	电机	台	2	4 500	3 970		
3	其余设备					480 000	400 000

表 2-9-9 金属结构设备及安装工程预算表

编号	规格及名称	单位	数量	单价(元)		合计(元)	
				设备费	安装费	设备费	安装费
	第三部分 金属结构设备及安装工程						
1	电动蝶阀	个	8	10 000	291.10		
2	冲水泵阀	个	5	50	631.10		
3	钢管	m	1 000	750	20.00		
4	其余设备					500 000	27 000

表 2-9-10 施工临时工程预算表

编号	规格及名称	单位	数量	单价(元)	合计(元)
	第四部分 施工临时工程				
1	施工导流工程				31 166
2	临时交通工程	km	3.0	20 377.31	61 132
3	临时场外供电线路	km	0.5	48 090.00	24 045
4	临时房屋建筑工程				35 500
5	其他施工临时工程				36 000

3. 对指定项目中指定的人、材、机用量进行分析计算(5 分)

在单价分析表的基础上,求浇筑 276 m^3C25 - 2 纯混凝土防浪墙(中砂、碎石)需要的初级工、42.5 等级水泥、胶轮车预算量是多少?

六、完成工程总概算表(12 分)

西北某地区拟建一座年产量可达 1 000 万 kWh 的大型发电厂,根据可行性研究和初步设计报告提供的资料可知,大坝主体需要投资 3 892 万元,溢洪坝段需要投资 532 万元,航道、地下厂房需要投资 267 万元,其他建筑工程需要投资 86 万元;发电厂需要安装水轮机两台,每台设备费 126 万元,安装费 13 500 元;六台发电机,每台设备费 186 万元,安装费 1.86 万元,一台主变压器,设备费 865.96 万元,安装费 5.68 万元,其他设备及安装费分别是 69 万元和 0.95 万元;工程所用的压力钢管费用为 161.34 万元,其中安装费 2.671万元;为保证工程顺利施工,修建了一座仓库,总面积 2 341.33 m^2,总费用为 13.65 万元,导流洞、施工围堰和一些场内外临时交通工程需要投资 162 万元,其他施工临时工程需要投资 35.20 万元;工程所需独立费用 262.35 万元。

本项目的资金来源为国家投资和贷款,贷款总额 5 000 万元,贷款利率 6%(按年计息)。建设期 3 年,第一年投资 30%,第二年投资 40%,第三年投资 30%。预计建设期物价年平均上涨3%,投资估算到开工的时间按一年考虑,基本预备费费率5%。根据以上信息完成表2-9-11、表2-9-12。

表2-9-11　发电厂分年度投资表　(单位:万元)

序号	费用名称	第一年	第二年	第三年	合计
1	第一部分　建筑工程	1 433.10	1 910.80	1 433.10	4 777
2	第二部分　机电设备及安装程序	697.04	929.37	697.04	2 323.45
3	第三部分　金属结构设备及安装工程	48.40	64.54	48.40	161.34
4	第四部分　临时工程	63.26	84.33	63.26	210.85
5	第五部分　独立费用	78.71	104.93	78.71	262.35
6	一至五部分合计				
7	基本预备费				
8	静态总投资				
9	价差预备费				
10	建设期融资利息				
11	总投资				

表2-9-12　某工程总概算表　(单位:万元)

编号	工程或费用名称	建安工程费	设备购置费	其他费用	合计
1	第一部分　建筑工程				
2	第二部分　机电设备及安装工程				
3	第三部分　金属结构设备及安装工程				
4	第四部分　临时工程				
5	第五部分　独立费用				
6	一至五部分合计				
7	基本预备费				
8	静态总投资				
9	价差预备费				
10	建设期融资利息				
11	总投资				
12	合计　人民币(大写):				

实操题十

一、计算该工程项目的人工预算单价(8 分)

某灌区改造工程位于十一类工资区。该地区的地区津贴为 35 元/月，施工津贴按照 5.3 元/日计算，养老保险费率为 20%，住房公积金费率为 5%，请按现行部颁规定计算初级工的人工工时预算单价。

二、主要材料及混凝土预算价格(共 10 分，各 5 分)

1. 一辆火车货车车厢标记重量为 50 t，装 2# 岩石铵锑炸药 1 420 箱(每箱装炸药 24 kg，箱重 0.6 kg)。假定炸药原价为 4 600.00 元/t(未含 17% 增值税和 8% 的管理费)，需运输 500 km，装、卸车费均为 10.00 元/t，全部为整车。发到基价 9.60 元/t，运行基价为 0.043 7 元/(t·km)，炸药运价在此基础上扩大 50%，运输保险费率为 8‰。

计算：①计费重量；②毛重系数；③装载系数；④该炸药的预算价格。

2. 根据设计条件，某工程采用 90 d C25 三级配混凝土，选用 42.5 普通硅酸盐水泥。已知混凝土各组成材料的预算价格为：42.5 普通硅酸盐水泥 400 元/t，中砂 70 元/m^3，碎石 60 元/m^3，水 0.80 元/m^3。

试计算该混凝土材料的预算单价。

三、施工机械台时费(5 分)

某施工机械出厂价 120 万元(含增值税)，运杂费费率 5%，残值率 3%，寿命台时为 10 000 h，电动机功率 250 kW，电动机台时电力消耗综合系数 0.8，中级工 5.62 元/工时，电价 0.732 元/kWh。同类型施工机械台时费定额的数据为：折旧费 108.10 元，修理及替换设备费 44.65 元，安装拆卸费 1.38 元；中级工 2.4 工时。

计算：①编制该施工机械一类费用；②编制该施工机械二类费用；③计算该施工机械台时费。

四、计算设备费(5 分)

由国家投资兴建的某大型水电站位于某县(六类工作区)的边远山村，需要安装四台水轮机，其型号均为 ZZ286 - LJ - 800，调速器为 ST - 150，油压装置为 YS - 8，每台套设备自重 1 750 t，全套设备平均出厂价为 3.0 万元/t。主机运杂费费率为 6.5%，运输保险费率为 0.4%，设备采购及保管费费率 0.7%。

计算该套设备的设备费。

五、根据背景资料，完成以下指定项目(共 60 分)

(一)项目背景

甘肃省某河道堤防工程位于县城之外，距县城 20 km，该堤防工程交通便利，有二级公路在堤防附近通过。土类级别为Ⅲ类，土方开挖采用2 m^3挖掘机挖装土12 t自卸汽车运输3.6 km，河堤采用74 kW拖拉机压实，压实干重度要求为>16.4 kN/m^3；堤防基础岩石级别为Ⅷ级，基础石方开挖采用风钻钻孔爆破，采用电雷管引爆，开挖深度0.8 m，石渣运输采用1.0 m^3装载机装5 t自卸汽车运输6 km弃渣；M10浆砌块石平面护坡；河堤进水闸闸底板采用C20三级配混凝土现浇（水泥为42.5号），0.4 m^3混凝土搅拌机拌制混凝土，胶轮车运混凝土450 m，混凝土闸底板厚100 cm，；水泥强度等级为42.5，模板采用标准钢模板。金属结构设备为2套单重12 t平板焊接闸门，2套单重9 t闸门埋件、2套单重7.5 t拦污栅。其他直接费费率取4%。

（二）编制依据

依据：水利部水总〔2002〕116号发布的《水利工程设计概（估）算编制规定》、〔2002〕《水利建筑工程预算定额》、〔1999〕《水利水电设备安装工程预算定额》、〔2002〕《水利工程施工机械台时费定额》等的有关规定。

（三）主要资料

1. 人工费

该工程位于十一类工资区，工长、高级工、中级工和初级工的人工预算单价分别为8.03元/工时、7.45元/工时、6.29元/工时、3.44元/工时。

2. 机械台时费

该工程机械台时费按照施工机械台时费汇总表（表2-10-1）计算，在台时费汇总表中没有的机械台时费，均按照15元/台时计算。

表2-10-1　施工机械台时费汇总表

序号	定额编号	名称及规格	台时费	一类费用	二类费用
1	1002	挖掘机　1 m^3	149.63	43.92	105.71
2	1011	挖掘机　2 m^3	331.86	147.30	184.56
3	1042	推土机　59 kW	109.05	24.31	84.74
4	3016	自卸汽车　12 t	169.08	58.02	111.06
5	1062	拖拉机　74 kW	118.76	21.57	97.19
6	1043	推土机　74 kW	145.67	42.67	103
7	1095	蛙式打夯机　2.8 kW	15.20	1.18	14.02
8	1094	刨毛机	96.06	19.62	76.44
9	1096	手持式　风钻	20.56	2.43	18.13
10	2002	混凝土搅拌机　0.4 m^3	23	9.7	13.3
11	3074	胶轮车	0.9	0.9	0
12	2047	插入式振捣器　1.1 kW	2.02	1.54	0.48
13	2080	风(砂)水枪　6 m^3/min	22.55	0.66	21.89

续表 2-10-1

序号	定额编号	名称及规格	台时费	一类费用	二类费用
14	9147	钢筋调直机　14 kW	17.19	4.73	12.46
15	9146	钢筋切断机　20 kW	21.63	3.17	18.46
16	9143	钢筋弯曲机　Φ6～40	13.96	2.22	11.74
17	9126	电焊机　25 kVA	9.42	0.72	8.7
18	9136	对焊机电弧型　150 kVA	63.30	5.01	58.29
19	3004	载重汽车　5 t	85.81	18.63	67.18
20	4030	塔式起重机　10 t	100.28	61.36	38.92
21	4085	汽车起重机　5.0 t	89.80	25.34	64.46
22	4035	龙门式起重机　10 t	52.89	27.37	25.52
23	4143	卷扬机　5 t	17.06	4.18	12.88

3. 材料预算价格

该工程材料预算价格按照材料预算价格表(表 2-10-2)计算,在材料预算价格表中没有的材料价格,均按照单价 5 元计算。

表 2-10-2　材料预算价格表

序号	名称及规格	单位	价格	序号	名称及规格	单位	价格
1	汽油	kg	8.2	16	钢板	kg	7.5
2	柴油	kg	8.3	17	氧气	m^3	8
3	电	kWh	0.6	18	乙炔气	m^3	7.5
4	水	m^3	0.4	19	油漆	kg	10
5	风	m^3	0.1	20	黄油	kg	12
6	M10 砂浆	m^3	190	21	汽油 70#	kg	7.3
7	块石	m^3	80	22	棉纱头	kg	12
8	合金钻头	个	50	23	木材	m^3	2 550
9	炸药	kg	8.6	24	组合钢模板	kg	6
10	雷管	个	2.5	25	型钢	kg	5.5
11	导线电线	m	3.5	26	卡扣件	kg	10
12	C20 混凝土	m^3	230	27	铁件	kg	5
13	钢筋	t	5 200	28	预埋铁件	kg	6
14	铁丝	kg	5.8	29	混凝土柱	m^3	320
15	电焊条	kg	9.5				

(四)计算项目

1. 建筑及安装工程单价计算(50分)

①土方开挖工程单价(5分);②土方压实工程单价(5分);③石方开挖工程单价(5分);④砌石工程单价(5分);⑤混凝土工程单价(10分);⑥钢筋工程单价(5分);⑦模板工程单价(5分);⑧平板焊接闸门安装单价(5分);⑨闸门埋件安装单价(5分)。

2. 完成以下表格(表2-10-3～表2-10-6),计算各部分投资(5分)(每空0.125分)

表2-10-3　建筑工程预算表

序号	工程或费用名称	单位	数量	单价(元)	合计(元)
	第一部分　建筑工程				
一	堤防工程				
1	土方工程				
1.1	2 m^3挖掘机挖装土12 t自卸汽车运输3.6 km	m^3	3 000		
1.2	74 kW拖拉机压实	m^3	4 500		
2	石方工程				
2.1	石方开挖	m^3	680		
3	石方砌筑工程				
3.1	M10浆砌块石护坡	m^3	470		
二	进水闸工程				
1	混凝土工程				
1.1	C20－3混凝土闸底板	m^3	110		
1.2	C20－3钢筋混凝土闸墩	m^3	75	460	
1.3	C20－3钢筋混凝土工作桥墩	m^3	65	480	
1.4	底板钢模板制作与安装	m^2	1 100		
1.5	钢筋制作与安装	t	8.3		

表2-10-4　机电设备及安装工程预算表

编号	规格及名称	单位	数量	单价(元)		合计(元)	
				设备费	安装费	设备费	安装费
	第二部分　机电设备及安装工程						
1	电动闸门启闭设备	2	套	2 000	300		
2	通信设备	1	套	1 000	100		

表 2-10-5 金属结构设备及安装工程预算表

编号	规格及名称	单位	数量	单价(元)		合计(元)	
				设备费	安装费	设备费	安装费
	第三部分 金属结构设备及安装工程						
1	12 t 平板焊接闸门安装	t	24	10 000			
2	闸门埋件安装	t	18	9 000			
3	拦污栅安装	t	15	8 000	1 250		

表 2-10-6 施工临时工程预算表

编号	规格及名称	单位	数量	单价(元)	合计(元)
	第四部分 施工临时工程				
1	土石围堰填筑与拆除	m^3	1 000	20	20 000
2	临时交通工程	km	1.5	10 000	15 000
3	临时供电工程	项	1	6 000	6 000
4	临时房屋建筑工程	m^2	100	500	50 000
5	其他施工临时工程				20 000

3. 对指定项目中指定材料的用量进行分析计算(5 分)

在单价分析表的基础上,①分析出砌筑 3 000 m^3 M10 浆砌块石护坡需要的砂子数量是多少?②浇筑 500 m^3 C20－3 纯混凝土闸底板需要的水泥量是多少?

六、完成某工程总概算表(12 分)

已知资金流量表如表 2-10-7 所示。

表 2-10-7 资金流量表

工程或费用名称	合计	建设工期(年)		
		1	2	3
第一部分 建筑工程	15 300	5 150	8 100	2 050
第二部分 机电设备及安装工程	480	90	200	190
第三部分 金属结构设备及安装工程	320	50	100	170
第四部分 临时工程	100	10	50	40
第五部分 独立费用	900	400	300	200
一至五部分合计	17 100	5 700	8 750	2 650
基本预备费				
静态总投资				
价差预备费				
建设期融资利息				
工程总投资				

基本预备费率 5%，物价指数 6%，融资利率 8%，融资比例 70%。试完成总概算表（见表 2-10-8）。

表 2-10-8　某工程概算表　（单位：万元）

编号	工程或费用名称	建安工程费	设备购置费	其他费用	合计
1	第一部分　建筑工程	15 300	0	0	15 300
2	第二部分　机电设备及安装工程	30	450	0	480
3	第三部分　金属结构设备及安装工程	20	300	0	320
4	第四部分　临时工程	100	0	0	100
5	第五部分　独立费用			900	900
6	一至五部分合计	15 450	750	900	17 100
7	基本预备费				
8	静态总投资				
9	价差预备费				
10	建设期融资利息				
	总投资				
	预算总额　人民币（大写）：				

实操题十一

一、人工单价计算（8 分）

某河道工程位于七类工资区，已知该地区无地区津贴，施工津贴为 4 元/工日，养老保险费率为 20%，住房公积金费率为 5%。计算该工程初级工人工预算单价。

二、主要材料及混凝土预算价格（共 10 分，各 5 分）

1. 某水利枢纽工程所用钢筋由一大型钢厂供应，火车整车运输。普通 A3 光面钢筋占 35%，低合金 20MnSi 螺纹钢筋占 65%。按下列已知条件，计算钢筋预算价格，写出计算过程。（5 分）

（1）出厂价（见表 2-11-1）。

表 2-11-1　各种钢筋预算价格表

名称及规格	单位	出厂价（元）	名称及规格	单位	出厂价（元）
A3Φ10 mm 以下	t	4 250	20MnSiΦ25 mm 以外	t	4 350
A3Φ16 ~ 18 mm	t	4 150	20MnSiΦ20 ~ 25 mm	t	4 400

(2)运输方式及距离(见图 2-11-1)

图 2-11-1　运输方式及距离图

(3)运价。

铁路:运价率,整车发到基价为 7.6 元/t,整车运行基价为 0.034 8 元/(t · km);铁路建设基金,0.025 元/(t · km);上站费,1.8 元/t;其他,装载系数 0.9,整车卸车费 1.15 元/t。

公路:汽车运价 0.55 元/(t · km);转运站费用 4 元/t;汽车装车费 2 元/t,卸车费 1.6 元/t。

运输保险费率为 8‰。

毛重系数为 1。

2. 某水闸混凝土挡土墙工程,混凝土强度等级为 C20(纯混凝土,二级配),埋石率为 5%。已知埋石混凝土各组成材料的预算价格为:块石 40 元/m^3,32.5 级通用硅酸盐水泥 360 元/t,中砂 50 元/m^3,碎石 55 元/m^3,水 0.80 元/m^3。试计算该水闸挡土墙混凝土材料的预算单价,并填入表 2-11-2 中。

表 2-11-2　混凝土材料单价计算表

材料名称	单位	材料预算量	材料预算价格	合价(元)
块石	m^3			
水泥(32.5 级)	t			
中砂	m^3			
碎石	m^3			
水	m^3			
混凝土材料的预算单价(元/m^3)				

三、计算某水利枢纽工程 20 t 自卸汽车台时费(5 分)

已知该工程人工预算单价为:工长 7.10 元/工时,高级工 6.61 元/工时,中级工 5.62 元/工时,初级工 3.04 元/工时;汽油预算单价为 7.3 元/kg,柴油预算单价为 7.5 元/kg。写出计算过程并将结果填入表 2-11-3 中。

表 2-11-3　施工机械台时费计算表　　(单位:元)

序号	定额编号	名称及规格	台时费	其中	
				一类费用	二类费用

四、计算设备费(5分)

某工程从生产厂家采购电站设备,已知资料如下:

(1)设备重量:净重400 t;

(2)设备原价:4.5万元/t;

(3)厂家至工地运杂费费率:6%;

(4)采购及保管费费率:0.7%;

(5)运输保险费率:0.4%。

计算该电站设备的设备费。

五、根据背景资料,完成以下指定项目(共60分)

石门水利枢纽工程位于辽宁省寒冷地区的县城以外,是一座以城市供水为主,兼顾灌溉、发电等综合利用的水利枢纽工程。拦河坝为混凝土面板堆石坝,电站为引水式厂房,2台水轮发电机组,水库淹没耕地200亩,动迁移民100人,施工工期35个月。

拦河坝基础开挖采用2 m^3挖掘机挖土装15 t自卸汽车运1.6 km,Ⅱ类土。基础石方开挖采用风钻钻孔,岩石级别为Ⅹ级,2 m^3挖掘机装石渣15 t自卸汽车运2.0 km至弃渣场。堆石坝体施工:①堆石料开采150型潜孔钻钻孔,深孔爆破,岩石级别Ⅹ级;②堆石料运输:自弃渣场用3 m^3装载机装石渣20 t自卸汽车运2.0 km上坝占12%,自石料场用3 m^3装载机装石渣20 t自卸汽车运3.0 km上坝占88%;③堆石料压实采用74 kW推土机推平,13~14 t振动碾压实。

混凝土面板堆石坝趾板帷幕灌浆采用自上而下灌浆法灌浆。基础岩石级别为Ⅸ级,使用150型地质钻机钻孔,平均孔深为40 m,岩石透水率为5 Lu,灌浆孔平面成二排。

混凝土面板施工:①采用C25F200W4二级配混凝土,选用32.5级水泥,水灰比0.5,该工程粗骨料采用碎石;②混凝土拌制采用0.8 m^3拌和机拌制;③混凝土运输采用5 t自卸车运输,运距800 m,垂直运输采用泻槽运混凝土入仓,泻槽长为13 m;④采用滑膜施工,分缝宽度为12 m。

引水隧洞直径为5 m,洞长2 000 m,进出口同时掘进各控制50%,采用风钻钻孔,岩石级别Ⅹ级。采用1 m^3挖掘机在洞内装石渣5 t汽车运输,运至洞外500 m至弃渣场。

平洞衬砌采用C25二级配泵用掺外加剂混凝土,选用32.5级水泥,水灰比0.44,混凝土拌制采用0.8 m^3拌和机拌制,用5 t自卸汽车运300 m至洞口,转混凝土泵(30 m^3/h)入仓浇筑。

施工临时工程,导流明渠土方开挖1 m^3挖掘机挖土装8 t自卸汽车运0.5 km直接填筑围堰,堰体采用拖拉机压实。

本工程冬雨季施工增加费费率为4%,材料预算价格见表2-11-4,人工预算单价及施工机械台时费见表2-11-5。

表 2-11-4　材料预算价格

序号	材料名称	单位	价格(元)	备注
1	钢筋(综合)	t	3 800	
2	水泥(综合)	t	380	
3	板枋材	m^3	1 605	
4	原木	m^3	900	
5	柴油(综合)	kg	7.5	
6	汽油(综合)	kg	7.3	
7	炸药(综合)	kg	8.6	
8	火雷管	个	0.6	
9	电雷管	个	1.58	
10	导火线	m	1.2	
11	导电线	m	0.65	
12	导爆管	m	0.35	
13	块石	m^3	50	
14	碎石	m^3	55	
15	砂	m^3	40	
16	砾石	m^3	40	
17	砂砾料	m^3	32	
18	混凝土　C25F200W4	m^3	189.63	二级配
19	煤	kg	0.5	
20	复合土工膜	m^2	8.5	
21	土工布	m^2	6.5	
22	施工用风	m^3	0.16	
23	施工用水	m^3	0.8	
24	施工用电	kWh	1.05	
25	钢板	kg	4.55	
26	角钢	kg	4.7	
27	镀锌角钢	kg	4.9	
28	型钢	kg	4.8	
29	钢管	kg	5.65	
30	镀锌钢管	kg	5.9	
31	铁件及预埋铁件	kg	5.85	
32	铁钉	kg	5.5	
33	铁丝	kg	5	
34	电焊条	kg	7	
35	铜材	kg	28	
36	铜电焊条	kg	32	
37	不锈钢焊条	kg	35	

续表 2-11-4

序号	材料名称	单位	价格(元)	备注
38	铝电焊条	kg	27	
39	焊锡	kg	49	
40	焊锡膏	kg	59	
41	氧气	m^3	3.5	
42	乙炔气	m^3	12	
43	合金钻头	个	45	
44	钻杆	m	75	
45	合金片	kg	200	
46	空心钢	kg	4.5	
47	岩芯管	m	70	
48	黄土	m^3	18	
49	黏土	t	12	
50	铁砂	t	4 000	
51	灌浆管	m	70	
52	喷射管	m	35	
53	高压胶管 D50	m	15	
54	高压胶管 D100	m	60	
55	橡胶管 D150	m	67	
56	普通胶管	m	8	
57	钢护筒	kg	4.5	
58	钢导管	kg	4.5	
59	橡皮板	kg	4	
60	标准钢模板	kg	7	
61	专用钢模板	kg	7	
62	拉模	kg	7	
63	拉模轨道	kg	7	
64	滑模(钢滑模)	kg	7	
65	金属构件	kg	5.2	
66	卡扣件	kg	5.2	
67	塑料止水带	m	25	
68	草袋	个	0.5	
69	编织袋	个	1	
70	沥青	kg	1.6	
71	木柴	kg	0.35	
72	紫铜片 厚 15 mm	kg	28	
73	白铁皮 厚 0.82 mm	kg	4.5	
74	钢钎	kg	4.5	

续表 2-11-4

序号	材料名称	单位	价格(元)	备注
75	锚杆附件	kg	8	
76	树脂	kg	29	
77	环氧树脂	kg	24	
78	油毛毡	m^2	2	
79	膨润土	t	150	
80	钻头 150 型	个	610	
81	冲击器 150 型	套	3 700	
82	混凝土外加剂	kg	4.6	
83	调合漆、油漆	kg	7.5	
84	黄油	kg	6.8	
85	棉纱头	kg	12	
86	变压器油	kg	9.5	
87	磁漆(酚醛)	kg	12	
88	石棉布	m^2	2	
89	镀锌螺栓 M16×(70~140)	套	5	
90	钢板垫板	kg	4.7	
91	滤油纸 300×303	张	0.6	
92	枕木 2 500×200×160	根	145	
93	金刚石钻头	个	248	
94	扩孔器	个	86	
95	钻杆接头	个	25	
96	木材	m^3	1 705	
97	柴油 90#	kg	6.35	

表 2-11-5 人工、机械单价

序号	名称	单位	单价(元)
1	工长	工时	7.01
2	高级工	工时	6.52
3	中级工	工时	5.55
4	初级工	工时	3.02
5	液压单斗挖掘机 2 m^3	台时	296.62
6	轮胎式装载机 3 m^3	台时	254.35
7	推土机 59 kW	台时	93.49
8	推土机 74 kW	台时	126.48
9	推土机 88 kW	台时	153.96
10	推土机 103 kW	台时	181.59

续表 2-11-5

序号	名称	单位	单价(元)
11	风钻　手持式	台时	31.49
12	潜孔钻　150 型	台时	227.08
13	自卸汽车　5 t	台时	83.84
14	自卸汽车　15 t	台时	166.88
15	自卸汽车　20 t	台时	198.32
16	载重汽车 5 t	台时	71.57
17	载重汽车　15 t	台时	141.73
18	胶轮车	台时	0.9
19	履带拖拉机　74 kW	台时	100.73
20	拖式振动碾　13～14 t	台时	87.51
21	蛙式打夯机　2.8 kW	台时	14.91
22	混凝土搅拌机　0.4 m^3	台时	25.95
23	混凝土搅拌机　0.8 m^3	台时	38.16
24	插入振捣器　1.1 kW	台时	2.38
25	风(砂)水枪	台时	36.34
26	钢筋弯曲机　Φ6～40	台时	15.74
27	钢筋切断机　20.0 kW	台时	28.45
28	钢筋调直机　4～14 kW	台时	19.51
29	交流电焊机　25 kW	台时	97.15
30	对焊机　150 kVA	台时	96.53
31	木工加工机械　圆盘锯	台时	22.4
32	木工加工机械　双面刨床	台时	18.93
33	型钢剪断机　13 kW	台时	32.4
34	汽车起重机　5 t	台时	77.16
35	汽车起重机　25.0 t	台时	212.4
36	塔式起重机　10 t	台时	114.89
37	门座式起重机　MQ540/30 型 10～30 t	台时	211.36
38	混凝土面板滑模台车　缝宽 12.0 m	台时	137.44
39	压力滤油机　150 型	台时	9.56
	灌浆泵　中压泥浆	台时	37.09
	灰浆搅拌机	台时	17.15
	地质钻机　150 型	台时	25.97
	风钻　气腿式	台时	43.34
	轴流通风机　37 kW	台时	45.34
	液压单斗挖掘机 1 m^3	台时	175.15

1. 建筑及安装工程单价计算(50 分)

①土方开挖工程单价(5 分);②混凝土面板工程单价(15 分);③钢筋工程单价(5 分);④混凝土面板趾板帷幕灌浆的钻孔和灌浆工程单价(10 分);⑤引水隧洞开挖和石渣工程运输单价(10 分);⑥变压器安装工程单价(5 分)。

2. 完成以下表格(表 2-11-6 ~ 表 2-11-9),计算各部分投资(5 分)

表 2-11-6 建筑工程预算表(2 分)

编号	工程或费用名称	单位	数量	单价(元)	合价(元)
	第一部分 建筑工程				
一	拦河堆石坝工程				
	土方开挖	m^3	1 984.16		
	石方开挖	m^3	2 976.23	40.73	121 222
	堆石坝体填筑	m^3	98 547.95	40.00	3 941 918
	混凝土面板	m^3	637.15		
	干砌石护坡	m^3	17 891.77	112.04	2 004 594
	浆砌石挡土墙	m^3	123.65	193.56	23 934
	钢筋的制作及安装	t	22.93		
	基础帷幕灌浆	m	318.4		
	面板侧模板	m^2	600	199.61	119 766
	面板滑模	m^2	1 592.88	36.00	57 344
	普通模板	m^2	81	75.00	6 075
	趾板止水	m	40.15	90.00	3 614
二	引水隧洞工程				
	洞挖石方	m^3	1 144		62 920
	平洞衬砌	m^3	335	420.00	140 700
	隧洞模板	m^2	762.66	100.00	76 266

表 2-11-7 机电设备及安装工程预算表(1 分)

编号	名称及规格	单位	数量	单价(元)		合计(元)	
				设备费	安装费	设备费	安装费
	第二部分 机电设备及安装工程						
一	发电设备及安装工程	元					
(一)	水轮机设备及安装	元					
	水轮机 XJ02 – W – 40/1 ×9	台	2	52 400	20 000	104 800	40 000
	主阀	个	4	4 300	1 500	17 200	6 000
(二)	发电机设备及安装	元					

续表 2-11-7

编号	名称及规格	单位	数量	单价(元)		合计(元)	
				设备费	安装费	设备费	安装费
	发电机 TSWN74/29-6	台	2	53 500	20 000	107 000	40 000
	励磁屏	个	2	11 800	2 000	23 600	4 000
	配电柜	个	2	23 500	2 000	47 000	4 000
二	升压变电设备及安装	元					
	变压器	台	1	28 000			

表 2-11-8 金属结构设备及安装工程预算表(1 分)

编号	名称及规格	单位	数量	单价(元)		合计(元)	
				设备费	安装费	设备费	安装费
	第三部分 金属结构设备及安装工程						
一	引水工程	元					
	平板闸门	t	3.1	8 000	1 511.61	24 800	4 686
	卷扬启闭机	台	1	38 000	5 000	38 000	5 000
二	发电厂工程	元					
	平板闸门	t	1	8 000	1 511.61	8 000	1 512
	卷扬启闭机	台	2	2 000	500	4 000	1 000
三	压力钢管						
	压力钢管制作、安装	t	226		8 800		1 988 800

表 2-11-9 施工临时工程预算表(1 分)

编号	工程或费用名称	单位	数量	单价（元）	合计（元）
	第四部分 临时工程				
一	导流工程				
1	导流明渠工程				
	土方明挖	m^3	746.5	10.00	7 465
2	土石围堰工程				
	堰体填筑	m^3	830	2.00	1 660
	堰体拆除	m^3	830	10.00	8 300
	土工布铺设	m^2	153.29	12.00	1 839

3. 分析计算拦河坝基础土方开挖项柴油的用量(5分)

六、完成某工程总概算表(12分)

某水利枢纽工程一至四部分的资金流量表,如表2-11-10所示。已知:基本预备费费率为5%,年物价指数为6%,融资利率为8%,各施工年份融资额占当年投资比例的70%。按给定条件完成该枢纽工程的资金流量表(表2-11-10)和总概算表(表2-11-11)。

注意:计算结果填入相应表格中。

表2-11-10 资金流量表 (单位:万元)

工程或费用名称	合计	建设工期(年)		
		1	2	3
一、建筑工程	15 300	5 150	8 100	2 050
二、安装工程	200	50	50	100
三、设备工程	700	100	300	300
四、独立费用	900	400	300	200
一至四部分合计	17 100	5 700	8 750	2 650
基本预备费				
静态总投资				
价差预备费				
建设期融资利息				
总投资				

表2-11-11 总概算表 (单位:万元)

工程或费用名称	建安工程费	设备购置费	独立费用	合计	占一至五部分投资(%)
一、建筑工程	15 000			15 000	
二、机电设备及安装工程	100	500		600	
三、金属结构设备及安装工程	100	200		300	
四、临时工程	300			300	
五、独立费用			900	900	
一至五部分合计	15 500	700	900	17 100	
基本预备费					
静态总投资					
价差预备费					
建设期还贷利息					
总投资					

实操题十二

一、计算人工预算单价(8分)

某大(1)型水库工程位于八类地区,经国家物价部门批准的地区津贴为30元/月,地方县政府规定的特殊地区补贴20元/月,养老保险费率为18%,住房公积金费率为5%,试计算中级工的人工预算单价。

二、主要材料及混凝土预算价格(10分,各5分)

1. 计算钢筋的预算价格

某大(1)型水库所用钢筋由一大型钢厂供应,火车整车运输。按下列已知条件,计算钢筋预算价格,并填写在表2-12-1中。

表2-12-1 主要材料预算价格计算表

序号	名称及规格	单位	单位毛重(t)	每吨运费(元)	价格(元)					
					原价	运杂费	采购及保管费	运到工地分仓库价格	保险费	预算价格

材料信息:

普通A3光面钢筋占40%,出厂价5 000元/t;低合金20MnSi螺纹钢筋占60%,出厂价5 500元/t。由钢厂到转运站火车运输500 km,由转运站到总仓库汽车运输50 km,由总仓库到分仓库汽车运输18 km,由分仓库到施工工作面汽车运输2 km。

(1)铁路:①运价号:钢筋整车运价号为5;②运价率:见表2-12-2;③铁路建设基金:0.025元/(t·km),上站费:1.8元/t;④其他:装载系数0.9,整车卸车费1.15元/t。

表2-12-2 铁路运价

类别	运价号	发到基价		运行基价	
		单位	标准	单位	标准
整车	4	元/t	6.8	元/(t·km)	0.311
	5	元/t	7.6	元/(t·km)	0.034 8

(2)公路:汽车运价0.8元/(t·km),转运站费用4元/t,汽车装车费2元/t,卸车费1.6元/t。

(3)运输保险费率:8‰。

(4)毛重系数为1。

2. 计算混凝土预算价格

施工现场运用中砂预算价格80元/m^3,碎石预算价格60元/m^3,强度等级32.5的水泥预算价格500元/t,水的价格1元/m^3,块石45元/m^3,把计算结果填入混凝土材料单价计算表(表2-12-3)。

计算C25-2埋石率(20%)混凝土的预算价格。

表2-12-3 混凝土材料单价计算表

编号	混凝土强度等级	水泥强度等级	级配	预算量						单价(元)
				水泥(kg)	掺合料(kg)	砂(m^3)	石子(m^3)	外加剂(kg)	水(kg)	

三、施工机械台时费(5分)

查部颁〔2002〕《水利工程施工机械台时费定额》计算某大(1)型水库斗容为3 m^3轮胎装载机施工机械台时费。

1. 人工预算单价见表2-12-4。

表2-12-4 六类地区不同工种人工预算单价表

工程类别	枢纽工程		引水工程及河道工程	
工长	56.84(元/工日)	7.11(元/工时)	39.27(元/工日)	4.91(元/工时)
高级工	52.89(元/工日)	6.61(元/工时)	36.51(元/工日)	4.56(元/工时)
中级工	44.99(元/工日)	5.62(元/工时)	30.98(元/工日)	3.87(元/工时)
初级工	24.34(元/工日)	3.04(元/工时)	16.86(元/工日)	2.11(元/工时)

2. 当地柴油的预算价格8 500元/t。

把计算结果填入施工机械台时费汇总表(表2-12-5)。

表2-12-5 施工机械台时费汇总表 (单位:元)

序号	名称及规格	台时费	其中					
			折旧费	修理及替换设备费	安拆费	人工费	动力燃料费	其他

四、计算设备费(5分)

水轮机 CJA475 - L - 135/4 ×14 出厂价原价为210万元。由水轮机厂到转运站火车运输1 500 km,由转运站到总厂库汽车运输50 km,由总厂库到分厂库汽车运输12 km,由分厂库到施工工作面汽车运输8 km,运输保险费率取0.5%。

五、请按出题要求完成以下指定项目(共60分)

(一)项目背景

1. 工程概况

西南地区某水电站位于十一类工资区,是抚边河右岸一级支流美卧沟梯级开发第二级电站,主要任务是发电,为单一径流引水式电站,电站取水枢纽控制流域面积169 km^2。电站设计引用流量25.0 m^3/s,设计工作水头264.0 m。装机容量51 MW(2×25.5 MW)为中型水电站,电站由首部枢纽、输水系统、厂区枢纽三大部分组成。

电站取水口位于美卧沟上游大坪沟与万里城沟交汇口以下约100 m的美卧沟上。由拦河闸坝及左岸进水闸两部分组成,正常蓄水位1 015.00 m,拦河闸坝全长35.5 m。

电站在拦河闸坝左岸设一孔进水闸,闸后设压力引水隧洞,电站设计引用流量25.0 m^3/s。主隧洞全长10 441.45 m,隧洞末端接调压井。

某电站调压井设计引用流量25.0 m^3/s,调压井后接压力管道至美卧沟与抚边河交汇口以上约550 m处的河滩地上建地面厂房发电,电站设计工作水头264 m,装机容量21 MW,尾水注入美卧沟。

2. 工程地质

闸(坝)地基为第四系全新统冲洪积块漂砂卵石层。闸(坝)地基岩石的矿物成分为大理岩,中等密实,透水性强,结构不均匀,其承载和变形能满足低闸坝建筑物要求。

3. 施工导流

首部枢纽为闸坝,根据水工建筑物的布置情况、结合施工进度分析认为河床建筑物可利用枯水时段建成,推荐采用枯水期原河床导流,导流时段拟选为11月至次年4月,相应首部枢纽导流设计流量 $Q=7.35\ m^3/s$,厂区导流设计流量 $Q=9.05\ m^3/s$。根据闸坝区的地形、地质及水工建筑物布置等条件,导流流量小,导流时段不长,经综合比较,采用分段围堰法导流,一期围左岸,通过右岸河床导流,二期围右岸,通过已修左岸三孔泄洪冲砂闸导流,厂房防洪堤采用低水围堰保护施工。

4. 主体工程施工

(1)首部枢纽施工。

①土石方开挖。土方开挖采用2 m^3 液压挖掘机开挖配10 t自卸汽车运输6 km到渣场,土质级别Ⅱ类土;石方洞挖,岩石级别为Ⅹ级,设计开挖断面15 m^3,采用风钻打眼,电力起爆,隧洞长度2 km,采用单向掘进,1 m^3 液压挖掘机装渣配5 t自卸汽车洞内运输到洞口,洞外再运输4 km到渣场弃料。

②混凝土浇筑。工程所用混凝土均采用P32.5水泥拌制。闸墩混凝土在基岩上,由0.8 m^3 搅拌机拌制混凝土,胶轮车运输400 m入仓浇筑,1.1 kW插入式振捣器振捣。

③土石回填。人工 5 m 内取土回填，蛙夯机夯实，夯实的干密度 1.59 g/cm^3。

④浆砌石。于开挖料中捡选堆存，人工抬运安砌，人工拌制砂浆，胶轮车运输至工作面。

⑤大块石回填。在开挖料中分选，拖拉机运输，人工抛填。

⑥反滤料填筑。人工铺筑反滤料。

⑦固结灌浆。露天基础固结灌浆，地层岩石级别 X，透水率为 5 Lu，采用风钻钻孔，钻孔深度为 7 m。

(2)本工程对外交通较为方便，而压力钢管和金属结构的加工、制造工艺技术要求较高，压力钢管和金属结构加工、制作拟委托专业厂家承担，场内不考虑设置专门的加工厂，在首部附近设置金属结构拼装场地，用于闸门、起闭机等金属结构的防腐、防锈处理和预组装。拼装场内准备一定的库房，储存不宜露天存放金属结构和材料。另在厂区设置机电安装及钢管拼装场，主要用于压力钢管拼装、永久机电设备及金属构件的存放、维护、单件调试等作业，场内分别设有各类设备、材料库房和调试用房。

(二)主要资料

1. 人工预算单价

不同工种人工预算单价见表 2-12-6。

表 2-12-6 十一类地区枢纽工程不同工种人工预算单价表

名称	单位	枢纽工程
工长	元/工时	7.99
高级工	元/工时	7.44
中级工	元/工时	6.34
初级工	元/工时	3.55

2. 材料预算价格

材料预算价格见表 2-12-7。

表 2-12-7 材料预算价格

序号	名称及规格	单位	预算价(元)	序号	名称及规格	单位	预算价(元)
1	电	kWh	1	9	水泥 32.5	kg	0.5
2	水	m^3	1	10	碎石 40 mm	m^3	60
3	风	m^3	0.15	11	块石	m^3	45
4	柴油（综合）	kg	8.5	12	中砂	m^3	80
5	汽油（综合）	kg	9.5	13	木材	m^3	1 600
6	钢板(综合)	kg	6	14	电焊条	kg	12
7	型钢	kg	5	15	钢轨	kg	6.5
8	炸药	kg	12	16	黄油	kg	3

续表 2-12-7

序号	名称及规格	单位	预算价（元）	序号	名称及规格	单位	预算价（元）
17	卡扣件	kg	4.8	27	氧气	m^3	10
18	空心钢	kg	15	28	乙炔气	m^3	15
19	棉纱头	kg	4	29	预制混凝土柱	m^3	400
20	破布	kg	4	30	石英砂	m^3	120
21	铁件及预埋铁件	kg	5	31	合金钻头	个	70
22	铜材	kg	12	32	雷管	个	1.5
23	透平油	kg	9.2	33	碳精棒	根	13
24	油漆	kg	7	34	探伤材料	张	20
25	组合钢模板	kg	6	35	钢板　$\delta<14$ mm	t	6 000
26	导电线	m	2.5	36	C25 埋石(20%)混凝土	m^3	229.88

3. 施工机械台时费

施工机械台时费见表 2-12-8。

表 2-12-8　施工机械台时费

序号	机械名称	台时费	序号	机械名称	台时费
1	液压挖掘机　1 m^3	207.03	19	电焊机　25 kVA	15.22
2	液压挖掘机　2 m^3	336.11	20	轴流通风机　37 kW	44.68
3	柴油型自卸汽车　载重量 5 t	101.69	21	龙门式起重机　10 t	60.09
4	柴油型自卸汽车　载重量 10 t	148.83	22	桥式起重机　单梁 3 t	15.14
5	推土机　59 kW	110.92	23	汽车起重机　10 t	125.10
6	推土机　88 kW	179.16	24	卷扬机　单筒慢速 5 t	20.32
7	搅拌机　0.8 m^3	38.28	25	灰浆搅拌机	17.85
8	胶轮车	0.90	26	灌浆泵　中低压泥浆	38.32
9	振捣器功率　1.1 kW	2.34	27	空压机　油动　移动式 9.0 m^3/min	176.32
10	振捣器　插入式 1.5 kW	3.41	28	轴流通风机　28 kW	36.32
11	变频机组　8.5 kVA	17.84	29	卷板机　22 × 3 500 mm	124.77
12	风水枪	35.14	30	剪板机　6.3 × 2 000 mm	29.14
13	风钻　手持式	29.75	31	刨边机　9.0 mm	86.82
14	风钻　气腿式	40.94	32	普通车床　Φ400 ~ 600 mm	27.08
15	蛙式夯实机	16.35	33	摇臂钻床　Φ35 ~ 50 mm	20.13
16	钢筋切断机　20 kW	28.61	34	牛头刨床　B = 650 mm	15.04
17	载重汽车　5 t	95.27	35	X 光探伤机　TX − 2505	16.58
18	汽车起重机　5 t	97.55	36	门座式起重机　10/30 t 高架 10 ~ 30 t	252.07

(三)计算项目

1. 建筑工程及安装工程单价计算

本工程属于西南地区,按规定该地区不计冬季施工增加费(建筑工程其他直接费率为2%,设备安装工程其他直接费率为2.7%)。

(1)首部枢纽。

①土方开挖(5 分);②石方洞挖(10 分);③M7.5 浆砌石平面护坡(注意调差)(5 分);④C25 -2 埋石混凝土闸墩(埋石率20%)(注意调差)(15 分);⑤基础固结灌浆钻孔(5 分)、基础固结灌浆(5 分)。

(2)安装工程。

①拦污栅栅体安装(2 分);②拦污栅栅槽安装(3 分)。

2. 填表计算工程一至四部分预算表(表2-12-9 ~ 表2-12-12)(5 分)

表2-12-9 建筑工程预算表

编号	工程或费用名称	单位	数量	单价	合价(元)
一	首部枢纽				
	土方开挖	m^3	4 255		
	石方洞挖	m^3	267		
	M7.5 浆砌块石护坡	m^3	1 682.5		
	闸墩 C25 埋石(20%)混凝土	m^3	924.5		
	固结灌浆钻孔	m	120		
	固结灌浆	m	100		
合计					

表2-12-10 机电设备及安装工程预算表

序号	名称及规格	单位	数量	单价(元)		合价(元)	
				设备费	安装费	设备费	安装费
一	发电设备及安装工程						
1	水轮发电机设备及安装						
	水轮机 CJA475 - L - 135/4 × 14(60 t)	台	2	1 800 000	210 000		
合计							

表 2-12-11 金属结构设备及安装工程预算表

序号	名称及规格	单位	数量	单价(元)		合价(元)	
				设备费	安装费	设备费	安装费
3	金属结构设备及安装工程						
一	拦污设备及安装						
	拦污栅体安装	t	12	9 000			
	拦污栅槽安装	t	6	9 500			

表 2-12-12 临时工程预算表

编号	工程或费用名称	单位	数量	单价(元)	合价(元)
4	施工临时工程				
4.1	导流工程	项	1	15 000	15 000
4.2	施工交通工程	项	1	30 000	30 000
4.3	施工供电工程	项			80 000
4.3.1	10 kV 供电线路架设	km	3	20 000	60 000
4.3.2	变配电设施	座	2	10 000	20 000
4.4	房屋建筑工程	项	1	14 000	14 000
4.5	其他施工临时工程	项	1	50 000	50 000
合计		189 000			

3. 进行指定项目指定材料分析(5 分)

闸墩 C25 埋石(2)混凝土(埋石率 20%)混凝土 924.5 m^3 所需要的水泥。

六、请按已知条件完成以下总概算表(共 12 分)

写出每年费用计算过程。分年度投资计划表见表 2-12-13,资金流量表见表 2-12-14。

表 2-12-13 分年度投资计划表

项目	合计	建设工期(年)		
		1	2	3
一、建筑工程	8 650	3 750	4 250	650
二、安装工程	570	125	195	250
三、设备工程	60	15	32	13
四、独立费用	600	310	220	70
一至四部分合计	9 886	4 201	4 699	986

表 2-12-14 资金流量表

项目	合计	建设工期(年)		
		1	2	3
一、建筑工程	8 650	3 500	4 100	1 050
二、安装工程	570	110	200	260
三、设备工程	60	10	30	20
四、独立费用	600	300	200	100
一至四部分合计	9 886	3 921	4 532	1 433
基本预备费				
静态总投资				
价差预备费				
建设期融资利息				
总投资				

注:基本预备费费率 5%,物价指数 6%,融资利率 8%,融资比例 70%。

实操题十三

一、计算该工程项目的人工预算单价(8 分)

某省中型水利枢纽工程位于八类工资地区。国家物价部门批准的地区津贴为 25 元/月,该省规定的特殊地区补贴为 20 元/月,养老保险费率为 18%,住房公积金费率为 5%,请按现行部颁规定计算初级工的人工工时预算单价。

二、主要材料及混凝土预算价格(共 10 分,各 5 分)

(1)某水利工程用普通硅酸盐水泥,根据以下资料,计算该工程所用水泥综合预算价格。

①水泥运输流程如图 2-13-1 所示。

图 2-13-1 水泥运输流程

②水泥出厂价:P. O 32. 5 水泥 320 元/t;P. O 42. 5 水泥 360 元/t。

③火车综合运价 0. 138 元/(t · km),火车装卸费为 12.00 元/t;汽车运价 0. 58 元/(t · km),装车费为 5. 00 元/t,卸车费 4. 00 元/t ,水泥运输保险费为 0. 2%,假定水泥运输装载系数为 1,毛重系数为 1。

④水泥使用比例：P. O 32. 5∶P. O 42. 5 = 70%∶30%。

(2)某混凝土溢流面工程，采用的混凝土为 C30 三级配，混凝土用 42. 5 普通硅酸盐水泥。已知混凝土各组成材料的预算价格为：42. 5 普通硅酸盐水泥 420 元/t，中砂 55 元/m^3，碎石 40 元/m^3，水 0. 80 元/m^3。试计算该水闸闸墩混凝土材料的预算单价。

根据调整后的配合比材料用量与材料单价计算混凝土材料单价，并填入表 2-13-1 中。

表 2-13-1　混凝土材料单价

序号	混凝土强度等级	水泥强度等级	级配	材料用量								预算单价（元）	材料价差（元）
				水泥(　)元/t		中砂(　)元/m^3		碎石(　)元/m^3		水(　)元/m^3			
				数量（kg）	小计（元）	数量（m^3）	小计（元）	数量（m^3）	小计（元）	数量（m^3）	小计（元）		

三、施工机械台时费(5 分)

查《水利工程施工机械台时费定额》计算衬砌后断面面积为 40 m^2 的钢模台车的机械台时费，已知工长、高级工、中级工和初级工的人工预算单价分别为 7. 32 元/工时、6. 91 元/工时、5. 37 元/工时、3. 22 元/工时；一类费用调整系数为 1. 05，施工用电预算单价为 0. 835 元/kWh，柴油预算单价为 7. 40 元/kg。写出计算过程并将结果填入表 2-13-2。

表 2-13-2　施工机械台时费计算表　（单位：元）

编号	名称及规格	台时费	一类费用	其中		二类费用	其中	
				定额一类费用	调整系数		人工费	动力燃料费

四、计算设备费(5 分)

某大型泵站，购得一台水轮机。由铁路运输 1 400 km，再由公路运 80 km 到工地安装现场，水轮机自重 85 t，出厂价为 3. 20 万元/t，运输保险费率为 0. 4%。每台水轮机用透平油 35 t，透平油单价为 18 元/kg，请计算该水轮机的设备费。

五、根据背景资料，完成以下指定项目(共 60 分)

(一)项目背景

某水电站工程由混凝土大坝、引水系统工程、厂区及升压站工程、交通工程及房屋建筑工程组成。工程项目的建筑工程、机电设备及安装工程、金属结构设备及安装工程、临时工程项目工程量及其他单价详见各部分工程预算表（表 2-13-5 ~ 表 2-13-8）。

所需计算的工程单价对应的工程施工方法如下。

砂卵石开挖：1 m^3挖掘机挖土，8 t 自卸汽车运 2 km；石方明挖：一般石方开挖，80 型潜孔钻钻孔，平均孔深 4 m，岩石为Ⅹ级；石渣运输：1 m^3 挖掘机装石渣 8 t 自卸汽车运输（露天）运距 2 km；垫层砂砾石回填：拖拉机压实砂砾料；固结灌浆：风钻钻灌浆孔，岩石级别Ⅹ，基础固结灌浆，透水率 8 Lu；坝体基础浆砌块石：M7.5 浆砌块石基础；溢流面混凝土 C30：纯混凝土 C30(3)－32.5，0.8 m^3 搅拌机拌制混凝土，8 t 自卸汽车运 1 km，25 t 塔式起重机吊运（3 m^3 混凝土吊罐）混凝土吊高 10～30 m；柱模板制安：普通标准钢模板制作安装；弧形闸门安装采用门座式起重机 10/30 t 高架 10～30 t 吊装。其他工程信息详见各部分工程预算表（表 2-13-5～表 2-13-8）。

工程冬雨季施工增加费费率为 2.5%。工程处于县城以外。

已知人工预算单价：工长 7.39 元/工时，高级工 6.87 元/工时，中级工 5.83 元/工时，初级工 3.16 元/工时。

（二）编制依据

依据：水利部水总〔2002〕116 号发布的《水利工程设计概（估）算编制规定》、〔2002〕《水利建筑工程预算定额》、〔1999〕《水利水电设备安装工程预算定额》、〔2002〕《水利工程施工机械台时费定额》及 2005 年颁布的《水利工程概预算补充定额》等的有关规定。

（三）主要资料

施工机械台时费汇总表见表 2-13-3。

表 2-13-3 施工机械台时费汇总表

序号	名称及规格	台时费	序号	名称及规格	台时费
1	单斗挖掘机 液压 1 m^3	205.80	18	混凝土喷射机 4～5 m^3/h	90.05
2	推土机 59 kW	109.63	19	振捣器 插入式 1.1 kW	2.21
3	推土机 74 kW	146.72	20	振捣器 插入式 1.5 kW	3.23
4	推土机 88 kW	177.90	21	变频机组 8.5 kVA	16.78
5	拖拉机 履带式 74 kW	119.62	22	混凝土罐 3 m^3	12.15
6	振动碾 凸块 13～14 t	261.77	23	风(砂)水枪 6 m^3/min	31.09
7	蛙式夯实机 2.8 kW	14.93	24	滑模台车 溢流面分缝宽度 8 m	124.29
8	风钻 手持式	26.14	25	滑模台车 溢流面分缝宽度 12 m	175.07
9	风钻 气腿式	35.97	26	滑模台车 竖井衬砌后直径 5 m	155.95
10	风镐(铲) 手持式	11.85	27	载重汽车 5 t	94.61
11	潜孔钻 80 型	115.81	28	载重汽车 15 t	162.03
12	凿岩台车 液压二臂	452.16	29	自卸汽车 5 t	100.85
13	液压平台车	195.22	30	自卸汽车 8 t	130.22
14	混凝土搅拌机 0.4 m^3	24.67	31	胶轮车	0.90
15	混凝土搅拌机 0.8 m^3	34.92	32	电瓶机车 5 t	21.34
16	强制式混凝土搅拌机 0.25 m^3	24.63	33	V 型斗车 窄轨 1 m^3	0.86
17	混凝土输送泵 30 m^3/h	89.91	34	胶带输送机 移动式 500 mm×10 m	11.04

续表 2-13-3

序号	名称及规格	台时费	序号	名称及规格	台时费
35	胶带输送机　固定式 800 mm × 30 m	27.67	55	轴流通风机　28 kW	32.65
36	门座式起重机　10/30 t 高架 10 ~ 30 t	235.10	56	轴流通风机　37 kW	39.92
37	塔式起重机　10 t	108.36	57	电焊机　交流 25 kVA	12.85
38	塔式起重机　25 t	178.41	58	对焊机　电弧型 150	83.87
39	龙门式起重机　10 t	56.17	59	钢筋弯曲机　Φ6 ~ 40	14.86
40	桥式起重机　双梁 5 t	27.10	60	钢筋切断机　20 kW	25.17
41	桥式起重机　双梁 10 t	31.26	61	钢筋调直机　4 ~ 14 kW	18.41
42	汽车起重机　5 t	96.18	62	型钢剪断机　13 kW	31.15
43	汽车起重机　8 t	116.60	63	型材弯曲机	18.77
44	汽车起重机　10 t	123.57	64	卷板机　22 × 3 500 mm	120.12
45	汽车起重机　12 t	136.46	65	剪板机　6.3 × 2 000 mm	26.61
46	汽车起重机　16 t	173.66	66	刨边机　9.0 mm	79.07
47	汽车起重机　25 t	178.41	67	普通车床　Φ400 ~ 600 mm	25.11
48	汽车起重机　30 t	271.02	68	摇臂钻床　Φ35 ~ 50 mm	18.70
49	卷扬机　单筒慢速 5 t	18.37	69	牛头刨床　$B = 650$ mm	14.03
50	地质钻机　150 型	41.04	70	圆盘锯	21.55
51	灰浆搅拌机	16.19	71	双面刨床	17.39
52	灌浆泵　中低压泥浆	35.02	72	压力滤油机　150 型	9.83
53	灌浆泵　中低压砂浆	33.71	73	真空滤油机　≤100 L/min	36.02
54	空压机　油动 移动式 9.0 m³/min	175.03	74	X 光探伤机　TX - 2505	15.80

材料预算价格表见表 2-13-4。

表 2-13-4　材料预算价格表

序号	名称及规格	单位	预算价	序号	名称及规格	单位	预算价
1	电	kWh	0.835	9	炸药	kg	15
2	水	m³	1.000	10	水泥	t	420.00
3	风	m³	0.130	11	碎石	m³	55
4	柴油	kg	8.48	12	块石	m³	90.79
5	汽油	kg	9.50	13	粗砂	m³	65.00
6	钢板(综合)	t	4 500	14	木材	m³	1 368.16
7	钢筋	t	4 812.29	15	锯材	m³	2 200.16
8	型钢	kg	8.00	16	镀锌螺栓　M16 × (70 ~ 140)	10 套	120

续表 2-13-4

序号	名称及规格	单位	预算价	序号	名称及规格	单位	预算价
17	苯	kg	20	51	钻杆	m	20
18	变压器油	kg	20	52	白布	m^2	3.00
19	磁漆(酚醛)	kg	18	53	石棉布	m^2	10
20	垫铁	kg	6.00	54	土工布	m^2	15
21	电焊条	kg	10	55	氧气	m^3	4.00
22	调合漆	kg	12	56	乙炔气	m^3	6.00
23	酚醛层压板	kg	8.00	57	预制混凝土柱	m^3	385
24	钢板垫板	kg	6.00	58	黏土	m^3	12
25	钢管	kg	7.50	59	石英砂	m	20
26	钢轨	kg	7.00	60	速凝剂	t	500
27	黄油	kg	8.00	61	编织袋	个	1.00
28	机油	kg	6.50	62	电雷管	个	1.00
29	卡扣件	kg	6.00	63	非电毫秒雷管	个	1.00
30	空心钢	kg	4.50	64	合金钻头	个	40
31	锚杆附件	kg	5.00	65	火雷管	个	0.80
32	煤油	kg	10	66	金钢石钻头	个	55
33	棉纱头	kg	2.00	67	扩孔器	个	45
34	破布	kg	1.00	68	雷管	个	3.00
35	铁钉	kg	7.00	69	潜孔钻钻头 80 型	个	45
36	铁件	kg	6.00	70	钻杆接头	个	50
37	铁件及预埋铁件	kg	5.50	71	钻头 Φ102	个	75
38	铁丝	kg	5.00	72	钻头 Φ45	个	55
39	铜材	kg	9.00	73	碳精棒	根	20
40	透平油	kg	15	74	枕木 2 500×200×160	根	150
41	香蕉水	kg	12	75	玻璃丝带	卷	17
42	油漆	kg	10	76	酒精 500 g/瓶	瓶	8.00
43	组合钢模板	kg	8.00	77	冲击器 DH6	套	75
44	导爆管	m	1.00	78	滤油纸	张	0.20
45	导电线	m	1.20	79	砂布	张	0.15
46	导火线	m	2.00	80	探伤材料	张	0.80
47	灌浆管	m	30	81	红砖	m^3	200
48	塑料绝缘线	m	1.50	82	纯混凝土 C30 水泥强度 32.5 3 级配	m^3	214.91
49	橡胶止水带	m	4.50	83	砌筑 砂浆 M7.5	m^3	181.93
50	岩芯管	m	30				

(四)按要求计算工程单价、总预算及进行工料分析

1. 建筑及安装工程单价计算(50 分)

①砂卵石开挖工程单价(6 分);②垫层砂砾石回填工程单价(5 分);③石方明挖工程单价、石渣运输单价(10 分);④坝体基础浆砌块石 M7.5 工程单价(6 分);⑤溢流面混凝土 C30 工程单价(9 分);⑥钢筋制安工程单价(5 分);⑦柱模板工程制作、安拆单价(10 分);⑧钻固结灌浆孔及固结灌浆工程单价(6 分);⑨弧形闸门安装单价(5 分)。

2. 完成以下表格(表 2-13-5 ~ 表 2-13-8),计算各部分投资(5 分)

表 2-13-5　建筑工程预算表

编号	名称	单位	数量	单价(元)	合价(万元)	备注
	第一部分　建筑工程					
一	混凝土大坝工程					
(一)	基础工程					
1	土方明挖	m^3	5 423	19.46	10.55	
2	砂卵石开挖	m^3	3 700			
3	石方明挖	m^3	850			
4	石渣运输	m^3	850			
5	垫层砂砾石回填	m^3	2 662			
6	钻帷幕灌浆孔	m	4 297	99.22	42.63	
7	帷幕灌浆	m	4 171	227.61	94.94	
8	钻固结灌浆孔	m	1 553			
9	固结灌浆	m	1 507			
(二)	溢流坝					
1	坝体基础浆砌块石　M7.5	m^3				
2	坝体混凝土　C20	m^3	2 338	337.09	78.81	
3	柱模板	m^2	478			
4	溢流面混凝土　C30	m^3	1 528			
5	溢流面模板	m^2	302	312.58	9.44	
6	闸墩混凝土　C20	m^3	580	349.77	20.29	
7	闸墩模板	m^2	870	133.48	11.61	
8	启闭室混凝土　C25	m^3	45	420.19	1.89	
9	启闭机室模板	m^2	32	45.69	0.15	
10	钢筋制安	t	16.71			
(三)	非溢流坝				323.45	
1	坝体基础浆砌石　M7.5	m^3	7 697	252.26	194.16	

续表 2-13-5

编号	名称	单位	数量	单价(元)	合价(万元)	备注
2	坝体混凝土　C20	m^3	3 460	337.09	116.63	
3	坝体模板	m^2	850	45.69	3.88	
4	钢筋制安	t	11.4	7 698.55	8.78	
(四)	消力池				119.60	
1	底板混凝土　C20	m^3	830	343.62	28.52	
2	底板模板	m^2	165	45.69	0.75	
3	侧墙混凝土　C20	m^3	2 290	383.26	87.77	
4	侧墙模板	m^2	178	45.69	0.81	
5	碎石垫层	m^3	120	90.36	1.08	
6	200 g 土工织物	m^2	301	22.14	0.67	
二	引水系统工程				2 131.98	
(一)	压力隧洞				1 757.90	
(二)	调压井				112.04	
(三)	压力明管				262.04	
三	厂区及升压站工程				838.24	
(一)	厂房				609.82	
(二)	升压站				168.42	
(三)	厂房装修	项	1	600 000.00	60.00	
四	交通工程				130.00	
五	房屋建筑工程				83.80	

表 2-13-6　机电设备及安装工程预算表

编号	名称	单位	数量	单价(元)		合价(万元)		备注
				设备费	建安费	设备费	建安费	
	第二部分　机电设备及安装工程							
一	发电设备及安装							
(一)	水轮机安装					228.76	1 484.91	
(二)	发电机设备及安装					540.70	1 661.04	
(三)	主阀设备及安装					116.73	621.28	
(四)	起重设备及安装					58.37	481.81	
(五)	水力机械辅助设备							

续表 2-13-6

编号	名称	单位	数量	单价(元)		合价(万元)		备注
				设备费	建安费	设备费	建安费	
1	压气系统					8.73	0.01	
2	油系统					24.74	0.05	
3	水系统					16.80	0.05	
4	其他					29.75	0.07	
5	机修设备(简单机修设备)					5.20	0.01	
二	电气设备及安装					354.71	18.79	
三	其他设备及安装					161.06	0.25	

表 2-13-7　金属结构设备及安装工程预算表

编号	名称	单位	数量	单价(元)		合价(万元)		备注
				设备费	建安费	设备费	建安费	
	第三部分　金属结构设备及安装工程							
一	进水口拦污栅							
1	栅体	t	7.5	10 274.25	708.21	7.71	0.53	
二	进水口事故检修闸门(平板门)					12.66	51.27	
1	闸门	t	5	10 274.25	18 926.78	5.14	9.46	
2	门槽	t	3	9 733.5	74 754.57	2.92	22.43	
3	压重物	t	1.5	5 407.5	327.57	0.81	0.05	
4	固定式卷扬机　自重 3.0 t	台	1	37 852.5	193 325.88	3.79	19.33	
三	厂房尾水检修闸门(平板门)					16.48	80.06	
1	闸门	t	2	10 274.25	18 926.78	2.05	3.79	
2	门槽	t	7.6	9 733.5	74 754.57	7.4	56.81	
3	压重物	t	4	5 407.5	327.57	2.16	0.13	
4	台车式卷扬机　自重 5.0 t	台	1	48 667.5	193 325.88	4.87	19.33	
四	首部冲砂工作闸门(平板门)					12.92	49.41	
1	闸门	t	6	10 274.25	18 926.78	6.16	11.36	
2	门槽	t	2.5	9 733.5	74 754.57	2.43	18.69	
3	压重物	t	1	5 407.5	327.57	0.54	0.03	
4	台车式卷扬机　自重 3.0 t	台	1	37 852.5	193 325.88	3.79	19.33	
五	首部冲砂检修闸门(平板门)					12.92	49.41	
1	闸门	t	6	10 274.25	18 926.78	6.16	11.36	
2	门槽	t	2.5	9 733.5	74 754.57	2.43	18.69	

续表 2-13-7

编号	名称	单位	数量	单价(元)		合价(万元)		备注
				设备费	建安费	设备费	建安费	
3	压重物	t	1	5 407.5	327.57	0.54	0.03	
4	台车式卷扬机　自重 3.0 t	台	1	37 852.5	193 325.88	3.79	19.33	
六	溢洪闸工作门(弧形门)							
1	闸门(共 6 扇,每扇 8.67 t)	t	52	10 274.25				
2	门槽	t	16.5	9 733.5	74 633.65	16.06	123.15	
3	固定式卷扬机　自重 8.9 t	台	3	97 335	193 325.88	29.2	58	
七	调压井快速事故检修闸门(平板门)					46.38	200.17	
1	闸门	t	6.5	10 274.25	18 926.78	6.68	12.3	
2	门槽	t	8	9 733.5	74 754.57	7.79	59.8	
3	压重物	t	9	5 407.5	327.57	4.87	0.29	
4	油机　自重 14 t	台	1	270 375	1 277 840.46	27.04	127.78	
八	压力管道工程					433.32	3 178.4	
1	压力钢管制安　$D \leqslant 1.0$ m,$\delta \leqslant$ 20 mm,16MnR	t	25	10 513.17	80 731.97	26.28	201.83	
2	压力钢管制安　$D \leqslant 2.0$ m,$\delta \leqslant$ 16 mm,Q235-c	t	128	9 679.06	86 288	123.89	1 104.49	
3	压力钢管制安　$D \leqslant 2.0$ m,$\delta \leqslant$ 20 mm,16MnR	t	273	10 125.34	65 601.13	276.42	1 790.91	
4	岔管制安	t	5	13 469.63	162 332.99	6.73	81.17	

表 2-13-8　施工临时工程预算表

编号	名称	单位	数量	单价(元)	合价(万元)	备注
	第四部分　施工临时工程					
一	导流工程					
(一)	首部一期围堰工程					
1	黏土编织袋填筑	m^3	145	96.88		
2	浆砌块石　M5.0	m^3	202	257.74		
(二)	首部二期围堰工程				15.88	
1	黏土编织袋填筑	m^3	1 639	96.88	15.88	
(三)	黏土编织袋填筑	m^3	440	96.88	4.26	
(四)	临时公路	km	5	100 000.00	50.00	
(五)	施工支洞				83.85	
1	土方明挖	m^3	1 125	19.46	2.19	

续表 2-13-8

编号	名称	单位	数量	单价(元)	合价(万元)	备注
2	石方洞挖	m^3	2 345	96.97	22.74	
3	混凝土衬砌　C20	m^3	755	360.46	27.21	
4	喷混凝土　C20,厚 8 mm	m^3	80	708.63	5.67	
5	锚杆　$d=25,L=2.5$	根	135	206.84	2.79	
6	钢筋制安	t	30.2	7 698.55	23.25	
二	房屋建筑工程					
1	建设单位用房	m^2	350	800.00		
三	场外供电线路					
1	10 kV 输电线路	km	5	250 000.00		
四	其他临时工程	%	3			

3. 对指定项目中指定材料的用量进行分析计算(5 分)

在单价分析表的基础上,①分析非溢流坝坝体基础浆砌块石 M7.5 所需普通硅酸盐水泥的消耗量。②压力隧洞石渣运输量为 2 664 m^3,施工采用 1 m^3挖掘机装,8 t 自卸汽车洞内运输 500 m,洞外增运 1 km,分析该石渣运输施工机械中的 8 t 自卸汽车所需柴油的消耗量。

4. 完成某工程总概算表(12 分)

已知某水利枢纽工程初步设计概算的基本预备费率取 5%,物价上涨指数为 3%,贷款额度为当年投资额的 65%,贷款利率为 6.58%。编制工程总概算表,并写出计算过程。表 2-13-9 和表 2-13-10 为该工程分年度投资表和分年度资金流量表。

表 2-13-9　分年度投资表

项　目	合计	建设工期(年)		
		1	2	3
一、建筑工程				
1. 建筑工程		4 300	14 800	8 200
2. 施工临时工程		3 450	0	0
二、安装工程				
1. 机电设备安装工程		400	150	130
2. 金属结构设备安装工程		340	360	100
三、设备工程				
1. 机电设备		3 700	1 300	1 100
2. 金属结构设备		2 200	3 500	980
四、独立费用		1 150	3 200	1 480
一至四部分合计				

表 2-13-10 资金流量表

项目	合计	建设工期(年)		
		1	2	3
一、建筑工程				
1. 建筑工程		4 200	14 500	8 600
2. 施工临时工程		3 200	250	0
二、安装工程				
1. 机电设备及安装工程		500	100	80
2. 金属结构设备及安装工程		430	280	90
三、设备工程				
1. 机电设备		4 300	1 100	700
2. 金属结构设备		2 600	3 300	780
四、独立费用		1 550	3 200	1 080
一至四部分合计				

实操题十四

一、计算该工程项目的人工预算单价(8 分)

某水利枢纽工程位于十类地区,国家批准其地区生活费补贴为 150 元/月,该省物价部门批准的地区津贴为 30 元/月,养老保险费率为 20%,住房公积金费率为 5%,按水利部现行规定计算该工程初级工的人工工日预算单价和人工工时预算单价。

二、主要材料及混凝土预算价格(共 10 分,各 5 分)

1. 某水利枢纽工程水泥由工地附近甲乙两个水泥厂供应。两厂水泥的基本资料如下:

(1)甲厂散装水泥出厂价 320 元/t,乙厂袋装水泥出厂价 350 元/t。

(2)袋装水泥汽车运价 0.55 元/(t · km),散装水泥在袋装水泥运价基础上上浮 20%;袋装水泥装车费为 6.00 元/t,卸车费 5.00 元/t,散装水泥装车费为 5.00 元/t,卸车费 4.00 元/t。其运输路径如图 2-14-1 所示,均为公路运输。

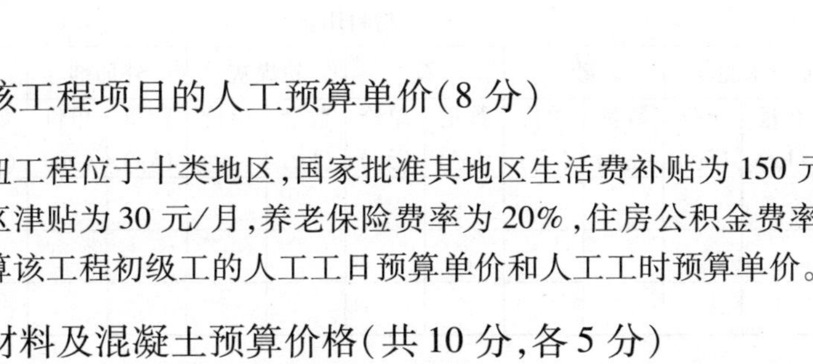

图 2-14-1 运输路径

(3)运输保险费率:1‰。

计算水泥预算价格,并填入表2-14-1中。

表2-14-1 主要材料预算价格计算表

编号	名称及规格	单位	原价依据	单位毛重(t)	每吨运费(元)	价格(元)						
						原价	运杂费	采购及保管费	运输损耗费	运到工地分仓库价格	保险费	预算价格

2. 某混凝土挡土墙,设计选用的混凝土强度等级与级配为C25二级配,混凝土用42.5普通硅酸盐水泥。已知混凝土各组成材料的预算价格为:42.5普通硅酸盐水泥380元/t,中砂70元/m^3,碎石60元/m^3,水0.85元/m^3。试计算本工程中压顶混凝土材料的预算单价,并填入表2-14-2中。

表2-14-2 混凝土材料单价计算表 (单位:m^3)

序号	混凝土强度等级	水泥强度等级	级配	材料用量												预算单价(元)
				水泥		砂		石		粉煤灰		外加剂		水		
				数量(kg)	单价(元)	数量(m^3)	单价(元)	数量(m^3)	单价(元)	数量(kg)	单价(元)	数量(kg)	单价(元)	数量(m^3)	单价(元)	

三、施工机械台时费(5分)

查《水利工程施工机械台时费定额》计算推土机88 kW机械台时费,已知工长、高级工、中级工和初级工的人工预算单价分别为7.11元/工时、6.61元/工时、5.62元/工时、3.04元/工时;柴油预算单价为8.00元/kg。写出计算过程并将编号、台时费、一类费用、二类费用填入表2-14-3中。

表2-14-3 施工机械台时费

顺序号	定额编号	名称及规格	一类费用	二类费用						元/台时
				人工费	风	电	水	汽油	柴油	
				5.62					8.00	
1		推土机 88 kW								

四、计算设备费(5分)

某水利枢纽工程,购得一套国产桥机设备,设备原价120万元/套,运输由铁路火车运1 500 km,转公路汽车运70 km到工地。运输保险费率0.1%,采购及保管费费率0.7%。运杂费费率见表2-14-4。

表2-14-4 运杂费费率

设备分类	铁路		公路		公路直达基本费率
	基本运距 1 000 km	每增运 500 km	基本运距 50 km	每增运 10 km	
桥机设备	2.99	0.70	1.85	0.18	1.33

试计算桥机的设备费(以万元计)。

五、根据背景资料,完成以下指定项目(共60分)

(一)项目背景

1. 工程概况

华东地区某河道工程,新建一座排水闸,排水闸建在岩基上,规模为2孔×3m,最大下泄流量为69.5 m^3/s。排水闸主要由闸室、消能防冲设施、进排水渠以及两岸连接建筑物组成,施工工期36个月。该工程位于县城之外,交通便利,施工用电、用水条件便利。

2. 施工组织设计

(1)土类级别为Ⅲ类,土方开挖采用1 m^3挖掘机挖装土5 t自卸汽车运输1.0 km。

(2)闸基岩石级别为X级,石方开挖采用风钻钻孔,石渣运输采用1.0 m^3挖掘机装5 t自卸汽车运1 km弃渣。

(3)M10浆砌块石护坡(平面)。

(4)混凝土搅拌采用0.4 m^3搅拌机拌制混凝土,混凝土运输先采用胶轮车运输100 m,再采用泻槽运送5 m,闸墩厚1.6 m,C25三级配混凝土,闸底板厚1 m,C25二级配混凝土,水泥强度等级为42.5,模板采用普通标准钢模板。

(5)岩石基础固结灌浆,采用风钻钻孔,岩石级别为X级,透水率3 Lu。

(6)金属结构设备为1台QPQ－1×250 kN启闭机,平板焊接闸门(单扇重10 t)及闸门埋件。

(7)其他直接费费率之和取2.0%,安装工程其他直接费费率取2.7%。

(二)编制依据

依据:水利部水总〔2002〕116号发布的《水利工程设计概(估)算编制规定》、〔2002〕《水利建筑工程预算定额》、〔1999〕《水利水电设备安装工程预算定额》、〔2002〕《水利工程施工机械台时费定额》等的有关规定。

(三)主要资料

施工机械台时费汇总表见表2-14-5。

表 2-14-5　施工机械台时汇总表

序号	名称及规格	台时费(元)	序号	名称及规格	台时费(元)
1	胶轮车	0.90	12	混凝土搅拌机　0.4 m^3	24.75
2	挖掘机　1 m^3	199.13	13	灰浆搅拌机	16.97
3	推土机　59 kW	105.84	14	中压泥浆　灌浆泵	33.71
4	推土机　88 kW	172.40	15	振捣器　插入式 1.1 kW	2.51
5	手持式风钻	35.04	16	振捣器　插入式 1.5 kW	3.29
6	载重汽车　5 t	88.94	17	风(砂)水枪　6 m^3/min	39.78
7	自卸汽车　5 t	97.12	18	交流对焊机　150 kVA	87.94
8	汽车起重机　5 t	90.05	19	钢筋弯曲机　Φ6～40	14.93
9	塔式起重机　10 t	109.56	20	钢筋切断机　20 kW	25.96
10	电焊机　25 kVA	13.77	21	钢筋调直机　14 kW	18.52
11	门式起重机　10 t	126.45	22	卷扬机　5 t	19.07

人工及材料预算价格表见表 2-14-6。

表 2-14-6　人工及材料预算价格表

序号	名称及规格	单位	价格	序号	名称及规格	单位	价格
1	工长	工时	7.11	19	炸药	kg	15
2	高级工	工时	6.61	20	雷管	个	2
3	中级工	工时	5.62	21	导电线	m	1
4	初级工	工时	3.04	22	组合钢模板	kg	6.0
5	汽油	kg	8.75	23	型钢	kg	4.50
6	柴油	kg	8.10	24	卡扣件	kg	6.50
7	电	kWh	0.90	25	(预埋)铁件	kg	5.5
8	水	m^3	0.65	26	木材	m^3	1 200
9	水泥	t	400	27	钢板	t	5 000
10	混凝土　C25－2	m^3	230.25	28	粗砂	m^3	70
11	M10 浆	m^3	260.12	29	块石	m^3	75
12	混凝土　C25－3	m^3	218.57	30	碎石	m^3	49.67
13	氧气	m^3	5	31	钢筋	t	5 300
14	乙炔气	m^3	11.5	32	铁丝	kg	5.5
15	预制混凝土柱	m^3	400	33	电焊条	kg	6.5
16	油漆	kg	12	34	黄油	kg	15
17	空心钢	kg	6	35	棉纱头	kg	10
18	合金钻头	个	35				

（四）计算项目

1. 建筑及安装工程单价计算（50 分）

①土方开挖工程单价（5 分）；②石方开挖工程单价（5 分）；③浆砌块石工程单价（5 分）；④混凝土底板工程单价（15 分）；⑤模板工程单价（5 分）；⑥钢筋工程单价（5 分）；⑦固结灌浆工程单价（5 分）；⑧平板焊接闸门安装单价（5 分）。

2. 完成以下表格（表 2-14-7～表 2-14-10），计算各部分投资（5 分）

表 2-14-7　建筑工程预算表

序号	工程或费用名称	单位	数量	单价（元）	合计（元）
	第一部分　建筑工程				
一	水闸工程				
1	土方工程				
1.1	清基土弃运，运距 1 km（Ⅱ类土）	m^3	1 000.00	11.79	
1.2	1 m^3 挖掘机挖 5 t 自卸汽车运Ⅲ（1 km）	m^3	12 000.00		
2	石方工程				
2.1	石方开挖	m^3	1 750.00		
2.2	石渣运输	m^3	1 750.00	31.68	
2.3	石渣回填	m^3	300.00	6.22	
3	砌石工程				
3.1	碎石垫层	m^3	400.00	156.17	
3.2	M10 浆砌块石护坡	m^3	114.00		
4	混凝土及钢筋混凝土工程				
4.1	C25－2 混凝土底板	m^3	1 150.00		
4.2	C25－3 混凝土闸墩	m^3	850.00	371.51	
4.3	C30－2 混凝土胸墙	m^3	120.00	511.09	
4.4	钢筋制作与安装	t	57.00		
5	模板工程				
5.1	普通标准钢模板制作	m^2	1 550.00		
5.2	普通标准钢模板安装、拆除	m^2	1 550.00		
6	基础处理				
6.1	风钻钻灌浆孔	m	120.00		
6.2	固结灌浆	m	120.00		
	建筑工程合计				

表 2-14-8 机电设备及安装工程预算表

编号	规格及名称	单位	数量	单价(元)		合计(元)	
				设备费	安装费	设备费	安装费
	第二部分 机电设备及安装工程						
1	消防设备	套	2	5 000	1 000		
2	交通设备	辆	1	200 000	0		

表 2-14-9 金属结构设备及安装工程预算表

编号	规格及名称	单位	数量	单价(元)		合计(元)	
				设备费	安装费	设备费	安装费
	第三部分 金属结构设备及安装工程						
1	卷扬式启闭机 QPQ－1×250 kN	台	1	100 000	11 500		
2	闸门制安(单扇重 10 t)	t	21.00	12 000.00			
3	埋件制安	t	15.00	9 500.00	2 579.51		
4	闸门及埋件喷锌	m^2	300.00		150.00		

表 2-14-10 施工临时工程预算表

编号	规格及名称	单位	数量	单价(元)	合计(元)
	第四部分 施工临时工程				
1	土石围堰填筑与拆除	m^3	1 000.00	80.00	
2	施工交通工程	m	1 000.00	20.00	
3	施工临时供电工程	项	1.00	10 000.00	
4	临时房屋建筑工程	m^2	150.00	300.00	
5	其他施工临时工程	项	1.00	30 000.00	

3. 对指定项目中指定材料的用量进行分析计算(5 分)

在单价分析表的基础上,①分析出砌筑 114 m^3 M10 浆砌块石护坡中块石用量是多少?②1 150 m^3C25－2 混凝土底板中的水泥用量是多少?

六、完成工程概算总表(12 分)

某水闸工程第一至第五部分的分年度投资如表 2-14-11 所列,试按给定的条件,计算并填写枢纽工程总概算表(表 2-14-12)。

表 2-14-11 分年度投资计算表 （单位：万元）

编号	工程或费用名称	第一年	第二年	第三年	合计
1	第一部分 建筑工程	5 000	6 000	5 000	
2	第二部分 机电设备及安装工程	100	250	250	
3	第三部分 金属结构设备及安装工程	50	100	150	
4	第四部分 临时工程	300	150	50	
5	第五部分 独立费用	400	500	300	
6	一至五部分合计				
7	基本预备费				
8	静态总投资				
9	价差预备费				
10	建设期融资利息				
11	总投资				

注：按基本预备费费率 5%，价差指数 3%，贷款利率 6%，贷款比例 70% 计。

表 2-14-12 某水闸工程概算汇总表 （单位：万元）

编号	工程或费用名称	建安工程费	设备购置费	其他费用	合计
1	第一部分 建筑工程	16 000			16 000
2	第二部分 机电设备及安装工程	100	500		600
3	第三部分 金属结构设备及安装工程	100	200		300
4	第四部分 临时工程	500			500
5	第五部分 独立费用			1 200	1 200
6	一至五部分合计				
7	基本预备费				
8	静态总投资				
9	价差预备费				
10	建设期融资利息				
11	总投资				
	概算总额 人民币（大写）：				

实操题十五

一、计算该工程项目的人工预算单价(8 分)

某大(2)型水库位于八类地区,假定经国家物价部门批准的地区津贴为 30 元/月,地方政府规定的特殊地区补贴为 20 元,养老保险费率为 22%,住房公积金费率为 7%。

要求按现行部颁规定计算台时费中的人工预算单价。

二、主要材料及混凝土预算价格(共 10 分,各 5 分)

某工程施工用电 95% 采用电网供电,5% 采用自备柴油发电机供电,试根据下列数据计算施工电价。

已知:①电网基本电价 0.95 元/kWh;②高压输电损耗率 3%;③厂用电率 4%;④场内输变电损耗率 8%;⑤160 kW 柴油发电机(1 323.93 元)一台(发电工作时间占 80%);⑥55 kW 柴油发电机(648.41 元)一台(发电工作时间占 20%);⑦场内输变电维护费 0.02 元/kWh;⑧发电机冷却水费 0.03 元/kWh;⑨发电机时间利用系数 0.75;⑩发电能量利用系数 0.70。

设计混凝土强度等级为 C25,二级配(最大骨料粒径 4 cm);材料预算价格:中砂 30 元/m^3,碎石(综合)40 元/m^3,强度等级 42.5 普通硅酸盐水泥 300 元/t,水 0.4 元/m^3。试计算混凝土的单价。

三、施工机械台时费(5 分)

查《水利工程施工机械台时费定额》计算 10 t 自卸汽车机械和 1 m^3 抓斗挖泥船的台时费,已知工长、高级工、中级工和初级工的人工预算单价分别为 7.11 元/工时、6.61 元/工时、5.62 元/工时、3.04 元/工时;柴油预算单价为 7.00 元/kg。写出计算过程并将编号、台时费、一类费用、二类费用填入表 2-15-1 中。

表 2-15-1　施工机械台时费计算表　(单位:元)

序号	编号	名称及规格	台时费	其中	
				一类费用	二类费用
1					
2					

四、计算设备费(5 分)

由国家投资兴建的某大型水电站位于某县(六类工作区)的边远山村,需要安装两台水轮机,每台套设备自重 400 t(其中:主机自重 380 t),全套设备平均出厂价为 3.0 万元/t。全电站水轮机用透平油为 300 t,透平油预算单价为 6 000 元/t,主机运杂费费率为 6.5%,运输保险费率为 0.4%,设备采购及保管费费率为 0.7%。

如果已知安装费为每台 734 647 元，计算两台套水轮机所需投资（辅机安装费暂不计）。

五、根据背景资料，完成以下指定项目（共 60 分）

（一）项目背景

东北地区某水库除险加固工程位于县城之外，交通便利。土类级别为Ⅲ类，土方开挖采用 1 m^3 挖掘机挖装土 8 t 自卸汽车运输 0.4 km，2.75 m^3 铲运机回填 500 m；混凝土护坡采用混凝土 C20（二级配，水泥强度等级为 32.5）；人工铺碎石垫层，干砌块石护坡、护底；M10 浆砌块石挡土墙；溢洪道底板厚 100 cm（C20 二级配混凝土），0.4 m^3 混凝土搅拌机拌制混凝土，胶轮车运混凝土 150 m；模板采用标准钢模板；喷混凝土厚 12 cm，有钢筋的平洞支护；金属结构设备为 5 t 平板焊接闸门。

（二）编制依据

依据：水利部水总〔2002〕116 号发布的《水利工程设计概（估）算编制规定》、〔2002〕《水利建筑工程预算定额》、〔1999〕《水利水电设备安装工程预算定额》、〔2002〕《水利工程施工机械台时费定额》等的有关规定。

已知工长、高级工、中级工和初级工的人工预算单价分别为 5.73 元/工时、5.36 元/工时、4.62 元/工时、2.58 元/工时。

其他直接费的费率，建筑工程费率取 5.0%，安装工程费率取 5.7%。

（三）主要资料

施工机械台时费汇总表见表 2-15-2。

表 2-15-2 施工机械台时费汇总表

序号	定额编号	名称及规格	台时费	一类费用	二类费用
1	1010	液压单斗挖掘机 1 m^3	127.89	63.27	64.62
2	1011	液压单斗挖掘机 2 m^3	230.17	147	83.17
3	1042	推土机 59 kW	64.80	24.31	40.49
4	1043	推土机 74 kW	90.86	42.67	48.19
5	1044	推土机 88 kW	112.04	56.85	55.19
6	1047	推土机 132 kW	166.74	89.5	77.24
7	1061	拖拉机 59 kW	51.65	12.91	38.74
8	1062	拖拉机 74 kW	67.31	21.57	45.74
9	1098	风镐 手持式	14.08	2.16	11.92
10	2002	混凝土搅拌机 0.4 m^3	24.14	9.7	14.44
11	2003	混凝土搅拌机 0.8 m^3	35.69	12.04	23.65
12	2005	强制混凝土搅拌机 0.25 m^3	24.31	8.4	15.91
13	2041	混凝土喷射机 4～5 m^3/h	19.05	5.31	13.74
14	2047	振捣器 插入式 1.1 kW	2.32	1.54	0.78
15	2048	振捣器 插入式 1.5 kW	3.39	2.31	1.08
16	2076	混凝土罐 2 m^3	3.22	3.22	0

续表 2-15-2

序号	定额编号	名称及规格	台时费	一类费用	二类费用
17	2080	风水枪	35.11	0.66	34.45
18	3004	载重汽车　5 t	50.56	18.63	31.93
19	3006	载重汽车　8 t	68.23	34.22	34.01
20	3007	载重汽车　10 t	78.93	41.77	37.16
21	3012	自卸汽车　5 t	53.96	16.1	37.86
22	3013	自卸汽车　8 t	77.85	36.14	41.71
23	3015	自卸汽车　10 t	92.60	48.79	43.81
24	3016	自卸汽车　12 t	107.43	58.02	49.41
25	3017	自卸汽车　15 t	124.40	72.54	51.86
26	3019	自卸汽车　20 t	146.08	83.37	62.71
27	3176	胶带输送机　800×30	28.42	13.43	14.99
28	8011	电动移动式空压机　8 m^3/min	54.37	8.63	45.74
29	8010	电动移动式空压机　6 m^3/min	43.11	7.5	35.61
30	8014	油动移动式空压机　9 m^3/min	86.69	15.75	70.94
31	8016	油动移动式空压机　20 m^3/min	196.98	49.74	147.24
32	8020	空压机　电动固定 40 m^3/min	220.62	27.08	193.54
33	8021	水泵　10 kW	16.52	1.59	14.93
34	9022	水泵　17 kW	23.78	2.58	21.20
35	9023	水泵　22 kW	29.24	3.53	25.71
36	9024	水泵　30 kW	38.15	5.29	32.86
37	9028	单级双吸水泵　55 kW	69.51	11.36	58.15
38	9029	单级双吸水泵　100 kW	116.93	16.15	100.78
39	4114	桅杆起重机　5 t	44.98	16.15	28.83
40	4149	卷扬机　5 t	35.94	8.76	27.18
41	9126	交流电焊机　25 kVA	14.93	0.72	14.21
42	9125	直流电焊机　30 kVA	31.30	1.9	29.40
43	9136	电弧对焊机　150 kVA	92.41	5.01	87.40
44	9143	钢筋弯曲机	14.11	2.22	11.89
45	9146	钢筋切断机	26.04	3.17	22.87
46	9147	钢筋调直机	17.80	4.73	13.07
47	9148	型钢剪断机　13 kW	34.87	14.87	20.00
48	4085	汽车起重机　5 t	58.69	25.34	33.35
49	4087	汽车起重机　8 t	74.98	35.56	39.42

续表 2-15-2

序号	定额编号	名称及规格	台时费	一类费用	二类费用
50	4088	汽车起重机 10 t	81.95	42.53	39.42
51	1092	压路机 12～15 t	61.24	27.4	33.84
52	3074	胶轮架子车	0.90	0.9	0.00
53	1088	羊角碾 8～12 t	2.92	2.92	0.00
54	2051	平板式振捣器	3.34	1.67	1.67
55	4024	门式起重机 MQ540/30 型 10～30 t	201.37	94.37	107.00
56	4030	塔式起重机 10 t	112.5		

材料预算价格表见表 2-15-3。

表 2-15-3 材料预算价格表

序号	名称及规格	单位	价格	序号	名称及规格	单位	价格
1	钢筋	t	5 095.69	22	合金片	kg	200.00
2	型钢	t	4 879.18	23	岩芯管	m	80.00
3	钢板	t	5 301.89	24	水	m^3	0.50
4	普通硅酸盐水泥 32.5	t	410.41	25	电	kWh	0.98
5	原木	m^3	1 066.13	26	氧气	m^3	3.50
6	板枋材	m^3	1 424.61	27	乙炔气	m^3	13.50
7	汽油	t	9 661.33	28	电焊条	kg	8.00
8	柴油	t	8 784.13	29	卡扣件	kg	5.00
9	砂	m^3	59.65	30	铁件	kg	5.00
10	碎石(小石)	m^3	100.40	31	预制混凝土柱	m^3	400.00
11	砾石(卵石)	m^3	51.78	32	油漆	kg	17.00
12	砂砾石	m^3	38.37	33	棉纱头	kg	5.00
13	块石	m^3	109.97	34	木材	m^3	1 424.61
14	炸药	t	13 453.39	35	垫铁	kg	3.20
15	电雷管	个	1.55	36	铜材	kg	70.00
16	导电线	m	0.30	37	麻袋	个	5.50
17	炸药	kg	13.45	38	编织袋	个	0.60
18	钢模板	kg	6.50	39	速凝剂	kg	3.50
19	铁丝	kg	5.50	40	风	m^3	0.16
20	合金钻头	个	50.00	41	黄油	kg	24.5
21	土工布	m^2	0.6				

1. 建筑及安装工程单价计算(50 分)

①土方开挖工程单价(5 分);②砂砾石垫层工程单价(5 分);③混凝土护坡工程单价(5 分);④钢筋制作及安装工程单价(5 分);⑤干砌石护坡工程单价(10 分);⑥反滤布单价(5 分);⑦喷混凝土工程单价(5 分);⑧平溢洪道底板混凝土(50 cm)工程单价(5 分);⑨闸门安装工程单价(5 分);⑩标准钢模板制作单价。

2. 完成以下表格(表 2-15-4 ~ 表 2-15-6),计算各部分投资(5 分)

表 2-15-4　建筑工程概算表

序号	工程或费用名称	单位	数量	单价(元)	合价(元)
	第一部分　建筑工程				
一	大坝坝坡加固工程				
	土方开挖	m^3	3 172		
	土方开挖(推 100 m)	m^3	21 647	6. 51	140 922
	土料填筑(直接利用料)	m^3	18 400	4. 05	74 520
	土料填筑	m^3	15 924	12. 65	201 439
	泥结碎石路面(20 cm 厚)	m^3	777	178. 50	138 695
	砾石垫层(20 cm 厚)	m^3	7 055	99. 45	701 620
	砂砾石垫层	m^3	1 891		
	干砌石	m^3	3 914	177. 20	693 561
	干砌石护底(利用料)	m^3	5 192	22. 28	115 678
	粗砂垫层(20 cm 厚)	m^3	1 533	111. 70	171 236
	路缘石(0. 15 m×0. 5 m×0. 75 m)	m^3	118	500. 00	59 000
	块石护脚拆除	m^3	5 192	9. 17	47 611
	抛石护脚	m^3	1 355	145. 96	197 776
	反滤布	m^2	13 228		
二	溢洪道工程				2 135 586
	石方开挖	m^3	4 123	34. 34	141 584
	溢洪道底板混凝土浇筑	m^3	1 250		
	模板	m^2	250	46. 32	11 580
	钢筋制安	t	96. 48		
	边墙浆砌石	m^3	1 297	254. 53	330 125
	止水带	m	125	138. 42	17 303
	碎石回填	m^3	230	139. 58	32 103
	格宾石笼	m^3	165	341. 42	56 334
	加劲软式排水管　D100	m	919	15. 00	13 785

续表 2-15-4

序号	工程或费用名称	单位	数量	单价(元)	合价(元)
	喷混凝土	m^3	226		
	锚杆(Φ22,l=4.0 m)	根	587	112.67	66 137
三	输水洞工程				582 845
	土方开挖(推 50 m)	m^3	7 647	3.36	25 694
	土方开挖	m^3	4 893	8.09	39 584
	混凝土拆除	m^3	30	127.56	3 827
	土方回填	m^3	6 500	7.42	48 230
	浆砌石护底	m^3	184		
	干砌石护坡	m^3	1 129		
	砂砾石垫层	m^3	581	66.59	38 689
	毛石混凝土浇筑	m^3	70	276.40	19 348
	混凝土护坡	m^3	169		
	模板	m^2	72	46.32	3 335
	钢筋制安	t	17	5 276.54	89 701
	止水带	m	180	138.42	24 916

表 2-15-5 金属结构设备及安装工程概算表

编号	设备名称及规格	单位	数量	单价(元)		合价(元)	
				设备费	安装费	设备费	安装费
	第三部分 金属结构设备及安装工程					38 499	6 518
一	输水洞工程					38 499	6 518
1	闸门设备及安装工程					20 319	3 148
	铸铁闸门 2 t/扇	t	2	9 500	2 671.56	19 000	5 343
	小计					19 000	
	运杂综合费率	%	6.94			1 319	
2	螺杆启闭机设备及安装工程					18 180	3 370
	启吊设备(启闭力 5 t)	台	2	8 500	1 685.13	17 000	3 370
	小计					17 000	
	运杂综合费率	%	6.94			1 180	

表 2-15-6　临时工程概算表

序号	工程或费用名称	单位	数量	单价(元)	合价(元)
	第四部分　临时工程				215 060
一	导流工程				37 480
1	输水洞围堰				37 480
	编织袋土	m^3	460	65.54	30 148
	围堰拆除	m^3	460	15.94	7 332
二	交通工程				10 000
	公路	km	0.5	20 000	10 000
三	房屋建筑工程				114 477
	仓库	m^2	200	180.00	36 000
	办公、生活及文化福利建筑	项	5 231 801	1.50%	78 477
四	其他施工临时工程				53 103
	其他施工临时工程	项	5 310 278	1.00%	53 103

3. 对指定项目中指定材料的用量进行分析计算(5 分)

在单价分析表的基础上,①分析出砌筑 13 228 m^2 反滤布需要的反滤布数量是多少?②浆砌石护底和干砌石护坡需要的块石量是多少?

六、完成工程总概算表(12 分)

某工程枢纽工程一至五部分的分年度投资如表 2-15-7 所示,试按给定的条件,计算并填写枢纽工程总概算表(表 2-15-8)。

表 2-15-7　分年投资计算表

序号	工程或费用名称	第一年	第二年	第三年	合计
1	第一部分　建筑工程	5 000	8 000	2 000	15 000
2	第二部分　机电设备及安装工程	100	250	250	600
3	第三部分　金属结构设备及安装工程	50	100	150	300
4	第四部分　临时工程	150	100	50	300
5	第五部分　独立费用	400	300	200	900
6	一至五部分合计	5 700	8 750	2 650	17 100
7	预备费				
8	基本预备费				
9	价差预备费				
10	建设期融资利息				
11	静态总投资				
12	总投资				

注：按基本预备费费率 5%，物价指数 6%，融资利率 8%，融资比例 70% 计。

表 2-15-8　枢纽工程总概算表

序号	工程或费用名称	建安工程费	设备购置费	其他费用	合计
1	第一部分　建筑工程	15 000			15 000
2	第二部分　机电设备及安装工程	100	500		600
3	第三部分　金属结构设备及安装工程	100	200		300
4	第四部分　临时工程	300			300
5	第五部分　独立费用			900	900
6	一至五部分合计	15 500	700	900	17 100
7	预备费				
8	基本预备费				
9	价差预备费				
10	建设期融资利息				
11	静态总投资				
12	总投资				

第三部分　造价软件使用

软件一　青山大禹水利水电工程造价软件

一、青山大禹水利水电工程造价软件介绍

(一)简介

"青山大禹水利水电工程造价软件"由四川青山软件公司根据中华人民共和国水利部颁布的《水利建筑工程概算定额》、《水利建筑工程预算定额》、《水利水电设备安装工程预算定额》、《水利水电设备安装概算定额》、《水利工程施工机械台班时费定额》和2002年颁布的《水利工程设计概(估)算编制规定》为依据并联合全国数十家水利设计院,使用当前最流行的数据库开发工具 Power Builder 研发出的一套水利工程造价计算软件。

部颁水利水电定额:

(1)水利建筑、安装工程概预算定额(2002)及补充定额(2005);

(2)水利工程概算补充定额(水文设施工程专项2006);

(3)水利水电安装工程预算定额(1992);

(4)水电建筑工程预算定额(2004);

(5)水电设备安装工程预算定额(2003)。

省(区、市)水利水电定额:四川、重庆、贵州、云南、新疆、西藏、安徽、山东、广东、福建、浙江等省(区、市)水利水电工程预算定额。

(二)功能特点

1. 自动实时计算

在"青山大禹水利水电工程造价软件"中,无论修改材料单价或者修改费率系数,从局部的清单到总概算表,都自动实时计算,并能让用户立即看到变化的结果。

2. 高度集成的人机界面

系统使用了工程管理器和标签页面的界面表现方式,实现了高度的界面集成,用户在同一界面下操纵清单、定额和定额下面的材料。

3. 工程量清单输入方便

工程量清单可以通过"导入项目划分"功能来批量输入,在清单编辑界面中可以随意选择清单层次。所录入清单也可导入导出,减少重复录入工作。

4. 套用定额方便

套用定额可直接输入定额号,也可用鼠标选择输入。可以借用地方的建筑和市政定额。可以将所选的多个定额及其调整信息复制并粘贴到指定地方,避免了大量的重复录入工作,提高工作效率。

5. 工料机分析

工料机分析可以对工程消耗量一目了然,工料机分析可将工程中所有的人工材料筛选出来,并列出各工料的消耗量,输入材料单价可以批量自动重新计算。

6. 报表齐全,导出方便

涵盖部颁标准的所有表格及大量的标书专用报表和原始数据表。并且报表可灵活设置,能方便地导出为 Excel,满足业主的招标要求。

在教学中,可以通过青山软件官方网站下载安装此软件,在未注册前,将自动按照学习版模式运行,学习版的限制是不能打印,不能导出为 Excel,而没有其余的限制。

二、软件应用

由于操作上的共性,以下以工程预算的操作为例进行讲解。

(一)新建文件

在打开青山软件之后,界面的左上角(如图 3-1-1 所示)。若将鼠标指到工具栏的图标上,可以显示出图标所代表的操作。

图 3-1-1 界面外观

要新建文件,可以点击“文件”,在下拉菜单中选择“新建”,弹出的对话框(如图 3-1-2 所示)。

(1)点击“工程名称”所在行最末的按钮,在弹出的对话框中,选择相应文件夹保存将建文件,而后在“文件名”栏中输入文件名称,点击“保存”即可。

(2)点击“定额体系”所在行最末的下拉按钮,选择相应的定额体系。

(3)点击“工程类型”所在行的种类,确定工程类型。

(4)点击“工程模板”所在行的下拉按钮,确定采用的模板。

(5)可以根据需要在“模板说明”的空白处输入相应的文字。

(6)点击“确定”按钮。当然也可以通过图 3-1-1 中的鼠标所指的工具栏第一个图标新建文件。

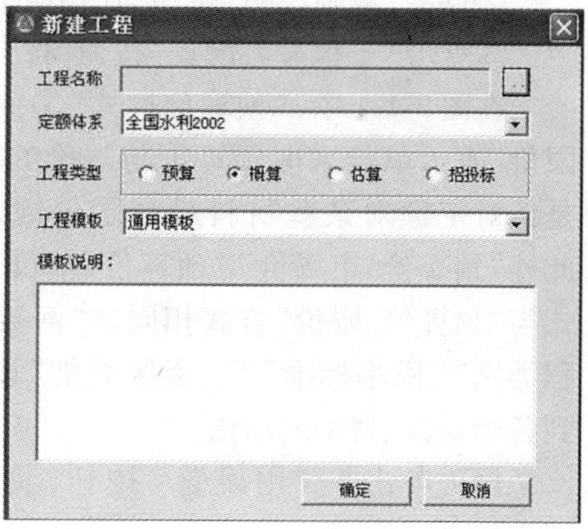

图 3-1-2 新建工程

(二)工程部分投资编制

1. 基本资料编制

基本信息编制包括工程信息、编制说明、海拔高度、工程类别、税率标准、工资区类别、各费用之间的关系及费率等。这里的设置是属于全局性的设置,设置好各项后,将会影响到后继计费的取值。

在新建/打开文件后,出现的界面如图 3-1-3 所示,其界面分为如下三个部分:

(1)菜单和工具条区域:包括一些基本的功能。

(2)工程管理器区域:在左边,通过一种资源管理器的方式列出了枢纽工程或引水河

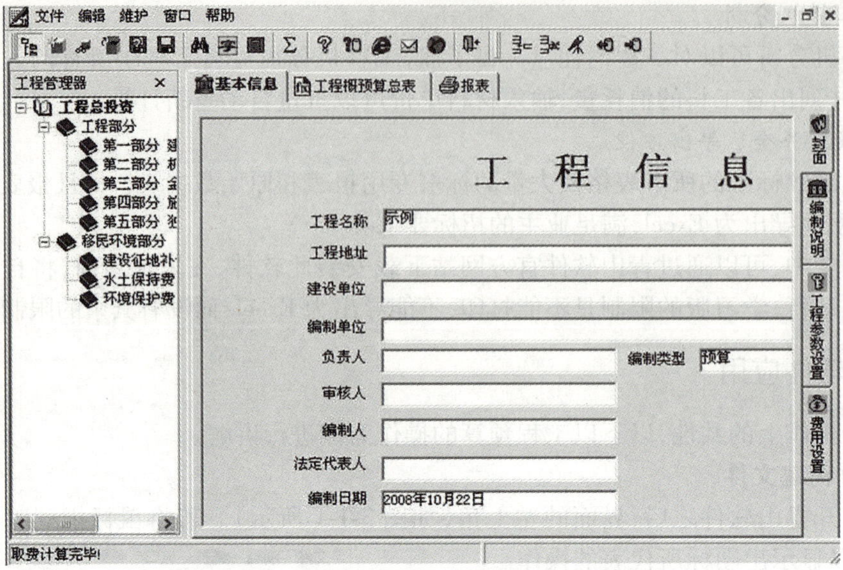

图 3-1-3　打开界面

道工程。显示左侧的“工程管理器”可以通过“文件”菜单或“显示工程管理器”按钮实现。

(3)右边是主工作区域,使用了标签页的方式来组织。

先点击“工程管理器”中的“工程部分”,然后点击“工程管理器”旁的“基本信息”。接着对右侧一竖的按钮依次进行如下操作:

①点击“封面”按钮,在相应空白处输入适当文字。

②点击“编制说明”按钮,在相应空白处输入适当文字。

③点击“工程参数设置”按钮,将会出现如图 3-1-4 所示界面。

在图 3-1-4 中,“预算价模式”中的“预算价\限价”表示单价采取预算价与限价的较小值,这是针对定额对某些材料最高限价规定的对应。此外“预算价\市场价”“预算价\基价”的取值方式与“预算价、限价”方式相同。“海拔高度”“工程类别”“税率标准”“工资区类别”设定将影响到各个系数、费率的取值。

(4)点击“费用设置”按钮,将会出现如图 3-1-5所示界面。

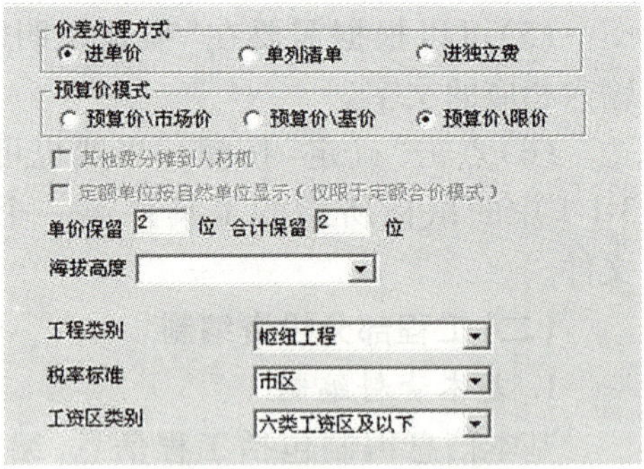

图 3-1-4　工程参数设置

凡是可以点击选中的单元格,均可以根据自己的需要进行修改,一般仅对数字进行修改。“费用代号”表示对应的“费用名称”项目在整个软件系统中的代码。

2. 基础资料编制

基础资料编制包括人工单价、材料单价、水价、电价、风价、骨料系统、配合比、机械台

费用代号	费用名称	计算公式	费率	备注
F1	一、直接工程费	=F11+F12+F13		
F11	(一)直接费	=项目直接费		
F111	1、人工费	=项目人工费		
F112	2、材料费	=项目材料费		
F113	3、机械费	=项目机械费		
F12	(二)其他直接费	=F11×其它直接费费率	2.5%	
F13	(三)现场经费	=F11×现场经费费率	9%	
F2	二、间接费	=F1×间接费率	9%	

名称	其他直接费费率	现场经费费率	间接费率	利润率	税率	扩大系数
土方	2.5%	9%	9%	7%	3.41%	
砂石备料	2.5%	2%	6%	7%	3.41%	
模板	2.5%	8%	6%	7%	3.41%	
混凝土	2.5%	8%	5%	7%	3.41%	
钻孔灌浆	2.5%	7%	7%	7%	3.41%	
其他	2.5%	7%	7%	7%	3.41%	
疏浚	2.5%	5%	5%	7%	3.41%	
石方	2.5%	9%	9%	7%	3.41%	

图 3-1-5　费用设置

班费等。依次点击左侧工程管理器处的“工程部分”—“基础资料”，即可出现基础资料设置的界面（见图 3-1-6）。

1）人工

点击图 3-1-6 所示最右侧“人工”按钮出现的界面即可进行人工单价设置（见图 3-1-7）。

（1）在上部分选中需要设置的工人类别。

（2）在下部分相应位置进行设置，在“参数值”一列中，可以通过鼠标右键进行选择录入。

（3）点击“计算当前单价”即可计算得到结果。

在“计算公式”一列中各个单元格的内容均可进行修改（一般采用默认状态）。在选中“直接输入”后则可以直接输入人工单价。

“重调标准计算程序”表示采用系统定义的人工单价计算程序进行计算；“重调缺省费率”表示重新载入系统默认的数据到“参数值”所在列。

2）材料

点击图 3-1-6 右侧的“材料”按钮，出现材料单价设置界面（见图 3-1-8）。

系统中已经自带了 900 余种材料的名称，此外可以根据自己的需要点击：标题栏“编辑”—“插入一行”而自行增加材料名称，如图 3-1-8 中，点击编码为“1”，名称为“汽油”所在行，通过“编辑”—“插入一行”就可以在“汽油”的上一行插入一空白行。此外也可以通过鼠标所指标题栏中的“插入一行”按钮插入。同理可以进行删除操作。

对于图 3-1-8 的下部分，可以根据需要选中“只显示当前工程材料”等选项，而且可以

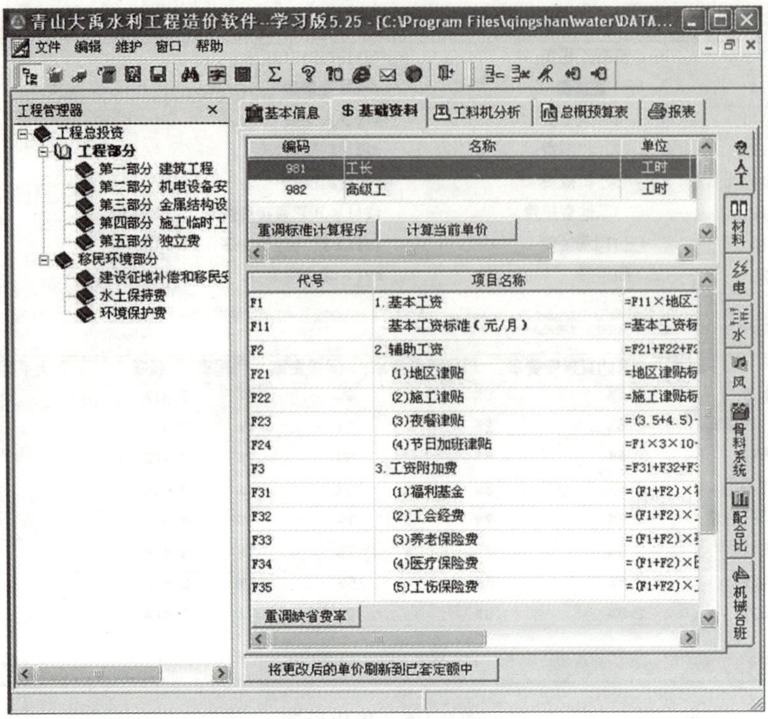

图 3-1-6　基础资料设置

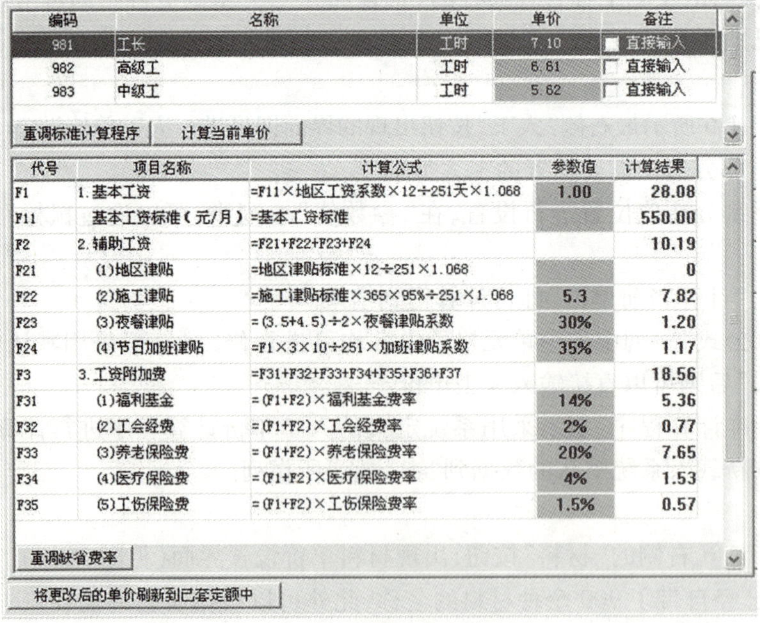

图 3-1-7　人工单价设置

通过设定按照名称或者按照编号进行材料的查询。例如：选择“按名称”后，在方框中输入“钢”将对含有“钢”字的材料进行搜索。

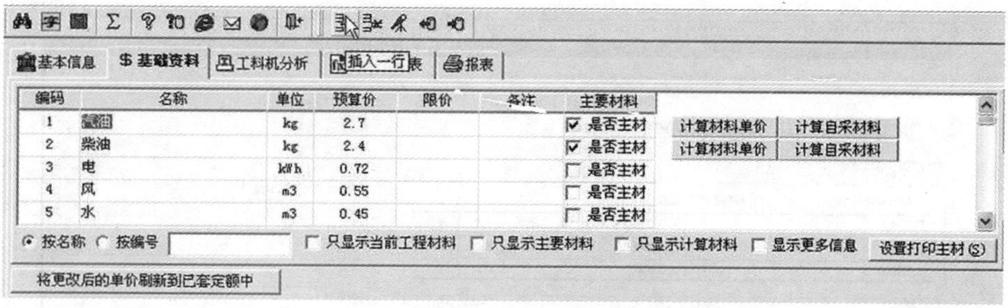

图 3-1-8 材料单价设置

可以在“限价”一列输入相应的数据，在“备注”一列通过下拉列表选择，某种材料是主要材料的则应点击“是否主材”前的方框进行选中。对于非主材的，则通过“预算价”下的单元格直接输入预算价。对于为主材的，则可以选择“计算材料单价”或者“计算自采材料”进行预算价计算。以“计算材料单价”为例进行说明，点击“汽油”所在行的“计算材料单价”将弹出对话窗口（见图 3-1-9）。

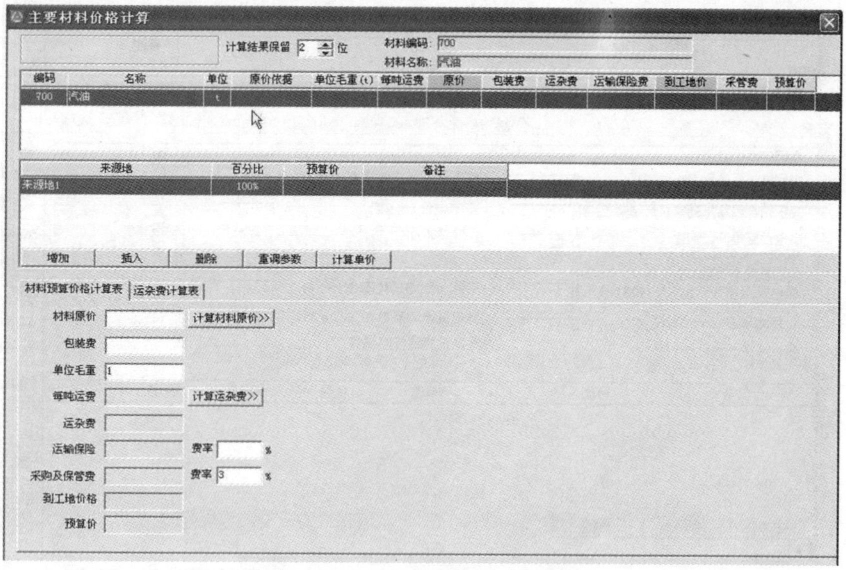

图 3-1-9 主要材料价格计算

（1）点击“编码”列中的“700”所在行，选中“汽油”进行设置。

（2）在“来源地”中可以通过“增加”按钮增加来源地，并进行百分比、预算价的设置，其中“来源地”的名称是可以自行进行修改的。

（3）在图 3-1-9 下部显示的空白处进行数据输入，其余不能输入的则需通过点击“运杂费计算表”或“计算运杂费”按钮后进行设置（见图 3-1-10）。

在图 3-1-10“运杂费计算表”中进行相应的数据录入后，可以点击鼠标所指的“材料预算价格计算表”恢复到图 3-1-9 的界面，此时就已经能够显示出材料单价。

3）电

点击图 3-1-6 右侧的“材料”按钮，出现材料单价设置界面（见图 3-1-11）。

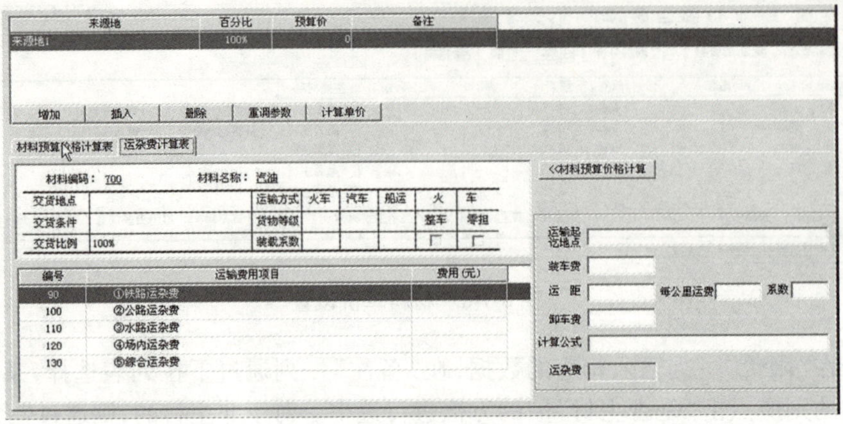

图 3-1-10　运杂费计算表

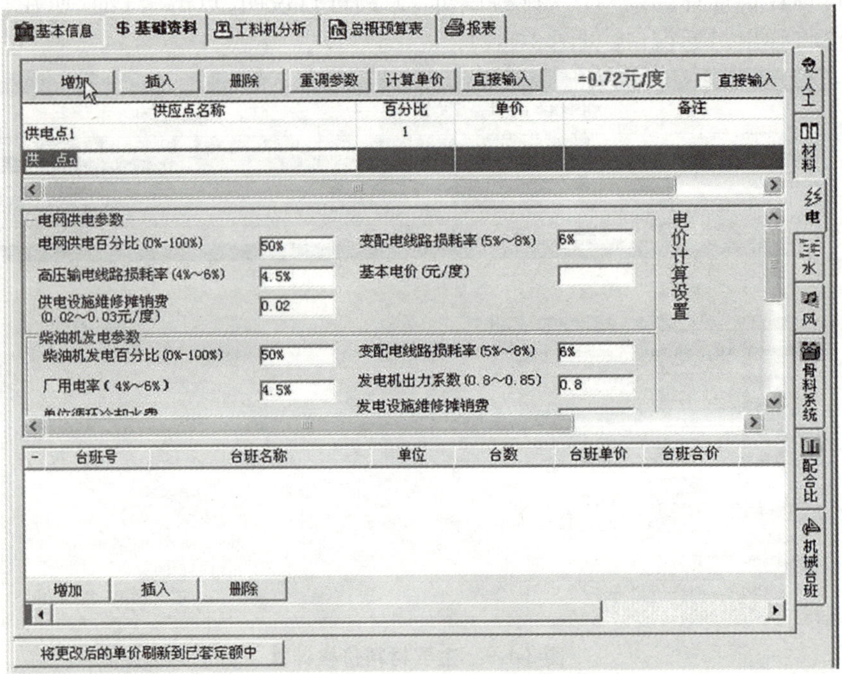

图 3-1-11　电价计算

(1)若供电的来源有多种,则点击图 3-1-11 中鼠标所指的“增加”按钮,即可增加供电来源。每个供电点除“单价”调用“电网供电参数”“柴油机发电参数”的数据计算结果外,其余的项均可直接输入数据。其中,每个供电点单价均由“电网供电”和“柴油机发电”两部分构成。

(2)选中需要设置的供电点,例如图 3-1-11 所示的“供电 n”,然后分别对“电网供电参数”“柴油机发电参数”进行设置。

(3)设置完毕后,可以点击“计算单价”按钮进行计算。若直接输入电价则点击“直接输入”,在弹出的窗口中进行设置。

4）水

点击图 3-1-6 右侧的“水”按钮，出现水单价设置界面（见图 3-1-12）。

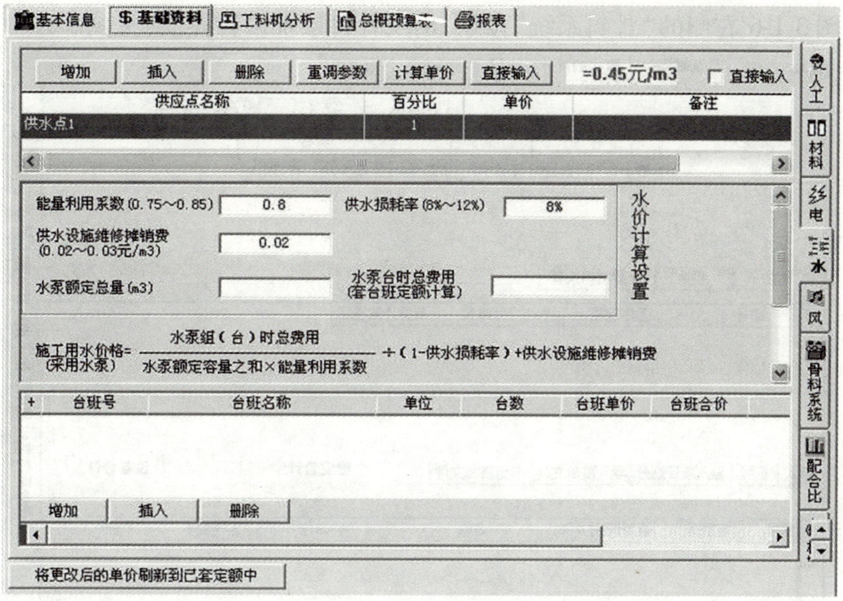

图 3-1-12 水价计算

（1）各个参数的设置方法同水价的输入方法。

（2）“水泵台时总费用”“水泵额定总量”根据资料，大多需要经过一定计算得到。

5）风

点击图 3-1-6 右侧的“风”按钮，出现风单价设置界面（见图 3-1-13）。

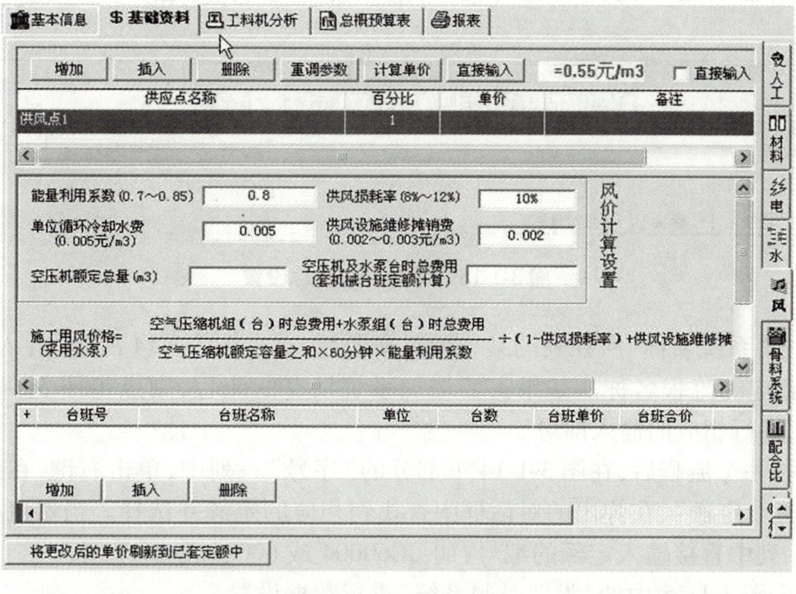

图 3-1-13 风价计算

风价的设置可以参照同前述电价、水价方式。

6）骨料系统

点击图3-1-6右侧的“骨料系统”按钮，出现骨料系统设置界面（见图3-1-14）。

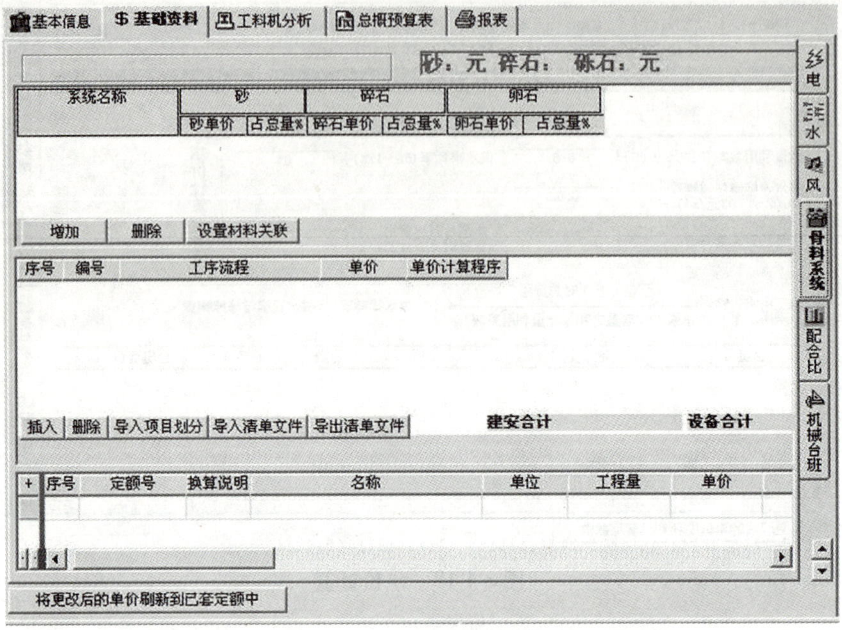

图3-1-14　骨料系统设置

（1）点击图3-1-14中的“增加”按钮可以增加骨料的来源。在点击之后（见图3-1-15），选中图中“骨料系统”后，就可以输入相应的名称并以回车键确定；同时分别对不同来源的砂、碎石、卵石占总量的比例进行设置，其中每一个“占总量%”一列数据相加均应为100%。

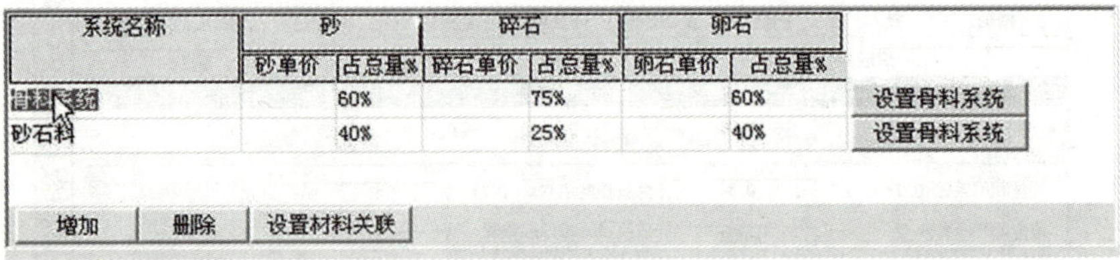

图3-1-15　骨料系统名称设置

（2）选中“系统名称”所在列的某一骨料来源后，点击图3-1-14所示“导入项目划分”按钮，选择相应的流程名称。如果需要增加系统没有的流程，则点击图3-1-14中的“插入”按钮后，进行相应的输入即可。

（3）选择一个流程后，在图3-1-14下部分的“序号”一列中，单击右键，在弹出的菜单中选择“查询套定额”，在弹出的对话框中查找到相应的定额并选择。当然也可以直接在“定额号”一列中直接输入定额的编号，如：JG60004或60004等。

（4）点击图3-1-15中的“设置骨料系统”进行数据设置。

（5）点击图3-1-15中的“设置材料关联”进行数据设置（见图3-1-16）。如果要增加/

删除某种材料，只需要在图 3-1-16 右部分的下侧选择这种材料并双击即可。

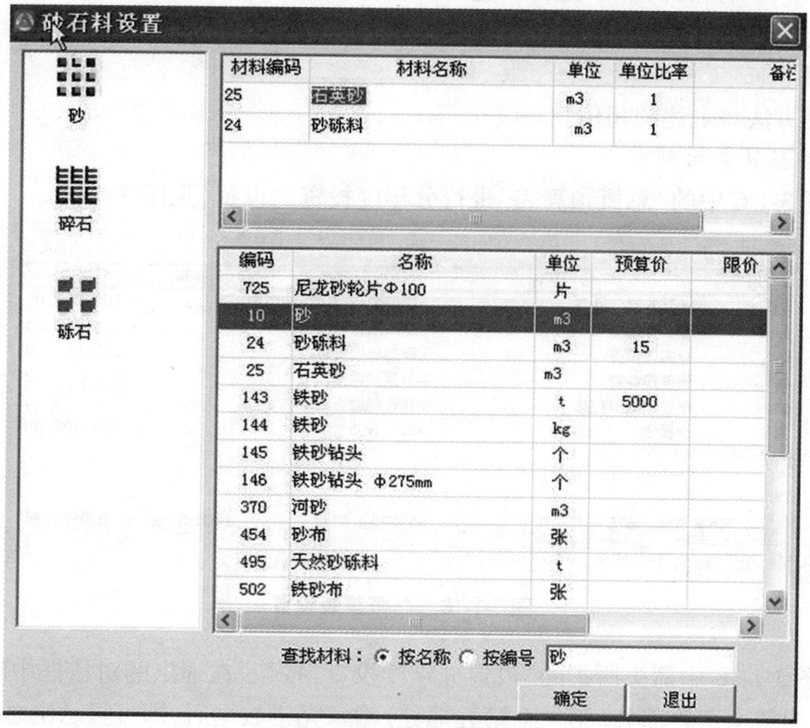

图 3-1-16　砂石料设置

7）配合比

点击图 3-1-6 右侧的“配合比”按钮，出现配合比设置界面（见图 3-1-17）。

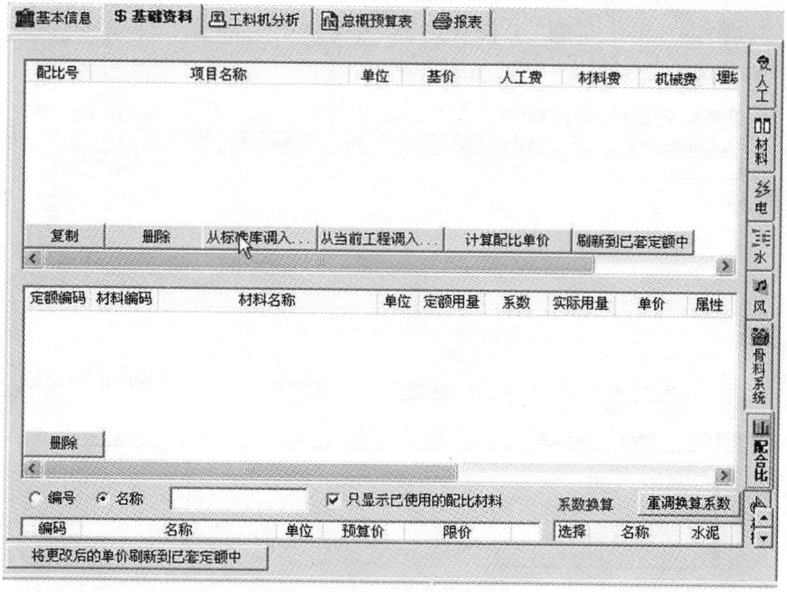

图 3-1-17　配合比设置

(1)点击“从标准库调入”选择相应的配合比确定。

(1)在界面的右下角选择相应的换算比例。

8)机械台班

其使用方法与上述的相仿。

3. 总概预算表编制

点击图3-1-6中的“总概预算表”进行分年度投资的设置(见图3-1-18)。

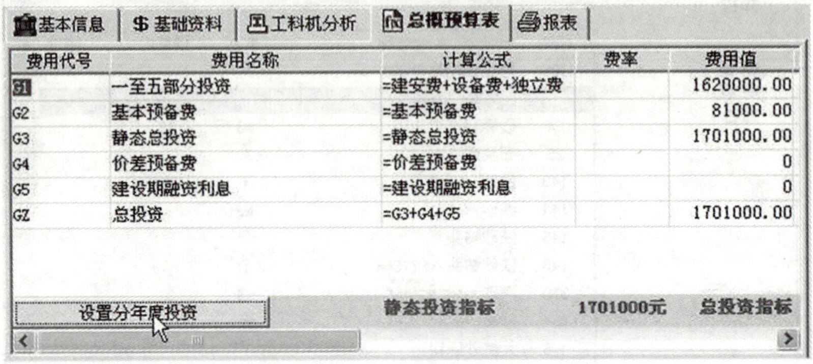

图3-1-18 总概算表设置

点击图3-1-18中箭头所指的“设置分年度投资”按钮,在弹出的对话框中输入相应的数据,当在对整个工程部分(第一至第五部分)输入完毕数据后,即可显示出总概算表。

(三)各部分费用的编制

1. 第一部分至第四部分的编制

由于第一部分(建筑工程)、第二部分(机电设备安装工程)、第三部分(金属结构设备及安装工程)、第四部分(施工临时工程)这几部分在编制上的共性,以下仅以第一部分为例进行说明。点击图3-1-6左侧“工程管理器”中的“第一部分 建筑工程”进入建筑工程的设置(见图3-1-19)。

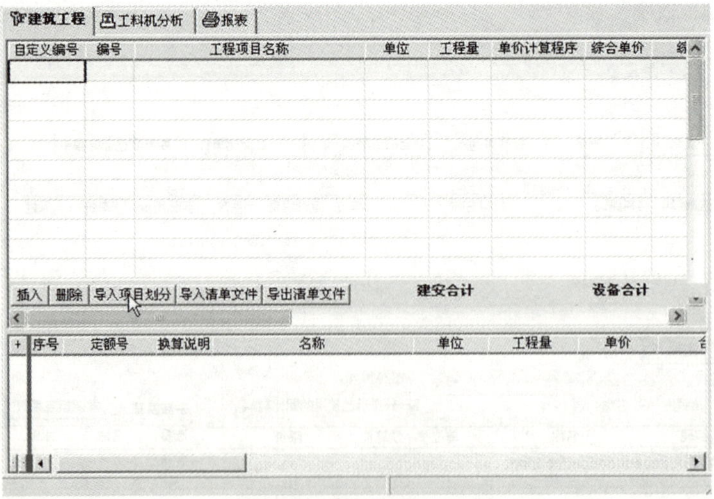

图3-1-19 建筑工程设置

(1)点击“导入项目划分”按钮,在弹出的窗口中,先选择相应的模板,然后单击选择各项目最后确定,当然也可以通过“导入清单文件”导入具有特定格式的数据。在导入项目后,还可以对“自定义编号”“编号”“工程项目名称”所在列的单元格的内容进行相应的修改。此外,也可以根据自己的需要在相应单元格自行输入。

(2)“工程量”所在行,可以直接输入数字,也可以双击单元格,通过弹出的“工程量计算式”对话框进行输入。“工程量类型”可以通过下拉菜单进行选择,如果在这里没有输入,或者输入有误,就会导致“主要工程量汇总表”数据不正确。“单价计算程序”也可以通过下拉菜单进行选择。图 3-1-5 中设置的费率将对“单价计算程序”的取值产生影响。

(3)点击选中任意一个工程项目(高亮显示是被选中的项目),然后鼠标点击图 3-1-19 下部分的“序号”所在列,通过鼠标右键选择“查询套定额”将出现“查询套定额”界面(见图 3-1-20)。

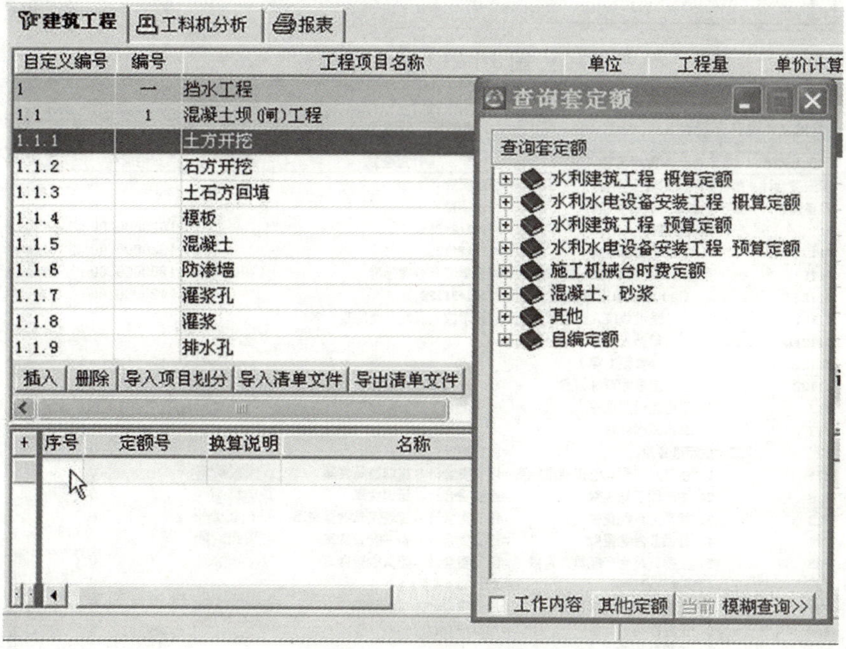

图 3-1-20　查询套定额

选择相应的定额,双击确定即可计算出答案(见图 3-1-21)。

此外可以通过点击图 3-1-21 中鼠标箭头所指的“ +“而查看详细信息。如果某工程项目的工序不止一个,则可以在图 3-1-21 下部分的空白行点击确定相应的定额即可。

在所有的数据均输入完毕之后,可以点击图 3-1-19 中的“工料机分析按钮”进行相应数据的分析、查看。

2. 第五部分的编制

进入独立费用后(见图 3-1-22),在该界面中只需要点击工具条上的求和按钮即可计算出独立费用和总投资。

独立费用中的各项费用的计算公式和费率都是根据编制说明来设置的。可以根据工程的实际情况,对费用项目进行调整,也就是增加或减少费用项目,费用计算公式的调整

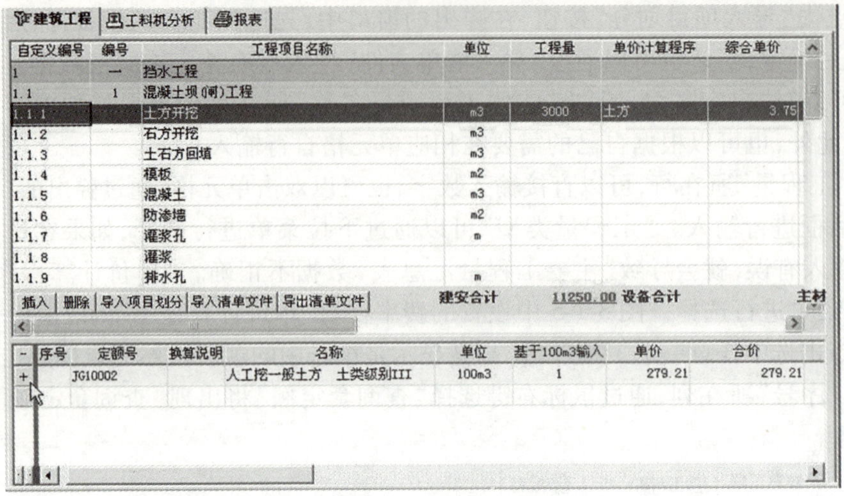

图 3-1-21 输入定额

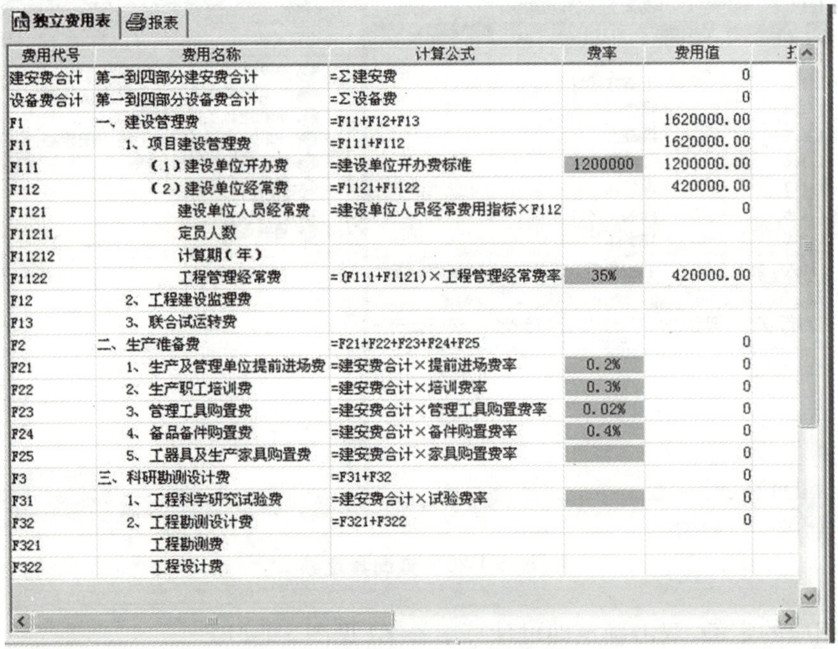

图 3-1-22 独立费用设置

以及费率的调整等。对数据调整后,需要重新点击求和按钮进行计算。当然也可以点击标题栏的"维护"—"系统色绘制"—"费用表"—选中"修改费率后自动计算",则系统就会在数据修改后,自动进行计算。对于公式的修改可以双击图 3-1-22 中的"计算公式"所在列的相应单元格在弹出的窗口中修改。

至此,青山大禹水利水电工程造价软件在工程预算中的基本使用方法就介绍完毕了。为了提高实际的操作能力,还需要结合具体的工程实例进行系统的操作方可。

软件二 凯云水利工程工程量清单计价系统

一、系统介绍

（一）概述

"凯云水利工程工程量清单计价软件"是为配合水利计价规范在全国范围推广应用，并满足水利工程采用工程量清单进行招标投标的需要而开发的。该软件包含了我国从20世纪80年代至今几乎所有的水利工程定额，软件继承了"凯云水利水电工程报价软件"的所有优点，并结合水利计价规范，可适用于全国范围水利工程工程量清单招标与投标编制工作。该系统主要由凯云水利工程工程量清单计价软件、定额管理平台两部分组成。

凯云水利工程工程量清单计价软件（清单计价版）适用于水利项目业主、施工单个编制招标标底、投标报价，也可用于编制中小型水利工程的项目预算工作。报价软件运行稳定，计算速度快，可维护及可扩展性强。系统定额库完善，除涵盖了水利、水电行业定额，还包括了水土保持概算定额及部分地方定额，利用该软件可按各种编制办法快捷而准确地编制水利工程标底和报价。

定额管理平台主要功能是帮助用户对行业定额、地方定额以及企业定额进行管理，用户可以根据企业的实际生产、管理水平快速准确地编制适合本企业实际情况的企业定额及各种计算模板，为进一步编制报价提供翔实的基础资料。

（二）主要特点

1. 编制报价的利器

（1）界面友好，简单易用；

（2）编制报价快捷、灵活、准确；

（3）定额版本全，完全满足部颁及各地方水利、水保定额及编制办法；

（4）适用面广，可用于全国水利及水保工程的招标投标的需要。

2. 完备的定额管理功能

（1）独立的定额管理模块；

（2）可灵活修改、调整已有定额库；

（3）用户可自定义企业定额相关计算模板。

3. 灵活的单价编制和清单管理

（1）自定义单价取费和取费模板相结合，可满足不同造价工程需要；

（2）定额选择灵活直观，任一工程均可套用所有版本定额；

（3）丰富的单价调整功能，可设置不同级别的调整系数；

（4）具有强大的日志管理和子单价编制功能；

（5）计算速度快，生成单价报表迅速、直观；

（6）工程量清单导入、导出方便；

（7）完全兼容 Excel。

4. 智能化的网络协同作业功能

(1)国内第一款真正支持网络协同的报价软件；

(2)支持对同一工程实施多人联网作业，提高报价编制效率；

(3)对不同用户可进行权限划分，有效保证数据共享、安全；

(4)系统可自动协同多用户操作，完全避免数据读写冲突。

二、系统功能

(一)项目菜单

1. 新建项目

单击“项目”—“新建”或

，会弹出如图 3-2-1 所示的对话框。

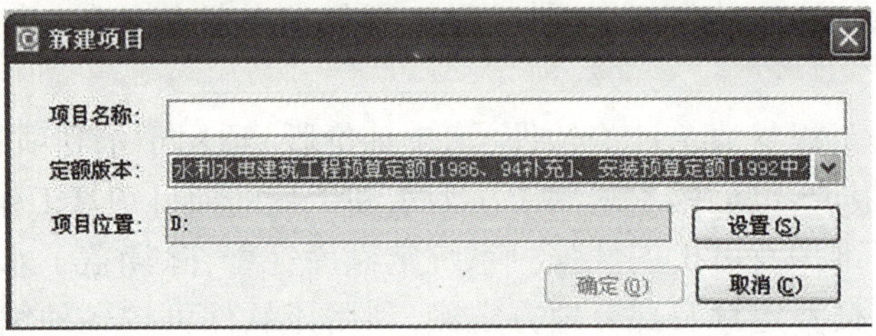

图 3-2-1　新建项目窗口

填写项目名称，并从定额版本下拉列表中选择相应的定额版本(注：在建立工程单价时，可以套用软件定额数据库里的任一版本的定额)。

“项目位置”可以选择所作项目的保存位置(注：只能选择设置硬盘路径存储)。

单击“确定”，系统导入该项目的定额数据(提示：该步骤根据服务器的性能所需要的时间不同，一般需要几十秒的时间)，即可进入编制报价模块。

2. 打开项目

(1)单击“项目”—“打开”或

，在打开项目窗口中显示当前登录用户有权限修改的所有项目(注：在项目菜单中列出了最近打开过的四个报价项目，单击后可直接打开)。

(2)选择指定项目打开，则系统加载该报价项目所有资料。

3. 另存为

把当前打开项目另存为指定名称的报价项目并自动打开新项目，同时关闭当前项目。

4. 项目管理

打开项目管理，在列表中显示当前用户可以管理的全部报价项目(见图 3-2-2、图 3-2-3)。

(1)“加载(E)”：用户在安装本系统后编制了报价资料，因为系统损坏等原因，重新安装了 SQL_Server，则以前编制的报价项目显示不出来。单击“加载”，在弹出窗口中选中报价数据库的文件夹(\MsSqlServer\MSSQL\Data)，双击鼠标左键即可重新加载以前的报价项目。

(2)“导出(E)”：把选中的报价项目导出存为报价文件。

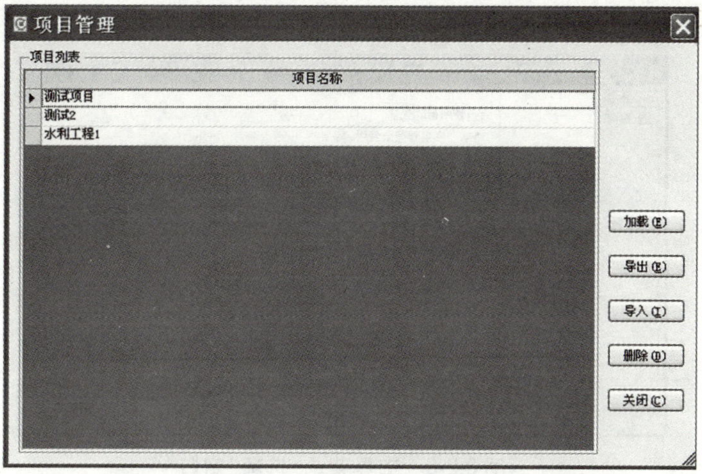

图 3-2-2　项目管理窗口

(3)“导入(I)”:把选中的报价文件导入(注:只能导入由报价软件导出的项目文件)。

(4)“删除(D)”:删除指定的报价项目。

(5)“关闭(C)”:关闭项目管理窗口。

(6)说明:根据用户安装选择,项目库文件保存位置一般为 C:\MsSqlServer\MSSQL\Data 或 C:\Kiyun_SqlServer\MSSQL\Data,如果是项目文件存放目录,则在该目录下可查找到文件名类似于“ITEMb8d65adc70274b258d3e198b9650a5af. mdf”的文件。如果需要格式化硬盘,请首先导出各项目或备份以上目录下的所有文件。

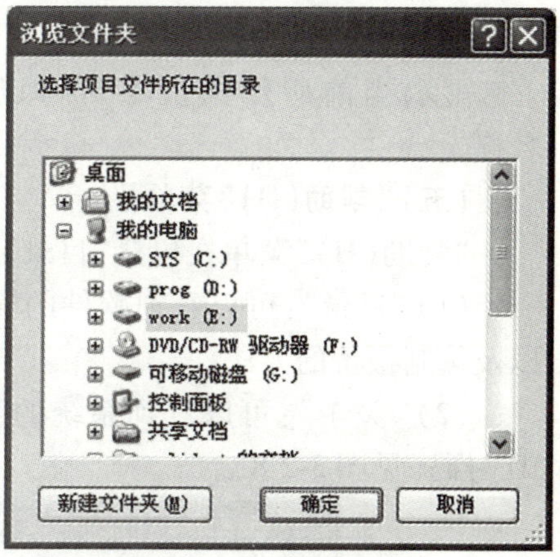

图 3-2-3　加载项目窗口

(二)“视图(V)”菜单栏

包括“工具栏”和“状态栏”。“工具栏”如图 3-2-4所示。打开“视图(V)”菜单,单击“工具栏”可以关闭,再次点击会打开。

图 3-2-4　工具栏

“状态栏”如图 3-2-5 所示。其操作同前。

图 3-2-5　状态栏

(三)“工具(T)”菜单栏

“工具(T)”菜单栏包括“选项(O)”“修改口令(P)”和“系统用户管理(M)”。

(1)“选项(O)”:在“选项”—“启动”中可以更改用户的登录方式。如果用户选择了“保存口令并启用自动登录”,则下次运行时系统将自动登录;如果需要撤销此选项,请下次进入系统后通过“工具”—“选项”—“启动”菜单进行启动参数设置(见图 3-2-6)。

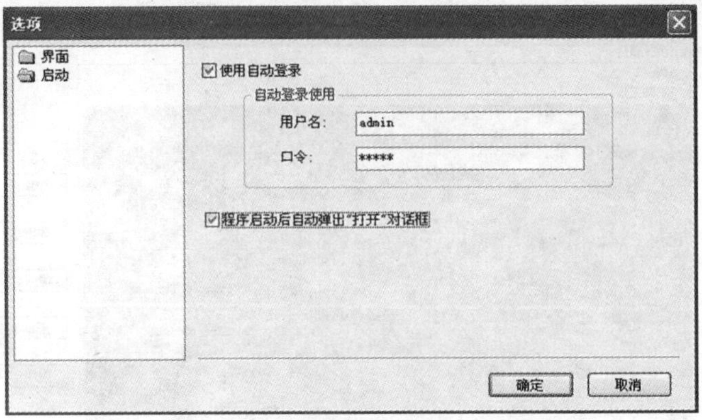

图 3-2-6　工具菜单“选项”窗口

(2)“修改口令(P)”:用户可在此窗口修改报价系统的登录口令(见图 3-2-7)。

(四)“窗口(W)”菜单栏

显示当前所作报价项目可以打开的窗口的名称。

(五)“帮助(H)”菜单栏

“帮助(H)”菜单栏包括“目录”和“关于”。

(1)“目录”:可以看到软件的简介和操作说明,以及编制报价的方法。

(2)“关于”:可以看到系统的当前版本及用户 ID 号码(见图 3-2-8)。

图 3-2-7　用户名修改窗口

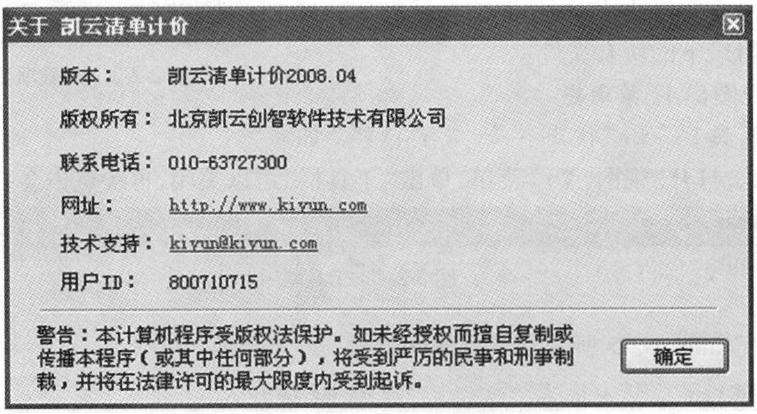

(注:用户 ID 号码用于添加定额数据库)

图 3-2-8　“关于”窗口

三、编制报价资料

(一)项目属性

打开新建项目后,第一个页面显示该项目的属性(见图 3-2-9),包括填写项目的工程名称、编制人、时间、单个等基本信息；选择材料单价的计算公式（见图 3-2-10）、是否限价；单价统调系数的设置等。

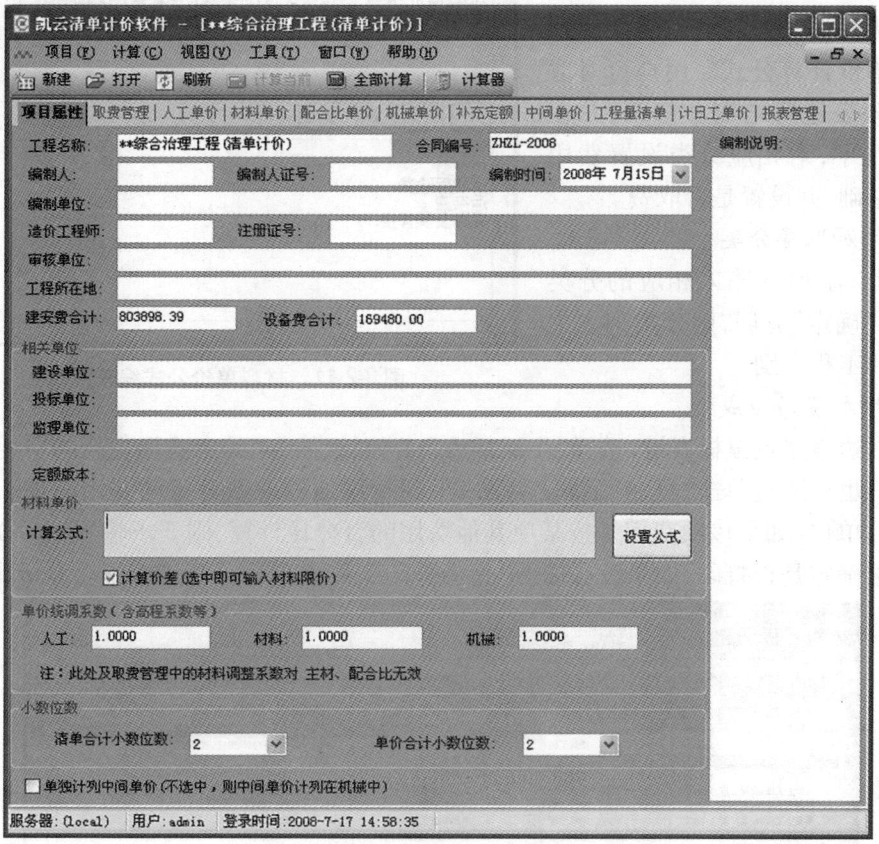

图 3-2-9 项目属性窗口

根据招标需要单击“导入”按钮选择计算公式模板，可以增加、删除相应计算公式的计算项目，也可以单击[...]按钮设置材料单价的计算公式（见图 3-2-11）。

设置单价统调系数：单价统调系数是针对项目中全部中间单价、工程单价进行的调整，可按人工、材料、机械三大类进行调整。

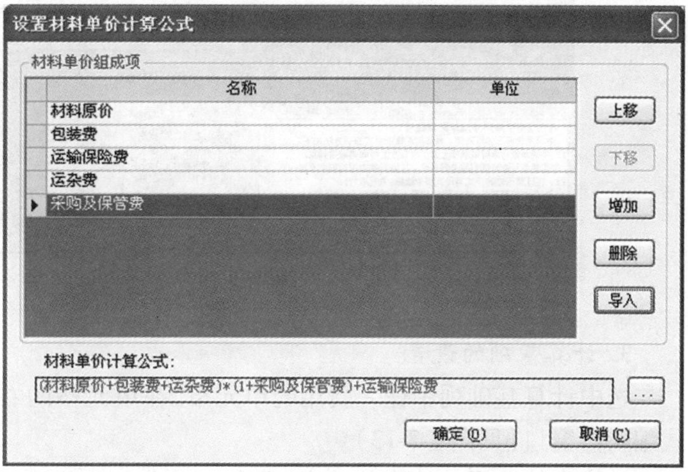

图 3-2-10 材料单价计算公式窗口

（二）取费管理

建立项目时系统自动导入该项目对应定额版本的所有工程取费，并填写了缺省的取费（见图 3-2-12）。

图 3-2-12 左边列表是当前项目中所有取费分类列表；右表中显示选定取费类别对应的费用组成明细和工程单价计算公式。用户可对取费分类列表进行增删和修改，并在费用明细中，对相应分类设置费用的计算基础，并设置是否取费。

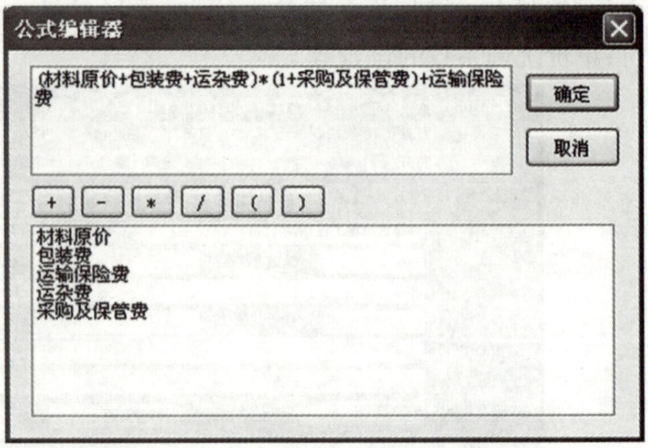

图 3-2-11　材料单价公式编辑窗口

1. 添加取费分类

单击“添加”，输入相应的分类名称，按“确定”返回，则分类列表中增加新的工程类别。

2. 增加费用组成

在右边表格点鼠标右键，选择“下级插入”或“同级插入”的方式增加新的费用明细组成。用户也可通过单击“复制”后再“粘贴”得到新添加的取费分类的费用明细。输入编号、名称、单位（如果该项费用是按某项其他费用的百分比计算，则要求输入“%”）、费率，根据需求确定是否打印，如果没有选中“是否打印”，则在单价分析表中不会显示出来。

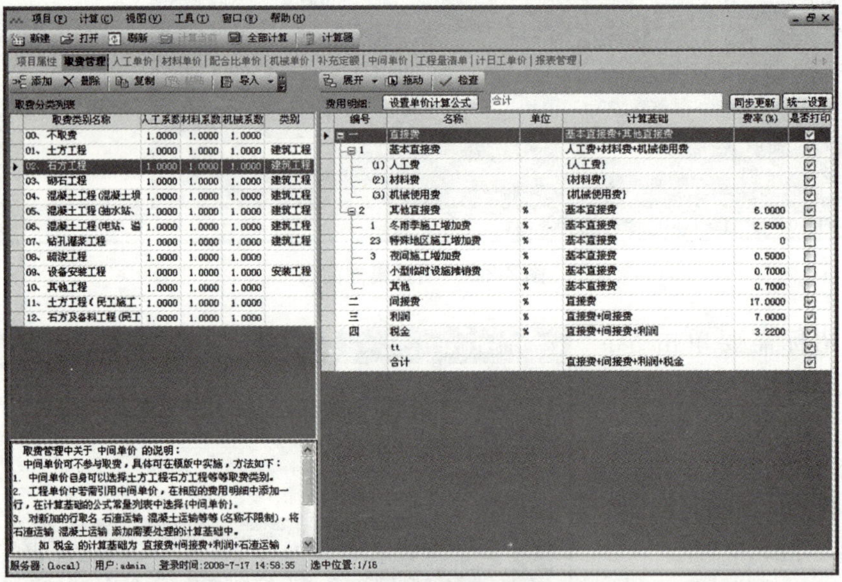

图 3-2-12　取费管理界面

3. 计算基础的设置

选中计算基础列中任一费用的单元格，在单元格的右边出现一按钮[...]，单击打开公式编辑器窗口（见图 3-2-13）。

计算直接费用的计算基础为“常量列表”中的选项：{人工费}、{材料费}、{价差}、{机械使用费}、{未计价装置性材料费}。

其他的费用计算基础应该从左边表格中双击选择，并通过数学运算符号组成计算

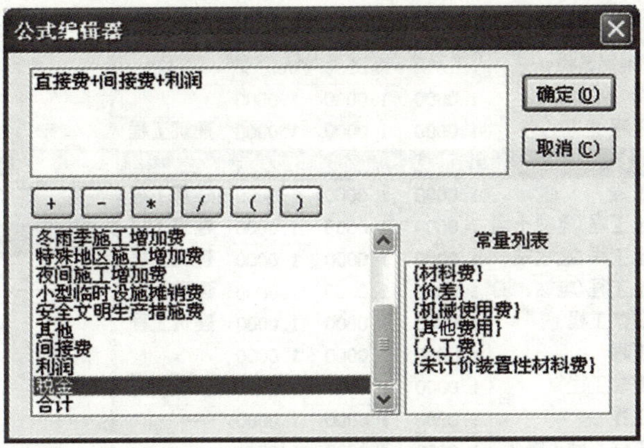

图 3-2-13　费用公式编辑器窗口

公式。

增加删除费用组成项后，还需要对所有涉及的费用项的计算基础进行修改。

4. 修改单价计算公式

费用明细组成项修改完成后，还需要对单价计算公式进行设置。单击费用明细旁边的“设置单价计算公式”按钮，在公式编辑器中将公式改为“合计”（见图 3-2-14）。

图 3-2-14　单价分析计算公式

5. 设置调整系数

在取费分类列表中，可针对不同取费分类方式分别设置人工、材料、机械的调整系数（见图 3-2-15）。该系数将对工程单价中的人工、材料、机械进行调整（注意：如果需要调整中间单价的人工、材料、机械，请对中间单价的取费方式中的人工、材料、机械系数作调整）。

6. 选择类别

在图 3-2-15 中选择一个取费，在类别列中通过下拉列表，选择是建筑工程还是安装工程，可以生成“工程单价费（税）率汇总表”报表。

7. 单价分析表中序号的更改

生成的单价分析报表中，单价分析表编号格式同取费管理中费用明细列表的编号。

8. 导出、导入

修改完成的取费可导出为一个文件，以后可在其他项目中导入即可。点击“导入”时，用户可以选择从“文件导入”或从“其他项目导入”两种方式导入需要的取费文件。

（三）人工单价计算

建立报价项目时系统自动建立与所选定额对应的全部人工名称，打开人工单价页面，如图 3-2-16 所示。点击页面上“计算当前”按钮，软件自动计算所有人工分类的单价，然后通过明细区域中的选择框“是否计价”来选择人工单价或者根据项目的实际情况在人工预算单价列直接填写人工单价，人工工资地区系数、工程类别、工种级别三项分别默认

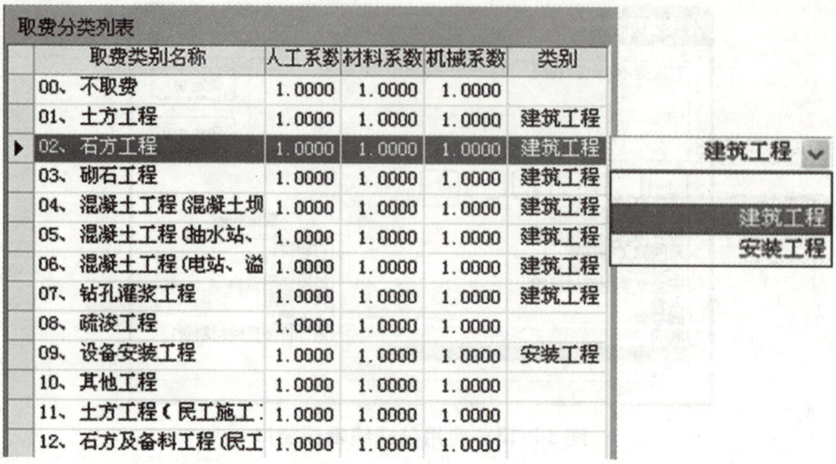

取费类别名称	人工系数	材料系数	机械系数	类别
00、不取费	1.0000	1.0000	1.0000	
01、土方工程	1.0000	1.0000	1.0000	建筑工程
02、石方工程	1.0000	1.0000	1.0000	建筑工程
03、砌石工程	1.0000	1.0000	1.0000	建筑工程
04、混凝土工程(混凝土坝	1.0000	1.0000	1.0000	建筑工程
05、混凝土工程(抽水站、	1.0000	1.0000	1.0000	建筑工程
06、混凝土工程(电站、溢	1.0000	1.0000	1.0000	建筑工程
07、钻孔灌浆工程	1.0000	1.0000	1.0000	建筑工程
08、疏浚工程	1.0000	1.0000	1.0000	
09、设备安装工程	1.0000	1.0000	1.0000	安装工程
10、其他工程	1.0000	1.0000	1.0000	
11、土方工程(民工施工	1.0000	1.0000	1.0000	
12、石方及备料工程(民工	1.0000	1.0000	1.0000	

图 3-2-15　工程取费分类的调整系数和类别选项

为六类工资区、枢纽工程和工长，调整上述参数请在“选择参数”和“人工系数”中操作。

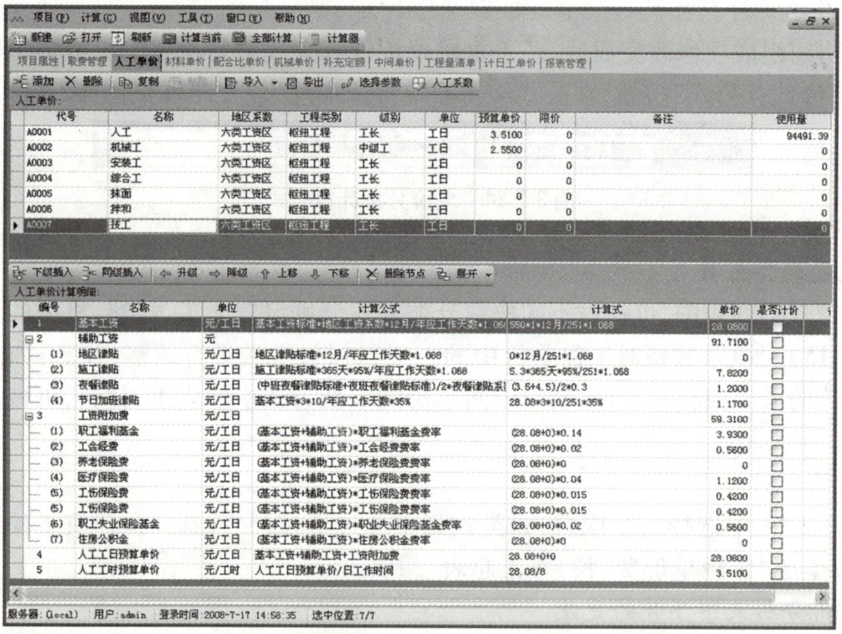

代号	名称	地区系数	工程类别	级别	单位	预算单价	限价	备注	使用量
A0001	人工	六类工资区	枢纽工程	工长	工日	3.5100	0		94491.39
A0002	机械工	六类工资区	枢纽工程	中级工	工日	2.5500	0		0
A0003	安装工	六类工资区	枢纽工程	工长	工日	0	0		0
A0004	综合工	六类工资区	枢纽工程	工长	工日	0	0		0
A0005	抹面	六类工资区	枢纽工程	工长	工日	0	0		0
A0006	拌和	六类工资区	枢纽工程	工长	工日	0	0		0
A0007	技工	六类工资区	枢纽工程	工长	工日	0	0		0

编号	名称	单位	计算公式	计算式	单价	是否计价
1	基本工资	元/工日	基本工资标准*地区工资系数*12月/年应工作天数*1.068	550*1*12月/251*1.068	28.0800	
2	辅助工资	元			91.7100	
(1)	地区津贴	元/工日	地区津贴标准*12月/年应工作天数*1.068	0*12月/251*1.068	0	
(2)	施工津贴	元/工日	施工津贴标准*365天*95%/年应工作天数*1.068	5.3*365天*95%/251*1.068	7.8200	
(3)	夜餐津贴	元/工日	(中班夜餐津贴标准+夜班夜餐津贴标准)/2*夜餐津贴系	(3.5+4.5)/2*0.3	1.2000	
(4)	节日加班津贴	元/工日	基本工资*3*10/年应工作天数*35%	28.08*3*10/251*35%	1.1700	
3	工资附加费	元/工日			59.3100	
(1)	职工福利基金	元/工日	(基本工资+辅助工资)*职工福利基金费率	(28.08+0)*0.14	3.9300	
(2)	工会经费	元/工日	(基本工资+辅助工资)*工会经费费率	(28.08+0)*0.02	0.5600	
(3)	养老保险费	元/工日	(基本工资+辅助工资)*养老保险费费率	(28.08+0)*0	0	
(4)	医疗保险费	元/工日	(基本工资+辅助工资)*医疗保险费费率	(28.08+0)*0.04	1.1200	
(5)	工伤保险费	元/工日	(基本工资+辅助工资)*工伤保险费费率	(28.08+0)*0.015	0.4200	
(5)	工伤保险费	元/工日	(基本工资+辅助工资)*工伤保险费费率	(28.08+0)*0.015	0.4200	
(6)	职工失业保险基金	元/工日	(基本工资+辅助工资)*职业失业保险基金费率	(28.08+0)*0.02	0.5600	
(7)	住房公积金	元/工日	(基本工资+辅助工资)*住房公积金费率	(28.08+0)*0	0	
4	人工工日预算单价	元/工日	基本工资+辅助工资+工资附加费	28.08+0+0	28.0800	
5	人工工时预算单价	元/工时	人工工日预算单价/日工作时间	28.08/8	3.5100	

图 3-2-16　人工单价界面

（1）选择参数 统一选择人工工资区分类和工程分类，如图 3-2-17(a)所示。

（2）人工系数 设置人工工资组成项的数量，如图 3-2-17(b)所示。包括基本工资标准、地区工资系数、辅助工资标准、工资附加费标准、其他。可依据工程所在地省份的规定修改或者输入相应的数值，得出人工单价。

（3）根据需要用户可通过“添加”“删除”“复制、粘贴”按钮自己删补人工分类，补充的工种在人工代号前显示一个“补”字。

（4）人工使用量统计：系统将统计当前工程中不同工种的使用量显示在人工单价使

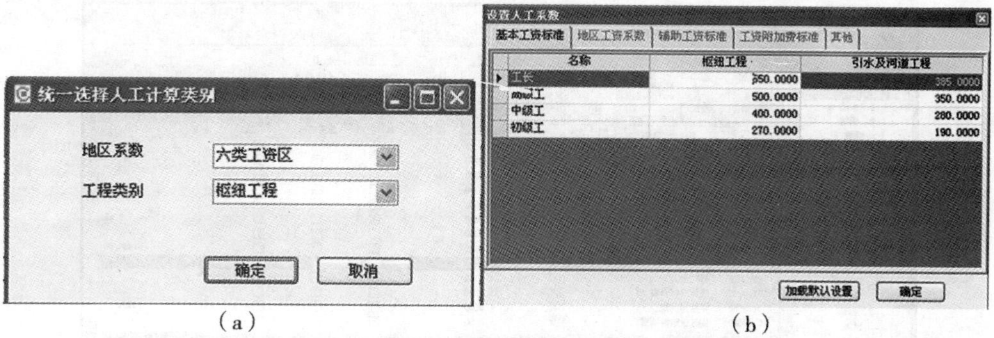

图 3-2-17　工资区及人工系数选择

用量一列。

人工单价计算明细表中可以调整人工单价的组成项以及修改。工资组成项的调整在选中需要调整的项目后,点鼠标右键或者在人工单价明细的工具菜单中选择删除等选项即可完成工资组成项的调整。“计算公式”列可以修改人工工资组成项的名称和系数(注:“计算式”列为仅显示数值列,用户修改结果无效)。

(四)材料单价

材料单价窗口分为三部分:材料分类(单击 分类列表 可隐藏、显示此列)、材料单价库列表(左侧上表)、材料库列表(左侧下表)(见图 3-2-18)。

1. 录入材料预算单价

在材料库列表中(下表)找到该项工程需要的材料,填写材料公式中对应的价格(如材料原价、运杂费、保管费等),系统将根据用户设定的材料单价计算公式自动计算材料预算单价,有预算单价的材料按回车键后反映在上表的单价库中,并予以保存。

2. 查询材料

关键字查询支持按名称首字母、名称、代号进行准确查询和模糊查询(例如:查询“水泥”时,将材料分类选为“全部材料”,输入“sn”即可查询到)。如果选中“模糊查询”,则将查询全部名称首字母中包含“sn”的材料(见图 3-2-19)。

提示:如果选中“仅显示已使用”,则在单价列表和材料库列表中仅显示在当前工程中所有已经使用到的材料。如果在编制单价时套用了没有价格的材料,则很容易通过该选项查询到相应的材料。

选择一条材料,可以通过“选中材料小数位数”,来设置预算单价的小数位数。

3. 补充材料

在材料库中保存了大量的水利、水电工程常用的材料,如果材料库中找不到您所需要的材料,可选择添加的方式补充材料(见图 3-2-20)。

单击“添加”按钮,输入材料代号、名称、单位,输入完成后单击“添加”即可。如果需要批量录入,则选中“多次重复添加”,系统自动递增代号。

4. 删除材料

补充的材料可以从单价库中直接删除,但是从原材料库中选择的材料只能清除单价,不能从材料库中彻底删除。

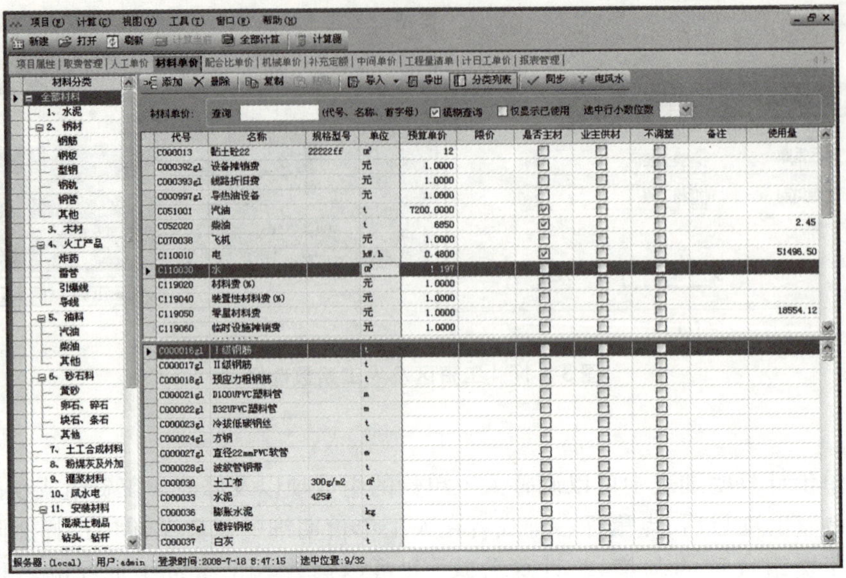

图 3-2-18　材料单价界面

图 3-2-19　材料查询功能

5. 限价

根据工程实际情况，可以录入材料限价用于计算取费项目(见图 3-2-21)。如果在“项目属性”中的材料单价公式设置时选择了“计算价差”,则在材料单价表中可以输入需要限价材料的价格。同时在“取费管理”中添加“价差”这一费用明细。

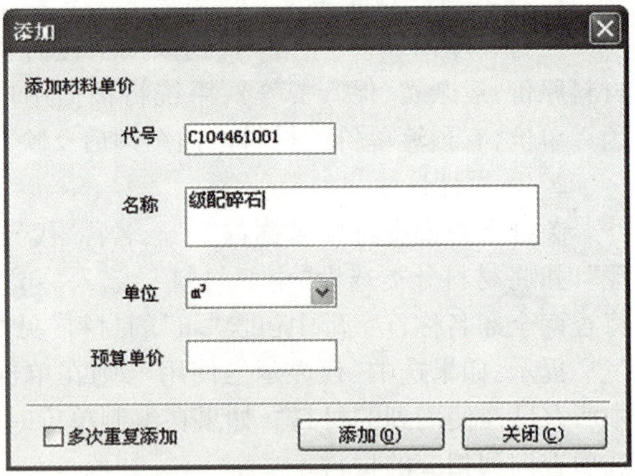

图 3-2-20　材料添加窗口

6. 批量修改材料费用价格(仅在设置了材料单价计算公式时有效)

在材料单价列中选中若干材料，选择要修改的材料费用，点击右键菜单选择“修改”,输入修改参数，点“确定”即可修改所有已经选中材料对应的费用价格。

图 3-2-21　材料价差的选择

7. 相关属性

在材料单价中还可以设置"是否主材""业主供材""不调整"。其中"不调整"如果选中,则在项目属性中以及取费类别中对材料调价时对该项材料无效,适用于在进行调整时对部分主要材料价格不作调整的情况。

8. 导入

可以通过导入功能,把已经做过的材料导入到当前工程,有"从文件导入"和"从其他项目导入"两种功能,适用于快速的编制材料。其中"从文件导入"选择通过"导出"功能形成的文件,可以某些或者全选导入,图 3-2-22 为材料单价导入窗口。

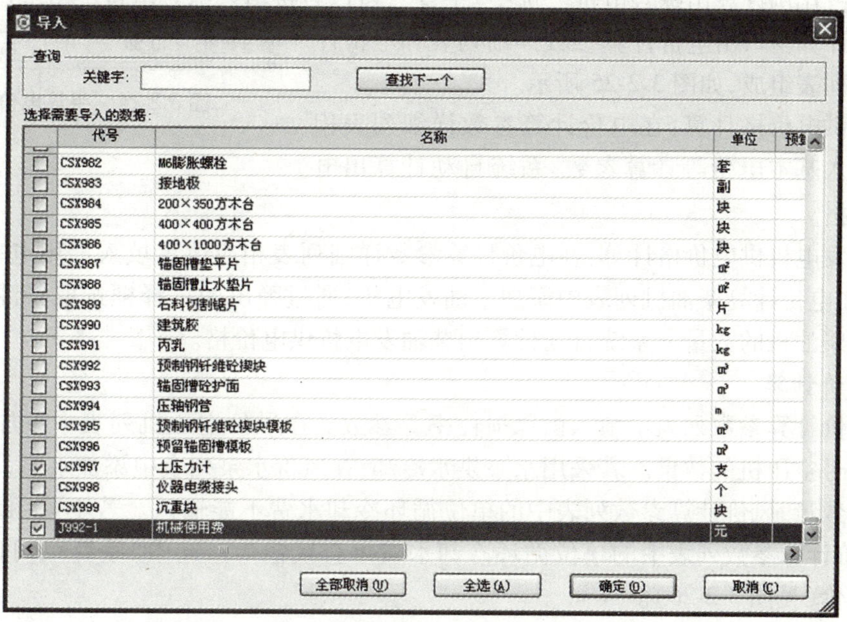

图 3-2-22　材料单价导入窗口

提示:不能导入当前工程与文件中代号相同的材料。

"从其他项目导入":表示从当前软件中通过存在的其他项目导入材料。

9. 导出

可以把当前工程的材料以文件的形式保存,然后"从文件导入"功能导入到其他的工程项目中。

10. 在清单或者单价中查询使用材料

在材料单价选中一个材料,通过鼠标右键功能菜单选择"在清单或单价中查找",可以显示出当前材料在哪些清单单元工程或者单价中使用。如图 3-2-23 所示。

11. 电、水、风

对材料库中的电、水、风的单价单独进行计算,点击 ¥电风水 按钮,分电价计算、水价计算、风价计算三个界面。

1)电价计算

计算工程施工用电价格时,可以分别计算电网供电价格、柴油发电机供电价格,然后

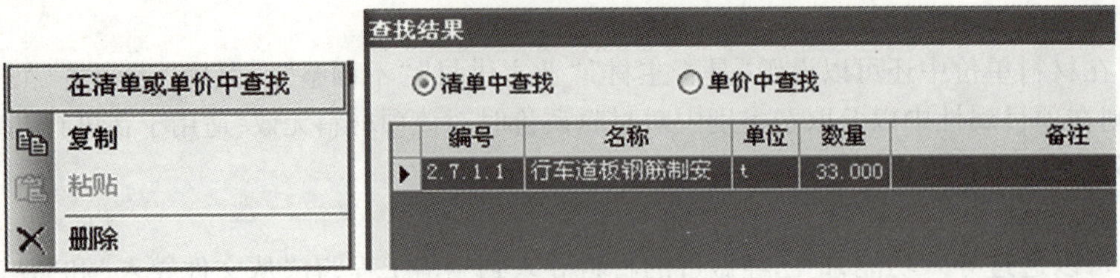

图 3-2-23　查询使用材料

按各自所占比例计算出综合电价。选中“手算”，可以直接填入综合电价（见图 3-2-24）。

图 3-2-24　手算电价

电价计算窗口由电价计算参数详细列表和电价计算柴油机列表组成，如图 3-2-25 所示。

电网供电价格计算：在电价计算参数详细列表相应位置填入基本电价等计算参数，系统自动计算出电网供电价格。

柴油发电机供电价格计算：在电价计算参数详细列表相应位置填入厂用电率等计算参数，并在电价计算柴油机列表中添加柴油发电机；通过弹出的选择框选取柴油机，并填入该型号柴油机的数量。系统自动计算出柴油发电机供电价格。

2）风价计算

在风价计算参数列表中填入供风损耗率等参数。在风价空压机列表中添加空压机，填入该型号空压机的数量。若采用水泵供水冷却，在风价水泵列表中添加水泵，填入该型号水泵的数量，风价计算参数列表中的单位循环冷却水费不能输入。若不采用水泵供水冷却，风价计算参数列表中的单位循环冷却水费可直接输入。选中“手算”，可以直接填入综合风价（见图 3-2-26）。

3）水价计算

计算工程水价时，可以分别计算水价价格、业主供水价格，然后按各自所占比例计算出综合水价。选中“手算”，可以直接填入综合水价（见图 3-2-27）。

提示：可以通过【导出到Excel】功能，把电风水相关的价格计算信息导出到 Excel。

（五）配合比单价

配合比单价窗口分为两部分：配合比单价列表、配合比材料组成列表（见图 3-2-28）。

1. 添加配合比

在图 3-2-28 中单击“添加”，输入代号（首字母为 H）、名称、单位。如果要添加多个混凝土配合比，则选中“多次重复添加”（见图 3-2-29）。

2. 从定额导入

单击【从定额导入】按钮，在列表中选择需要导入的混凝土配合比（按“Ctrl”键可多选）（见图 3-2-30）。

3. 混凝土及配合比材料组成的修改

可通过下面的材料组成列表的功能键（添加、删除、替换、复制、粘贴），进行混凝土配合比材料组成的修改以及实现不同级配之间材料的修改（见图 3-2-31）。

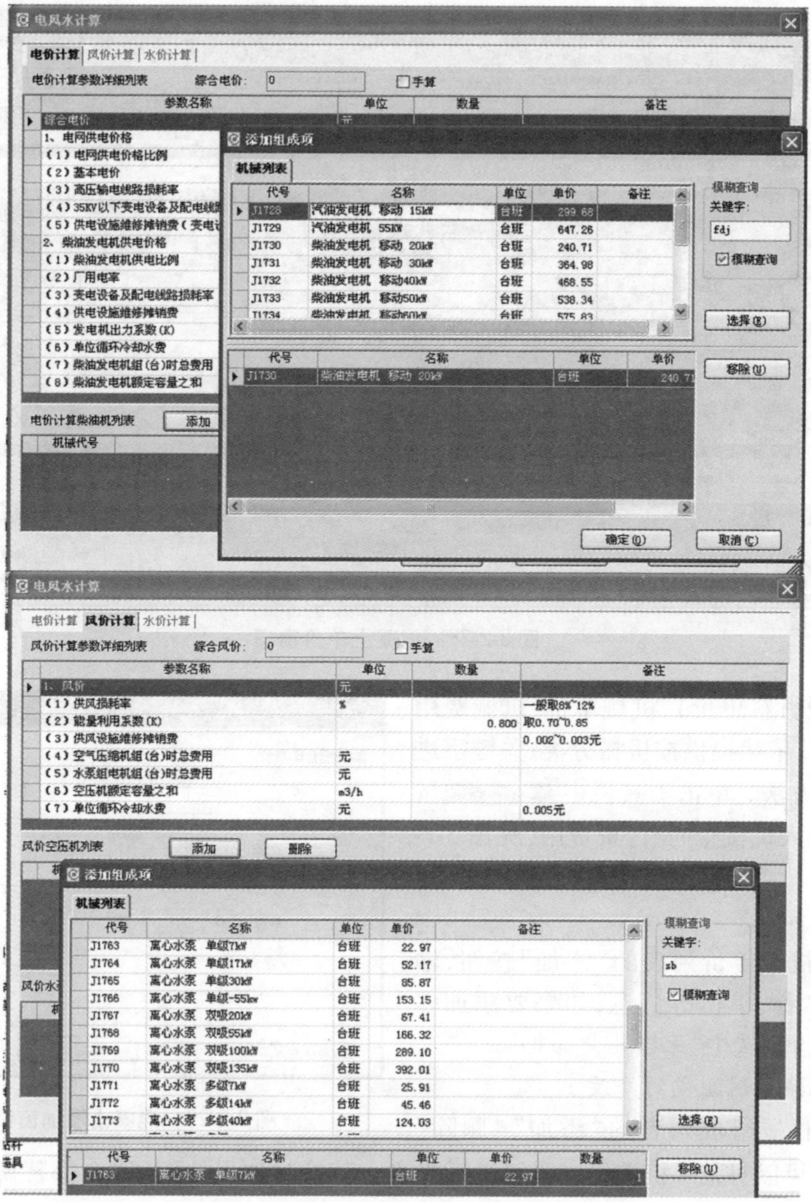

图 3-2-25 电、风、水计算

注意:替换材料时可选择全部替换和替换当前两种方式。其中“全部替换(A)”对已选择的配合比单价列表中全部配合比有效,而“替换当前”只对当前选中的配合比有效。

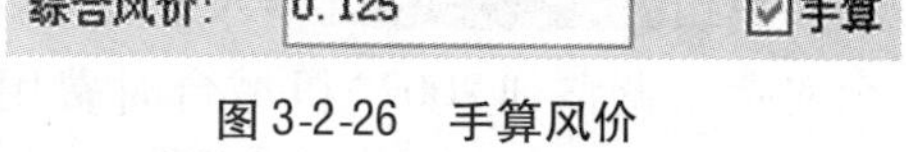

图 3-2-26 手算风价

导入、导出的功能参见材料单价说明部分。

(六)机械单价

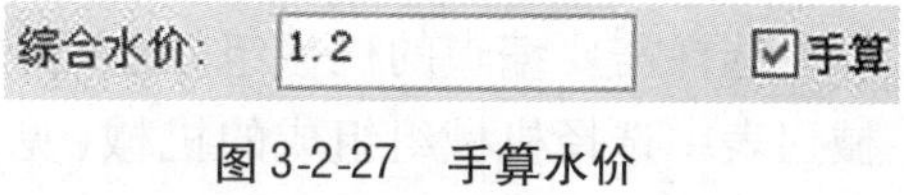

图 3-2-27 手算水价

机械单价窗口分为三部分:机械分类(可隐

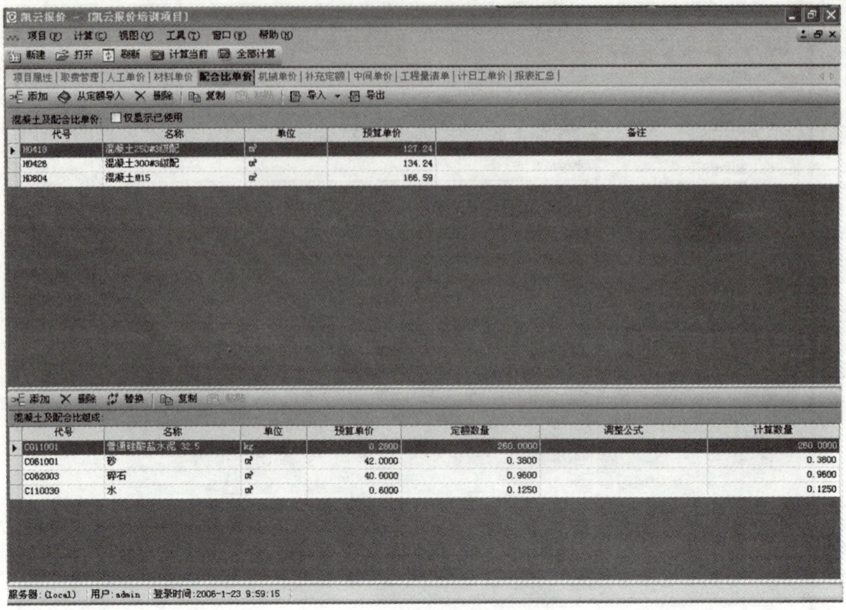

图 3-2-28　混凝土单价窗口

藏,方法同材料单价)、机械单价、机械费用组成列表。依然提供按机械分类、关键字进行查询的方法。单击工具栏中 计算当前 按钮,系统导入机械台时/台班费用(见图 3-2-32)。

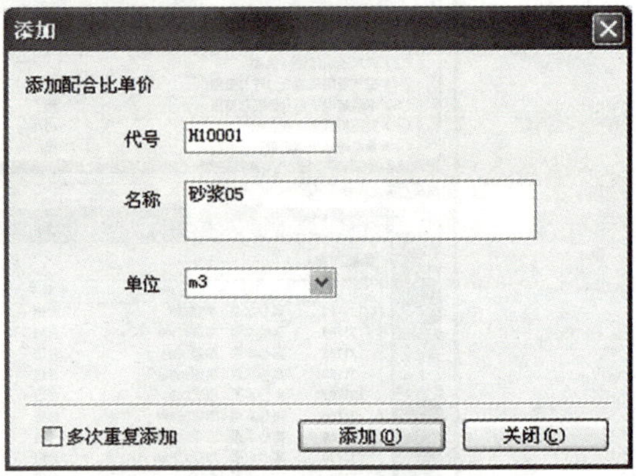

图 3-2-29　混凝土添加窗口

1. 添加

单击机械单价列表的“添加”按钮,输入代号、名称、单位等信息,如果要添加多个机械单价则选中“多次重复添加”。

2. 机械费用组成的修改

单击机械组成列表的“添加”“删除”“替换”等可以对某一机械组成明细进行修改。替换时如果使用了“全部替换”则系统将替换当前定额的全部机械组成。

3. 导入调整系数

单击 导入调整系数 可导入系统中保存的机械一、二类费用调整系数(现有对 97’机械台时费用调整到 2002’机械台时费用的一类系数);地方省份在编规中有规定调整系数的,用户可在“机械费用”分类中对一、二、三类费用设置相应的调整系数(见图 3-2-33)。

4. 编制机械组预算单价

选择需要编辑的机械组(或者新建机械组),点击机械组成列表的“添加”按钮,从机械列表中选择机械组组成的机械(见图 3-2-34)。(注:机械组组成中单个机械的台时费改变后,机械组时的费用自动作相应改变。)

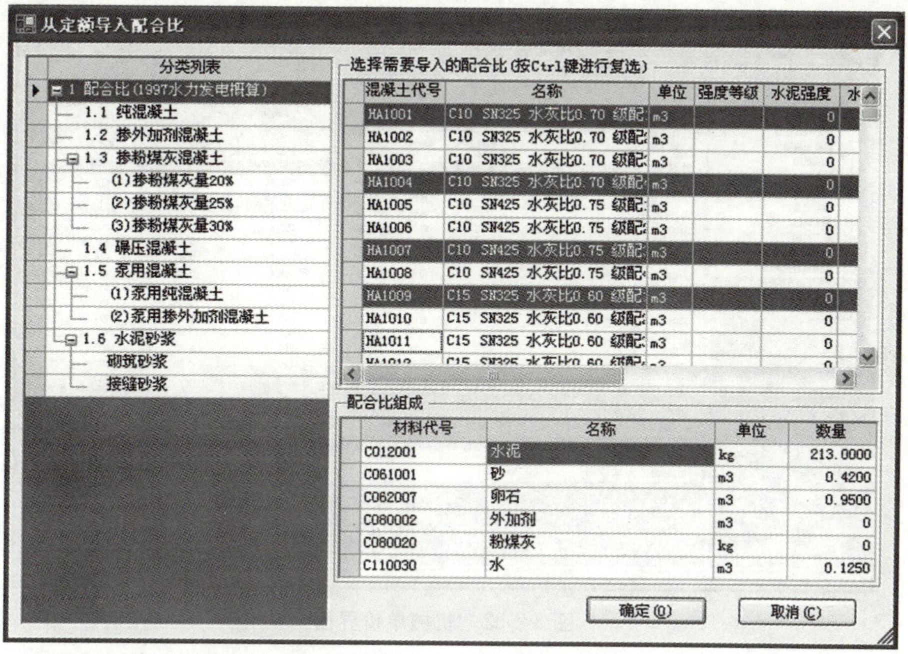

图 3-2-30 混凝土配合比定额窗口

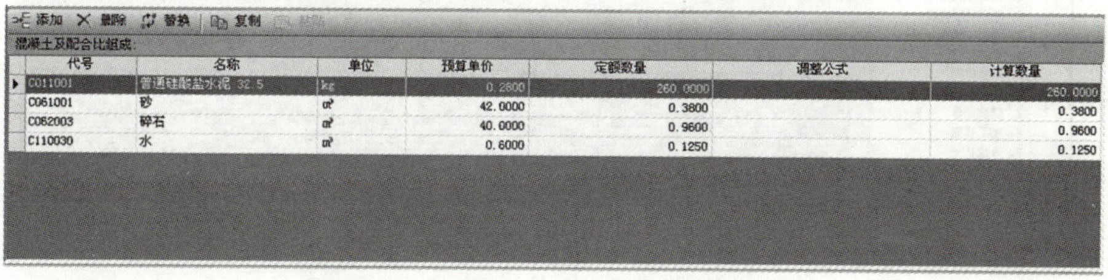

图 3-2-31 混凝土配合比材料列表界面

(七)补充定额

根据项目编制需要可编制补充定额(见图 3-2-35)。

添加的方法有两种方法:①直接添加,这种方法的操作同机械单价的添加方法相同;②通过 从中间单价添加 的方法进行添加,这种方式可以把中间单价的组成带过来,然后在这一基础上进行完善。

注意:补充定额只能对当前项目有效,如果其他报价项目需要调用,则需从该项目导出为一指定文件后导入其他项目或者在新建项目中从该项目直接导入两种方法。

(八)中间单价

根据工程实际情况,用户可编制中间单价。如:混凝土运输(水平、垂直)、混凝土搅拌、石方运输等,以便在编制工程单价时调用。其包括三个列表:中间单价列表、中间单价定额组成列表、定额人材机组成列表(见图 3-2-36)。

1. 添加中间单价

单击 添加中间单价 按钮,填入代号、名称等信息。

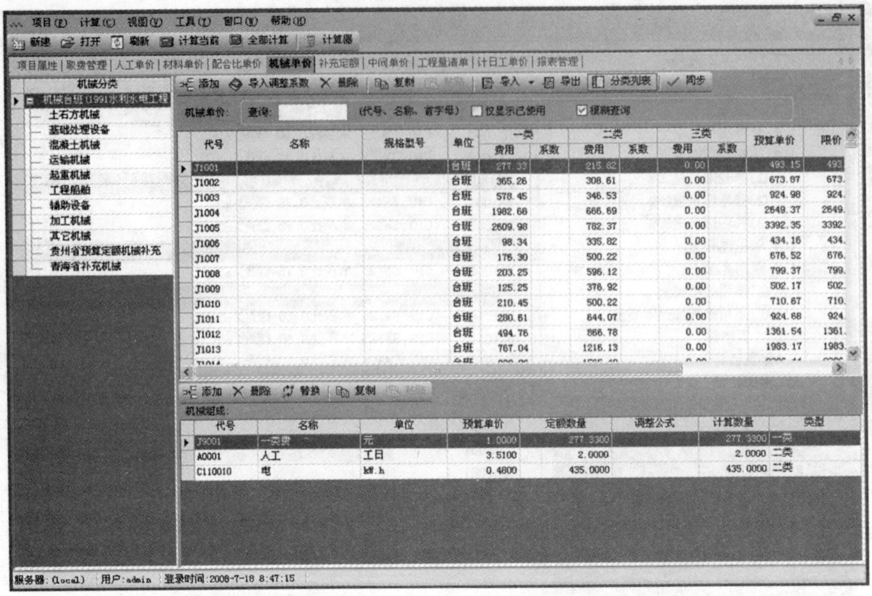

图 3-2-32　机械单价界面

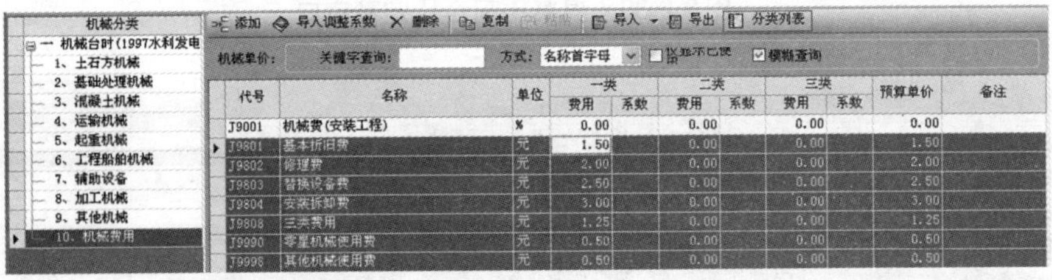

图 3-3-33　机械费用调整系数

2. 中间单价定额组成

单击添加定额按钮，在弹出的定额数据库中查找相应的定额（见图 3-2-37）。选定定额后单击“确定（O）”关闭选择定额窗口，可以在当前界面的中间单价定额组成列表中看到你选择的定额名称。

3. 定额人材机组成

在定额人材机组成列表中会看到所选定额用到的人工、材料、机械的具体明细。如需修改，方法同前。

4. 单价计算

中间单价同机械单价的计算，单击工具栏中全部计算按钮，系统根据不同的取费方式生成综合单价显示在预算单价列中。（注：中间单价的取费方式系统默认为不取费。选择取费类别在界面的左下角“取费类别”中选择，见图 3-2-38。）

提示：“单价分析”和“子单价分析”按钮单击后可以看到目前中间单价的计算、分析过程。

5. 砂石料的计算

通过中间单价可以实现砂石料单价的计算。方法如下：

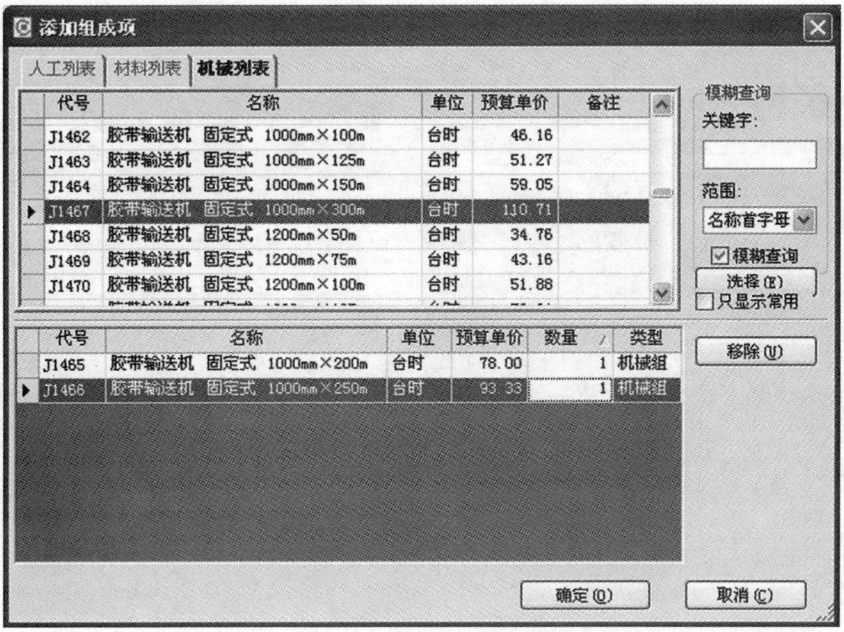

图 3-2-34　添加机械组窗口

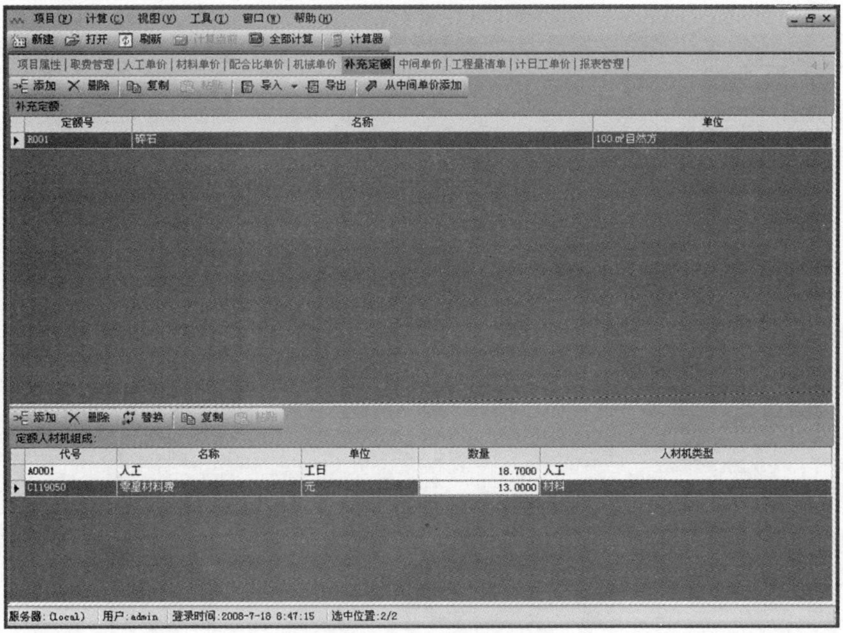

图 3-2-35　补充定额界面

在材料单价计算界面查找到砂石料的材料代号，然后在中间单价列表的备注列录入材料代号，并用“{　}”扩起来，这样就可以生成砂石料单价的报表。如图 3-2-39 所示。

(九)工程量清单

在工程量清单界面中上半部分是工程量清单，下半部分则是工程量清单对应的工程

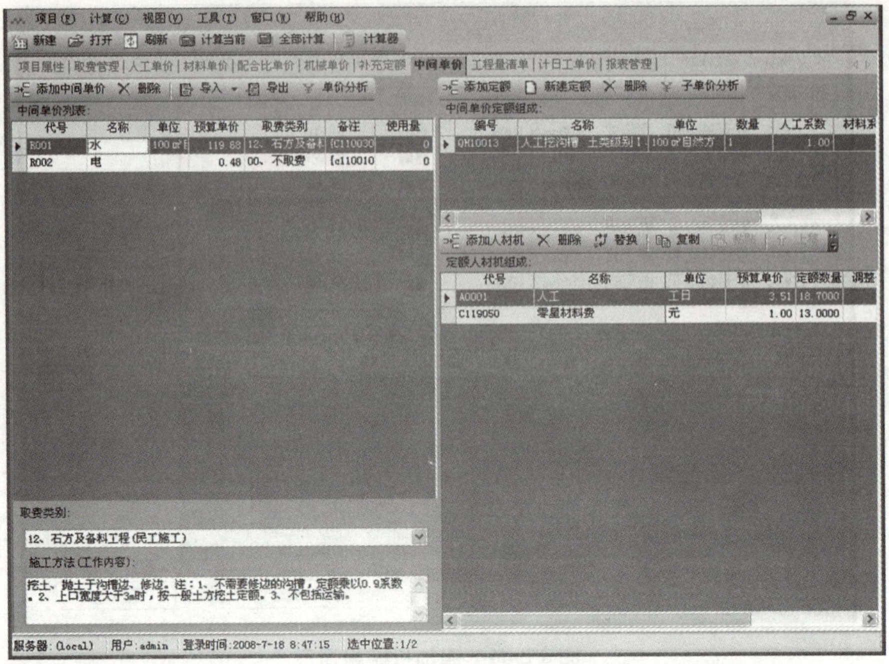

图 3-2-36　中间单价界面

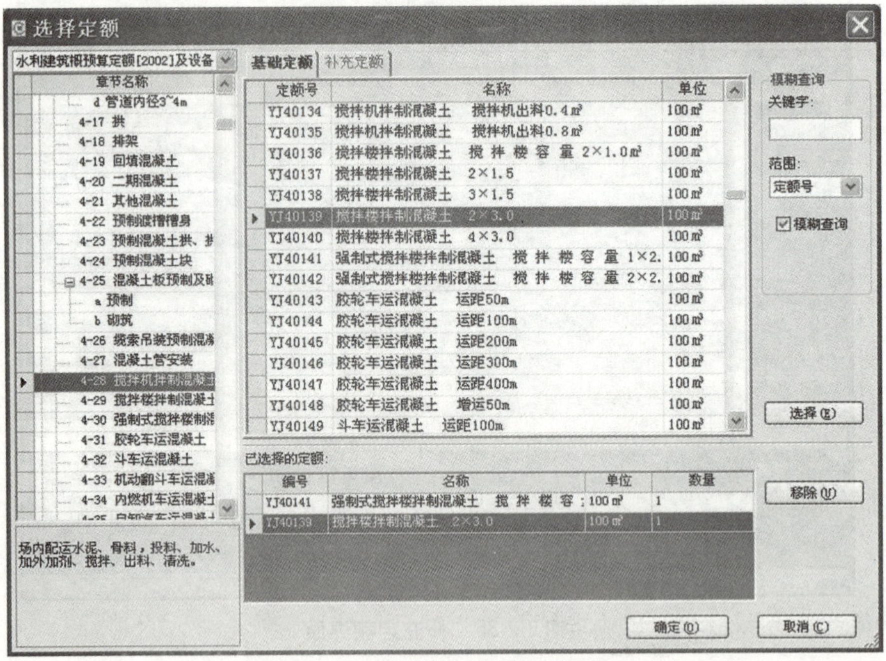

图 3-2-37　选择中间单价定额窗口

单价列表、单价定额的组成列表和定额人材机的组成列表(见图 3-2-40)。

选中工程量清单列表中的任意节点,如果该节点套用了工程单价,则在单价列表中自动选中与该清单节点套用单价对应的单价行。

1. 工程量清单

1)从 Excel 文件导入工程量清单

通过 导入 按钮可以把 Excel 格式的工程量清单非常容易地导入到软件的“工程量清单”功能中。

首先,在 Excel 文档中新建所作项目的工程量清单,保存后再打开软件的“工程量清单”界面,点击 导入,查找到需

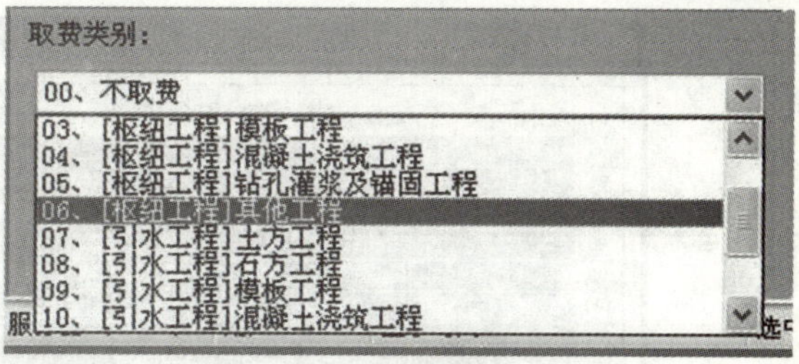

图 3-2-38 选择取费类别窗口

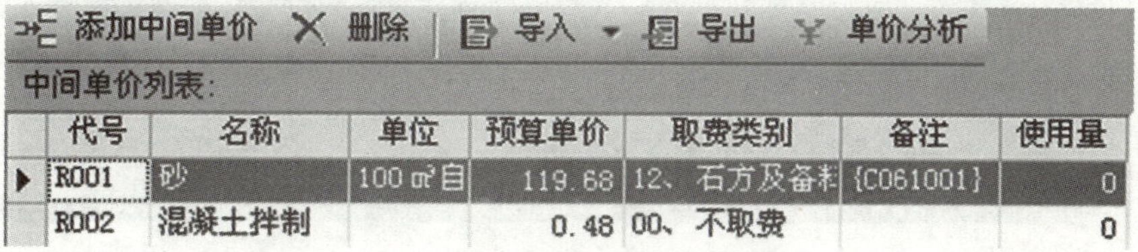

图 3-2-39 砂石料单价计算

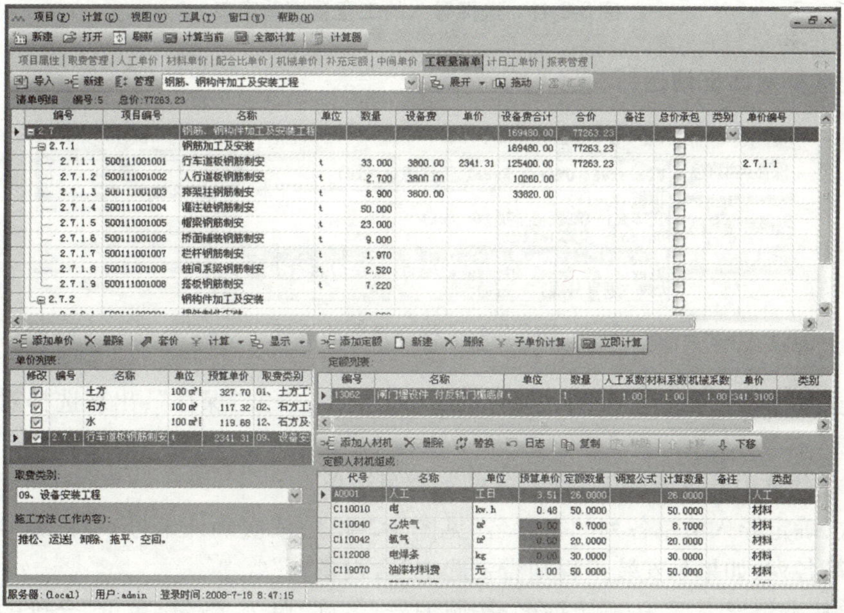

图 3-2-40 工程量清单界面

要导入的 Excel 工程量清单,选择需要导入的清单内容(通过鼠标拖拉即可选择),单击“导入”(见图 3-2-41)。

导入 Excel 清单时,如果有多个表页,则需要按清单分组一组一组依次导入。

注意:如果导入 Excel 清单文件失败,则按以下步骤操作:

(1)在 Excel 中打开该清单文件

(2)把当前清单选择“另存为”一个新的 Excel 文件,保存类型选择为 Microsoft Excel 5.0/95 工作簿(*.xls)。如图 3-2-42 所示。

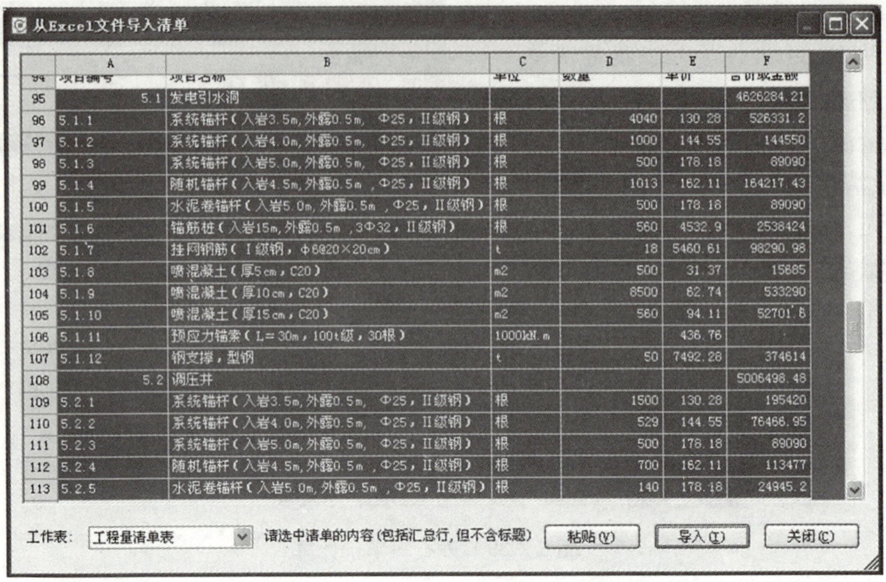

图 3-2-41　选择导入的工程量清单窗口

出现选择对话框请选择“是(Y)”。

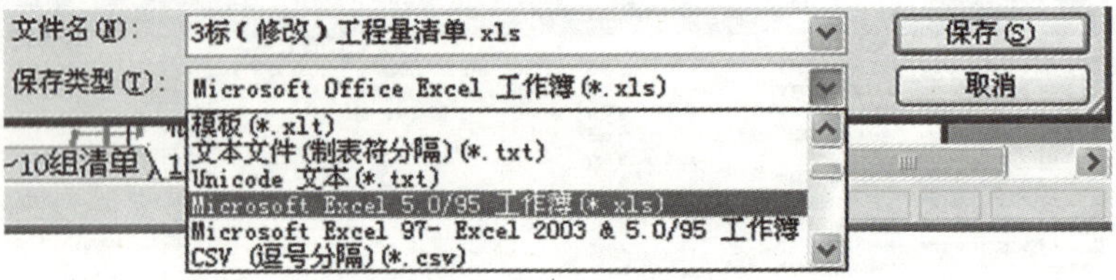

图 3-2-42　保存格式的选择

(3)关闭 Excel,重新打开刚才另存的 Excel 文件,单击“保存”,出现选择对话框选择“是(Y)”。

(4)在软件中导入新的 Excel 格式的工程量清单。

其次,确定导入清单各列的字段名(见图 3-2-43),依次确认编号、项目编号、名称、单位、数量等各列,如果是安装工程则需要选中“含设备费”。

清单按分组导入后,先确定列名,按照编号、名称、单个、数量、单价、合价的顺序将清单明细排好。如果是机电安装工程请选中“含设备费”和“含运杂费”等选项,并填写分组编号和分组名称;如果是插入到当前清单组的,则应选中“追加到当前选中清单”。

最后,将清单导入窗口关闭。点击当前窗口中清单组显示窗口,选中的清单会显示在“清单明细”中(见图 3-2-44)。

2)建立新的工程量清单组

首先单击按钮 新建,分别填写清单组的名称和编号,单击“确定”即可建立新的工程量清单编组。然后在“清单明细”中添加具体的单个工程项目的各项参数(点击鼠标右键插入工程量清单表格)。

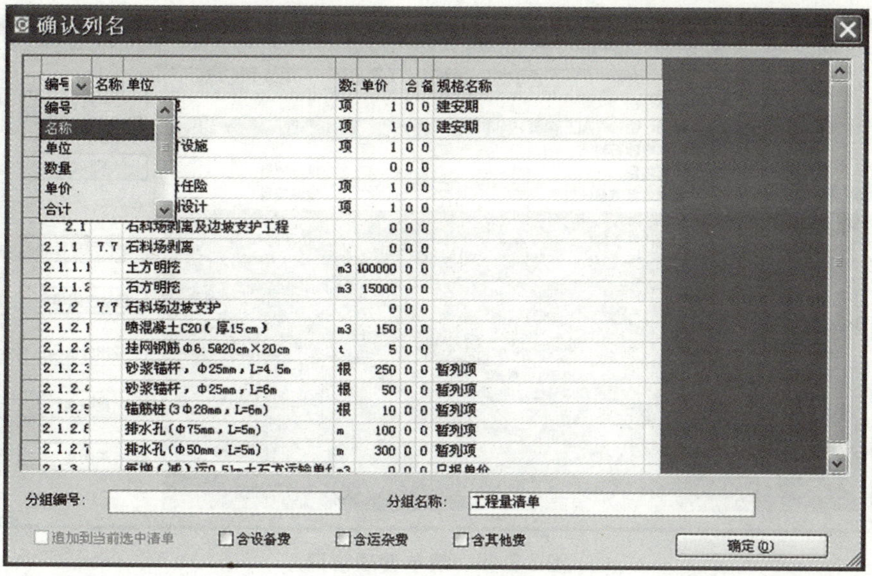

图 3-2-43　列名修改窗口

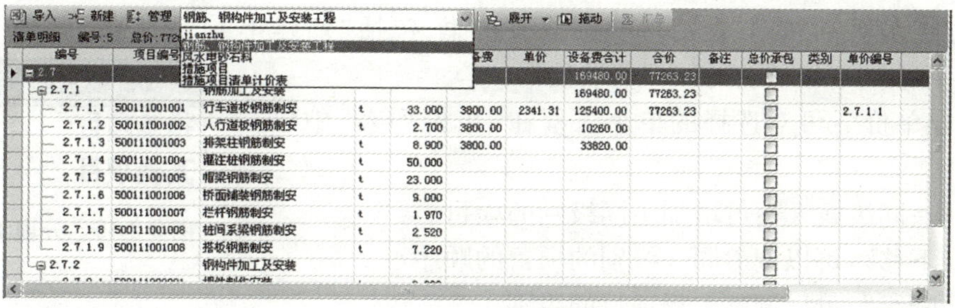

图 3-2-44　清单明细

3）工程量清单管理

通过"管理"按钮可以对已经建立的工程量清单编组进行修改（见图 3-2-45）。

提示：如果是措施项目或者其他项目，则需要在分项工程类别中通过下拉列表进行选择，这样才可以生成措施项目清单计价表和其他项目清单计价表（见图 3-2-46）。

清单管理中右边各按钮的功能：

"上移""下移"：对工程量清单编组顺序进行调整。

"单价用户管理"：网络版用户使用该权限。

"自动生成单价"：将工程量清单明细中的所有项目自动链接在"单价列表"中。

"导出为 Excel"：如果是新建的工程量清单，可以通过该按钮导出为 Excel 格式的工程量清单。

"删除（D）"：将有错误的工程量清单选择后删掉。

4）打开工程量清单

在工程量清单编组下拉列表中选择任一工程量清单组打开，在清单列表中显示该组工程量清单的明细。

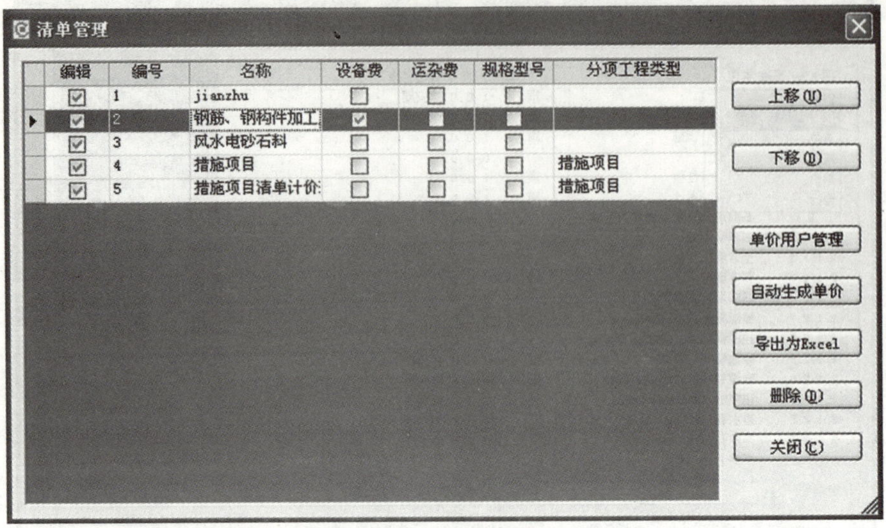

图 3-2-45　清单管理窗口

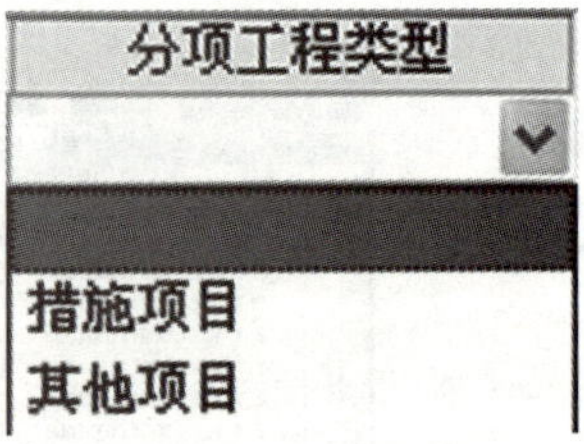

图 3-2-46　分项工程类型

5）工程量清单明细的修改

通过点击鼠标右键，在清单明细修改栏里，包括“新建单价”“上、下移”“下级、同级插入”等功能。

“新建单价”：可对选择的单个工程在“单价列表”中建立单价。

“下级、同级插入”：可增加不同级别的项目。

“上、下移”：可以调整同一级别的项目的顺序。

“升、降级”：可以调整工程项目的级别。

“删除节点”：对多余的单个项目节点进行删除。

“查找”：通过输入关键字迅速查找到相应的单个工程节点。

6）设置总价承包项目

对于总价承包项目，在清单列表中选中指定行的“总价承包”选择框即可。在报表汇总中将对总价承包项目分开报表。（注：总价承包的项目用户可不编制单价，可输入工程数量“1”，在单价列中直接输入总价。）

7）设置汇总节点

选择任一节点，单击求和按钮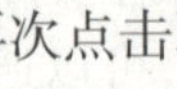
，则在选中节点的第一单元格显示求和标志，并在该行的合价单元格显示该行以上的总价和（注：如果前面同级节点中包含了汇总节点，则只汇总到该同级节点为止）。再次点击取消该节点的汇总属性。

汇总行的设置允许用户灵活处理工程量清单中的各级汇总功能。

2. 工程单价的编制

编制工程单价步骤分为：添加单价或者新建单价、选择定额或新建新定额、选择取费类别、对定额人材机进行调整、计算定额费用、计算工程单价费用。点击工具栏中“计算当前”或者“全部计算”。

1)单价列表

单价列表中显示的是当前工程项目所有的单价。包括“添加单价”“删除”“套价”“计算”“显示”等功能(注:在单价列表中,单击鼠标右键亦能实现上述功能)。在清单表格中点击任一单个工程时,如果选中行已经套用单价列表,则系统会自动在单价列表中找到与之匹配的工程单价明细(见图3-2-47)。

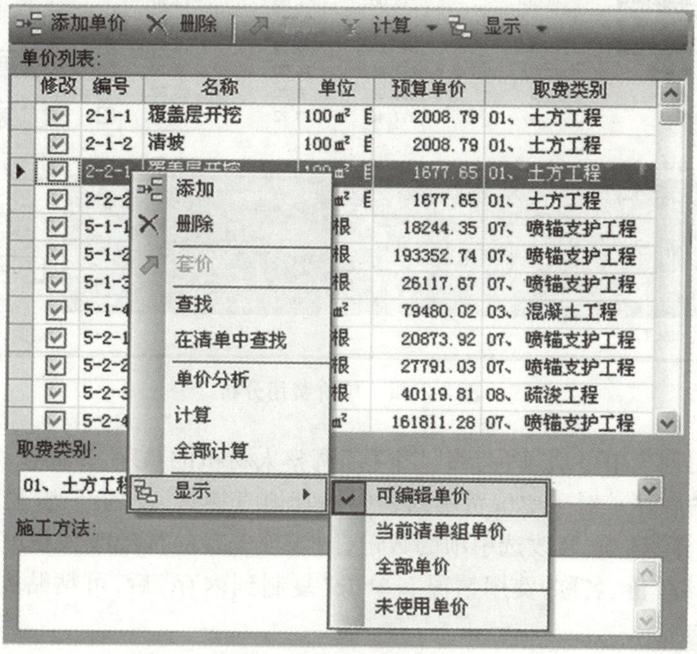

图3-2-47 单价列表界面

(1)单价列表的功能按钮。

“添加单价”:单价列表中增加了一新单价行,填写相关信息(不需要填写单位,在选择定额时会自动添加单位)。

“删除”:删掉单价列表中的单价。

“套价”:在工程量清单中,施工方法一致的单个工程可通过此按钮选择套用同一个单价。

在清单中选择需要套用单价的单个工程节点,在单价列表中找到要套用的单价,单击“套用”,则添加该项单价到选定节点。(注:添加单价的节点不能存在子节点,如果给已经套用单价的节点建立子节点,系统将自动取消该节点套用的单价。)

(2)清单中单价的删除。

要取消清单明细中某个单价,在清单列表的“单价编号列”中,单击该单个工程单价编号单元格,显示☒按钮,点击即可取消对此单个工程所作单价的绑定。

“计算”:实现工程单价的分析、罗列和单价的绑定。包括“单价分析”“计算”“全部计算”。(注:必须先选定“取费类别”,见图3-2-50。)

“单价分析”:按设定的取费类别及其费用明细计算出当前单价工程的综合单价(见图3-2-48)。

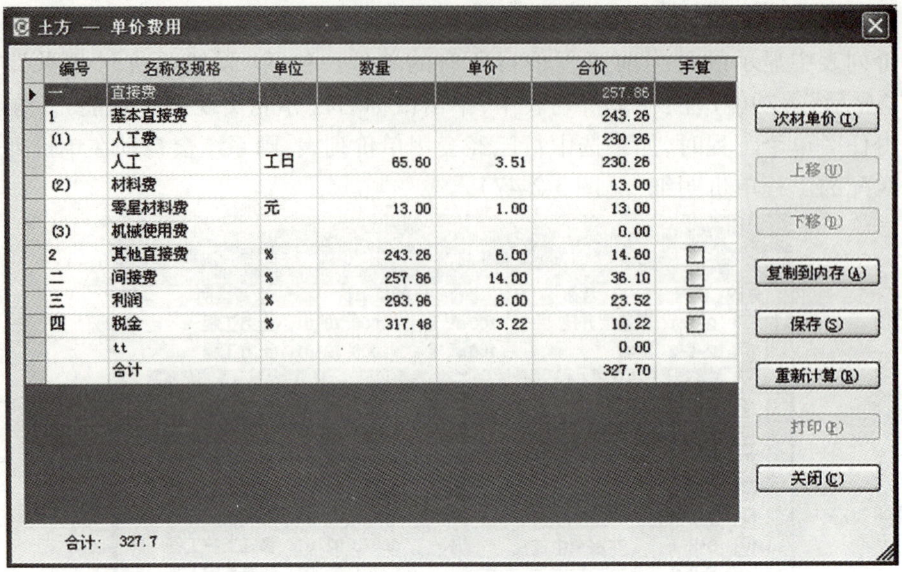

图 3-2-48 单价费用分析

在单价费用列表中可通过“上移”“下移”调整人材机的顺序,该操作将影响单价分析表中的人材机的顺序。对于单价费用列表中的其他直接费、现场经费、税金等取费项目,用户可选中“手算”选项,修改选中项的数量,则该项取费的基础改为新填写的数字,单击“保存”而保存该单价、名称、费用情况。单击“复制到内存”后,可粘贴到 Excel、Word 文档进行编辑。

“计算”:只按设定的取费类别及其费用明细计算出当前单个工程的综合单价。

“全部计算”:按设定的取费类别及其费用明细计算出全部工程的综合单价。

“显示”:点击该按钮右边的下拉箭头,会按不同分类显示出当前用户可看到的单价列表(见图 3-2-49)。

(3) 选择取费类别。

在“取费类别”选择列中点击下拉箭头选择不同单个工程所属的工程范围(见图 3-2-50)。

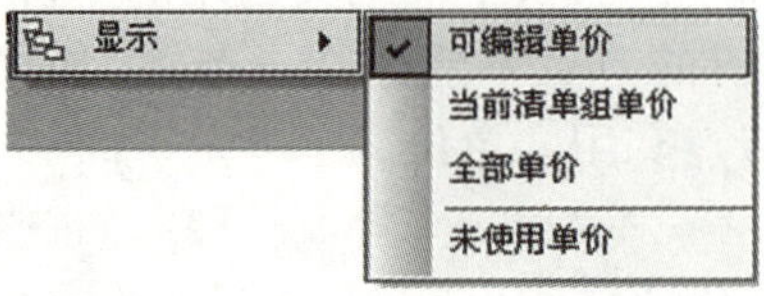

图 3-2-49 单价显示分类窗口

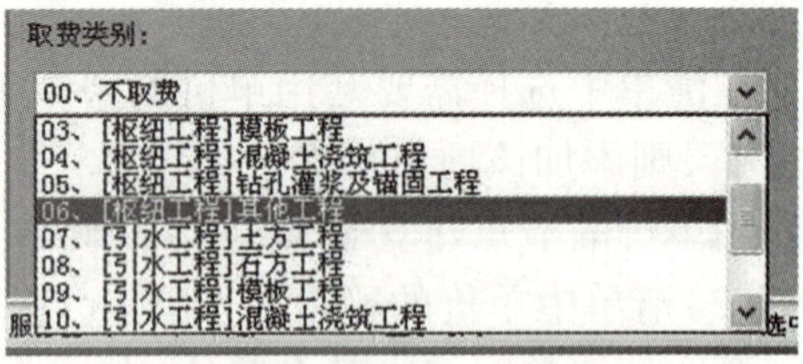

图 3-2-50 选择取费类别窗口

(4) 施工方法(工作内容)的填写。

选择定额时,对于有施工方法的定额将其复制,然后粘贴到当前单个工程的“施工方法(工作内容)”(注:鼠标右键功能)。

2)单价定额组成列表及定额人材机组成列表

(1)单价定额组成列表。

①选择定额。

单击单价定额组成列表中的“添加定额”按钮,系统将自动打开建立项目时选择的定额分类对应的全部定额章节及定额(见图3-2-51)。

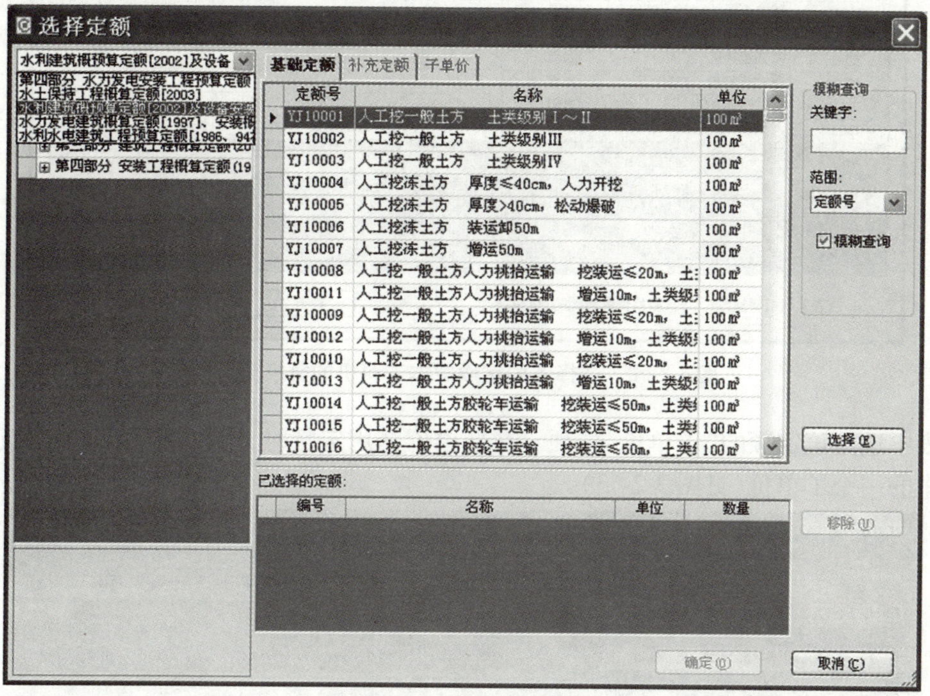

图3-2-51　定额选择窗口

选择定额时,用户可通过“选择定额”左上角的下拉列表选择需要套用的其他定额版本。如果选择的定额版本非刚开始新建报价时的版本,系统会提示须替换人材机(见图3-2-52)。因为在计算时系统只能按照当前报价项目对应的定额计算人工、机械的预算单价。替换完成后可选择“保存人材机的替换方式”保存本次的人工、机械的替换方式(注:材料库为所有定额共用,不需要替换),下次套用该版本定额时系统将自动匹配。

通过“模糊查询”功能找到需要的定额,单击“选择(E)”则自动添加到“已选择的定额”列表中(或者双击鼠标左键)。对于运输等类别定额,选择定额时系统可能提示用户输入“运距(m)”或“起重能力(t)”等参数,用户只需要按实际情况输入,系统将根据用户输入的值,按照内插的方法自动选择两条或多条定额。

选择定额完成后,单击“确定(O)”,定额将添加到单价的定额列表中。

②调整定额系数。

修改定额数量以及定额的人工、材料、机械调整系数,该类调整系数将对该定额的所有人工、材料、机械有效。

③子单价。

在编制单价的过程中,如果某一条定额调整完成后其他单价需要调用,在单价定额组

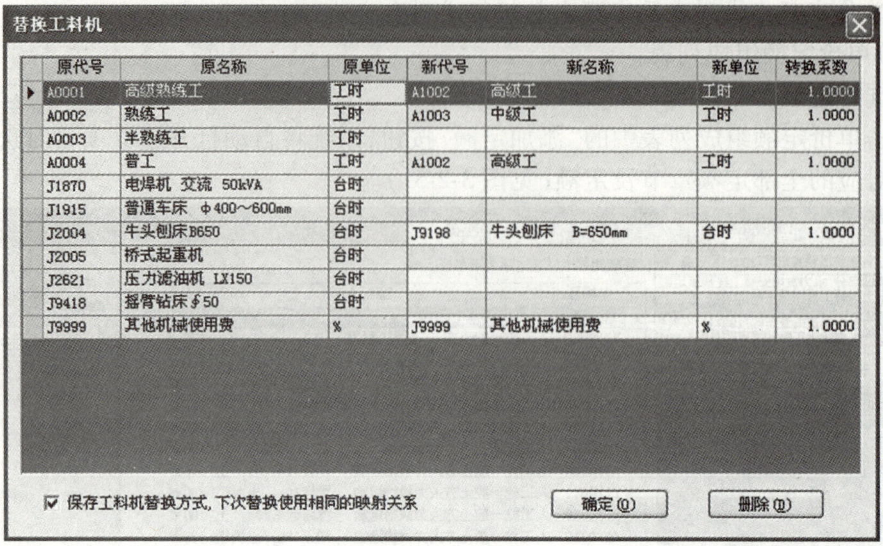

图 3-2-52　选择不同定额版本工料机的替换窗口

成列表中选定该定额的“子单价”选项。在新单价套用定额时，用户则可以选择该定额作为其中的一个子单价(见图 3-2-53)。

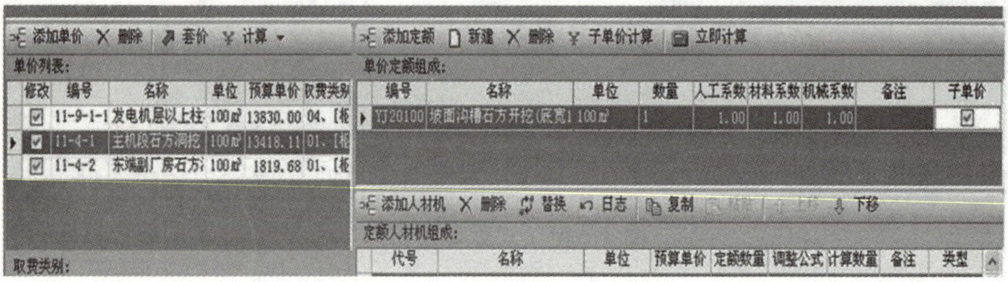

图 3-2-53　子单价的选择

添加定额时，如果选中“以链接的方式套用子单价”，则该项子单价的修改将影响所有套用该项定额的单个工程，反之则不影响。(注：链接方式选择后在单价定额组成列表的编号列显示▣，见图 3-2-54。)

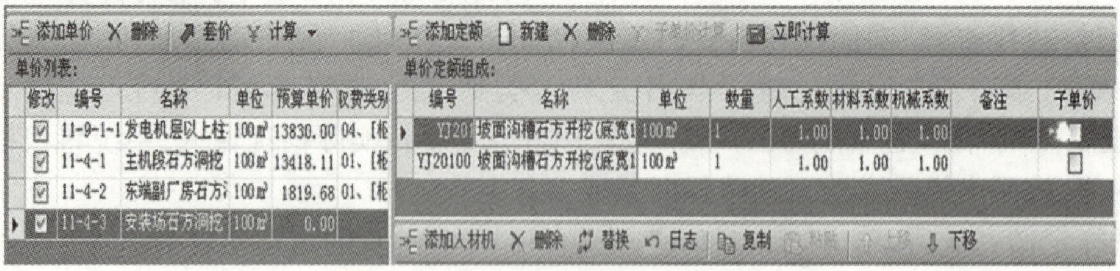

图 3-2-54　子单价链接功能

④ 子单价计算。

单击“子单价计算”，系统自动计算选中定额的费用。单击“复制到内存”后，可粘贴到 Excel、Word 文档进行编辑。

(2)定额人材机组成列表。

①自卸汽车、导线的选择。

定额选择完成后，如果定额人材机列表中显示了“请选择‘自卸汽车’”“请选择‘导线’”等，单击该单元格右边红色的下拉箭头，在下拉列表中选择指定的自卸汽车、导线，单价计算时自动以选中的汽车、导线计算材料费或机械使用费。

②调整系数。

可直接在“调整公式”列对应的人工、材料、机械类输入调整系数，该类调整系数将对该定额具体的人工、材料、机械的计算数量作调整。

③定额人材机的修改。

可通过“添加”“修改”“替换”等操作修改定额的人材机组成。如果选中材料是“未计价装置性材料”，则应在“类型”材料列中选中该材料的类别为“未计价装置性材料”。

④调整日志。

在日志中保存了对人材机的修改(计算数量、单位)、替换和删除等明细。用户可通过调整日志很容易恢复对定额人材机所做的修改(见图3-2-55)。

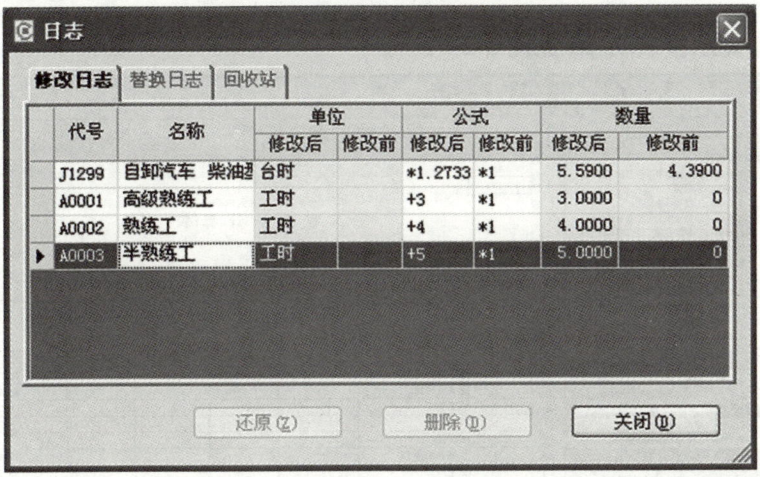

代号	名称	单位		公式		数量	
		修改后	修改前	修改后	修改前	修改后	修改前
J1299	自卸汽车 柴油型	台时		*1.2733	*1	5.5900	4.3900
A0001	高级熟练工	工时		+3	*1	3.0000	0
A0002	熟练工	工时		+4	*1	4.0000	0
A0003	半熟练工	工时		+5	*1	5.0000	0

图3-2-55　定额组成的修改日志窗口

3)计算工程单价费用

点击工具栏中“计算当前”或者“全部计算”，系统快速、准确地计算出单价费用。

(十)计日工单价

根据项目实际需要编制计日工单价。计日工单价分为人工、材料、机械三种单价，可分别编制单价(见图3-2-56)。

在左边列表中列出了当前项目所有的人材机，可一次选中多项，单击“添加”，则所有选中的人材机选中到右边的表格。根据工程实际情况，直接在计日工单价中输入具体数值或选中多个后单击系数按钮，输入相应的系数，则系统自动根据预算单价和系数计算出计日工单价。

(十一)报表管理

“报表管理”界面，左侧窗口显示水利工程报价常用的各种报表类型(为树型结构

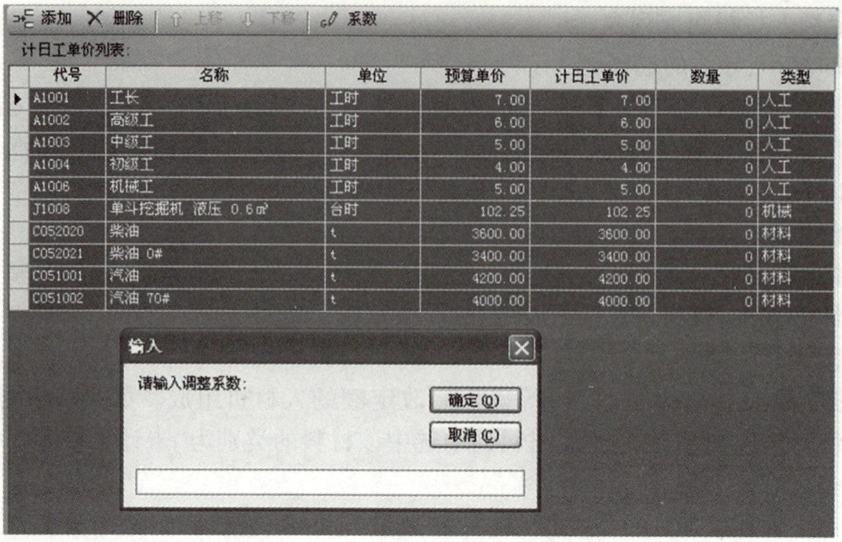

图 3-2-56　计日工单价列表的调整

表),右侧窗口显示报表明细(见图 3-2-57)。

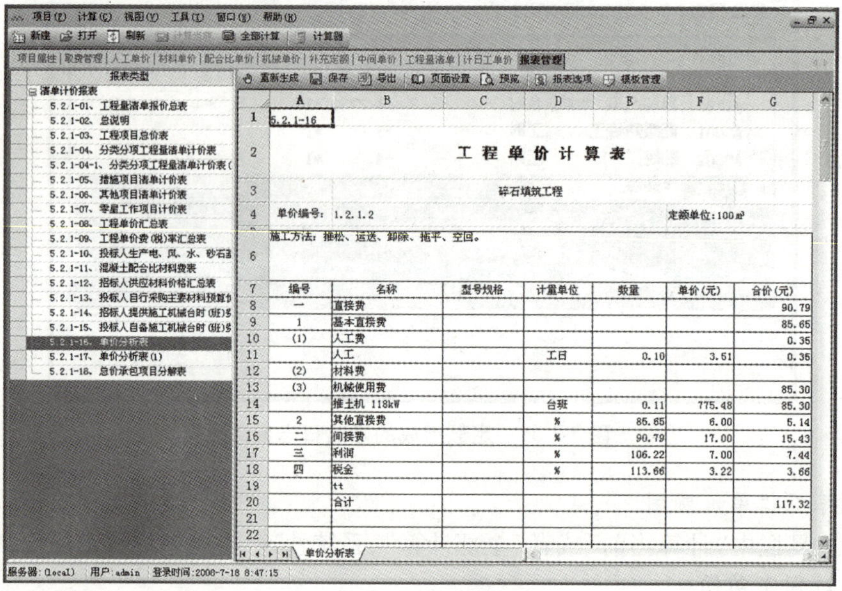

图 3-2-57　报表管理窗口

在“报表管理”界面左侧报表类型列表中选一报表名称则在右边窗口中显示对应的报表,如果是第一次打开该项目对应的报表,则自动生成系统默认的报表格式。右侧的报表明细窗口里,有“重新生成”“保存”“导出”“页面设置”“预览”“报表选项”“模板管理”七个按钮,其功能如下:

重新生成:调整好报表格式、工程项目的价格后,单击“重新生成”按钮则重新生成报表。

保存：保存当前报表到数据库。

导出：导出当前报表为 Excel 文档格式。

页面设置：设置选中需打印的报表页面的相关参数，此项功能也可以在“预览”中实现。

预览：软件生成的报表，通过“预览”可在打印报表前预览报表，并选择预览、打印比例。点击左上角的打印机图标，即可从连接到本地的打印机打印当前报表（注：必须是连接到本机的打印机），打印完毕后点击 **退出** 退出（见图 3-2-58）。

报表选项：用户可以对部分报表生成报表前进行设置，单击“报表选项”，根据需要进行设置。

比如：（1）“单价分析表”的“报表选项”功能：设置报表中人材机序号的格式，支持自定义编号格式（见图 3-2-59）。

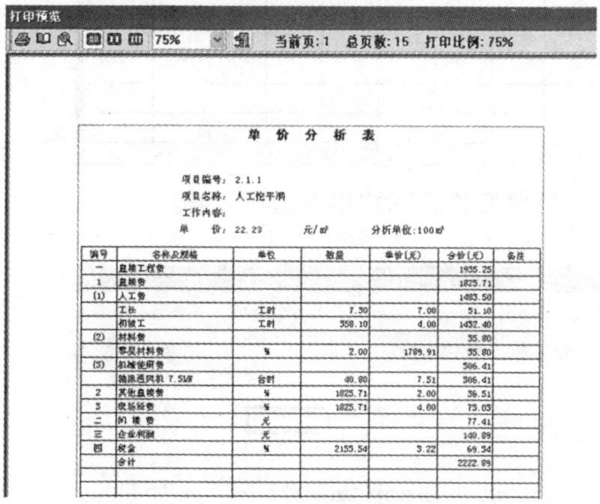

图 3-2-58　打印、预览报表窗口

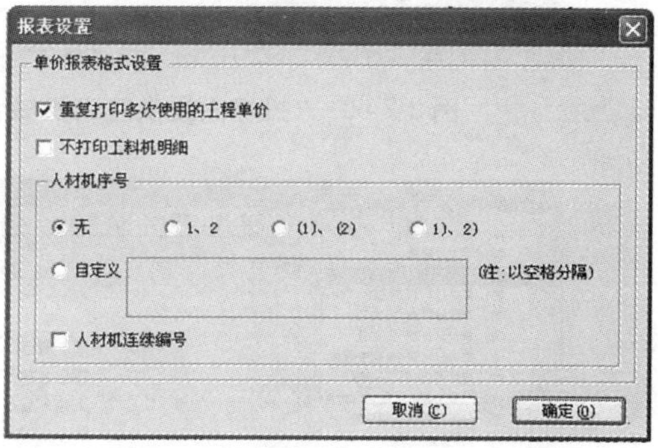

图 3-2-59　“单价分析表”的报表选项窗口

（2）“招标人自备施工机械台时（班）费汇总表”的“报表选项”功能：将机械单价的二、三类费用明细汇总（见图 3-2-60）。

模板管理：系统内置了报表模板，一般可以满足报价的各种报价需要。通过模板维护可对报表模板进行修改，进而影响相应报表格式。根据系统提供的模板管理器，用户可以根据需要修改报表格式（见图 3-2-61）。

（1）修改报表模板页面格式。

在模板管理器中显示所有报价系统已经安装报表模板。

修改表头表尾：表头表尾可使用变量参数。表头中有的参数直接拖到新的单元格即可；没有的参数请在窗口左下角的参数里面选择其全称（包括英文名和括号），然后粘贴到表头部分的单元格里（见图 3-2-62）。

修改正文格式：需要修改整个页面的格式，系统加载报表时是以复制当前表页的方式增加表页（注：上述修改过程中的“复制/粘贴”功能由鼠标右键实现）。修改好的报表模板点击 **保存** 按钮后即可点击 **退出** 按钮退出“模板管理”，单击“重新生成”按钮即可按修改后的报表格式生成相应报表（见图 3-2-63）。

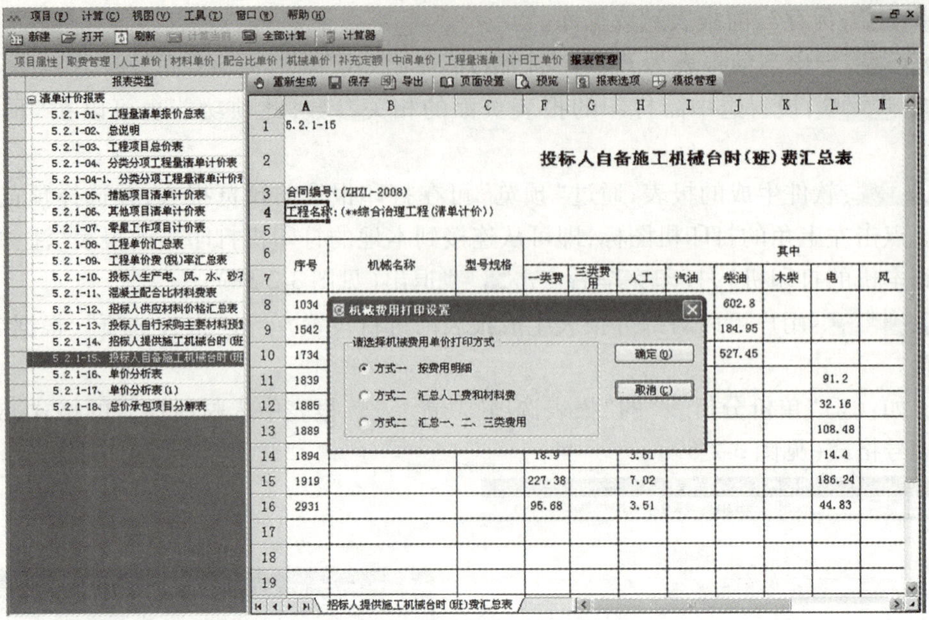

图 3-2-60　“投标人提供施工机械台时(班)费汇总表”的“报表选项”功能

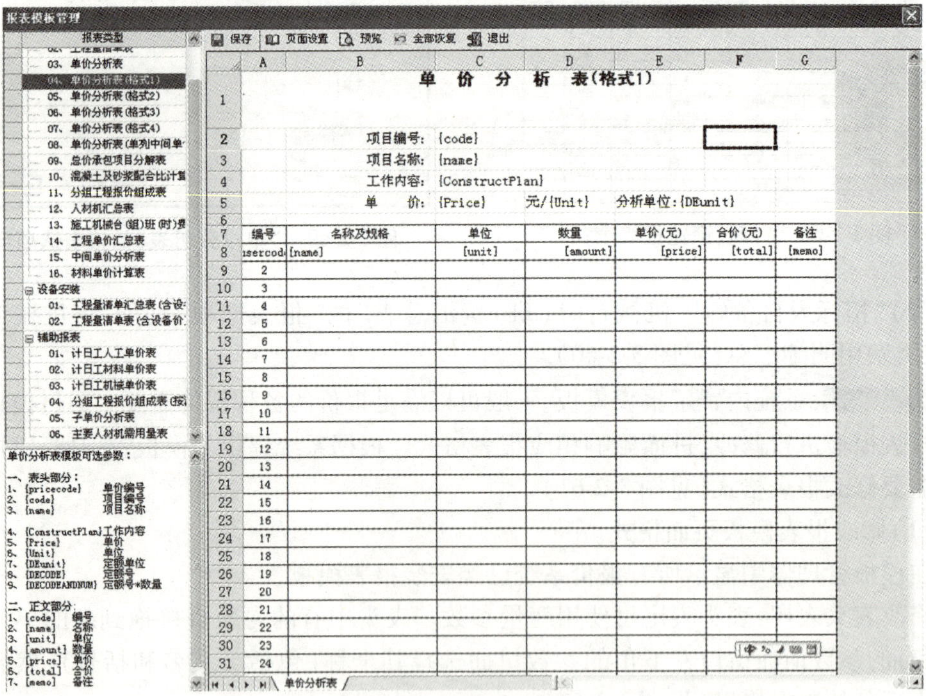

图 3-2-61　报表模板管理窗口

“5. 2. 1 – 05、措施项目清单计价表”和“5. 2. 1 – 06、其他项目清单计价表”，是根据清单管理中分项工程类型来形成的(见图 3-2-64、图 3-2-65)。

(2)恢复初始报表模板、获取新报表模板。

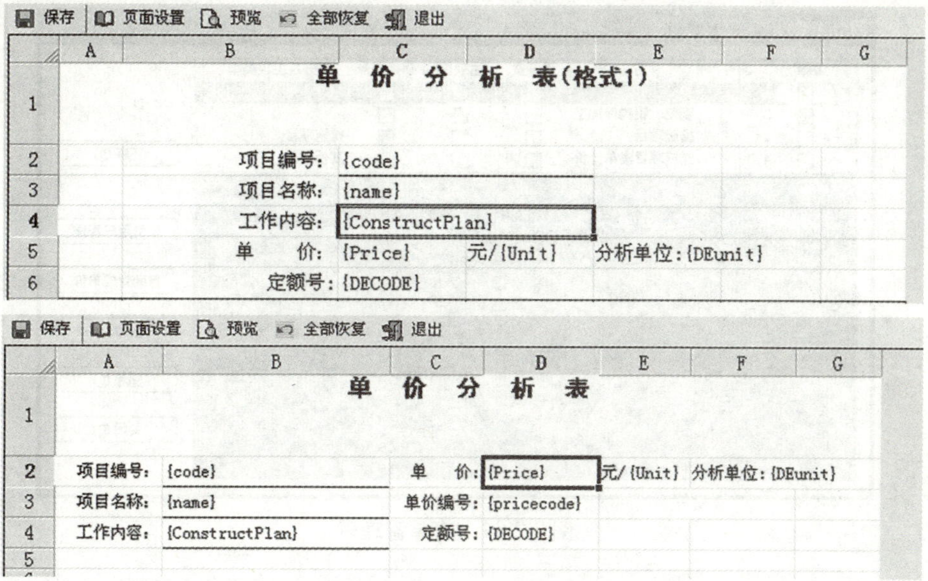

图 3-2-62　“单价分析表”表头的修改

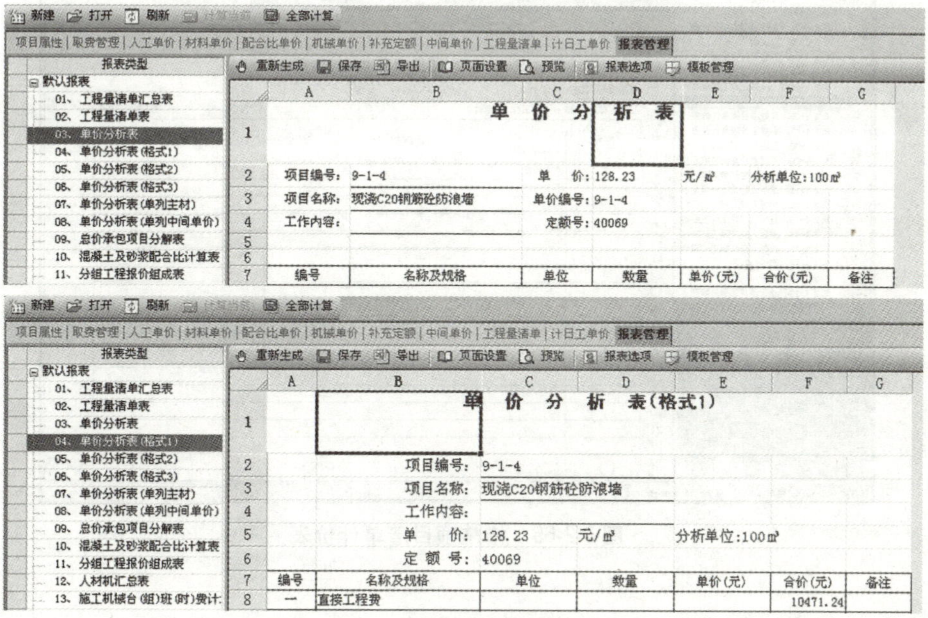

图 3-2-63　不同的“单价分析表”格式

方法一:单击“全部恢复”按钮,选择“是(Y)”,则恢复当前选中模板至初始状态。

方法二:从光盘中复制“Reports”目录全部文件粘贴到程序安装目录中对应“Reports”目录下即可。提示:恢复时请首先备份。

方法三:可以从开发商网站下载或通过渠道获取新的报表模板,解压缩到“Reports”目录下,下次打开报价项目时会自动加载该项报表。

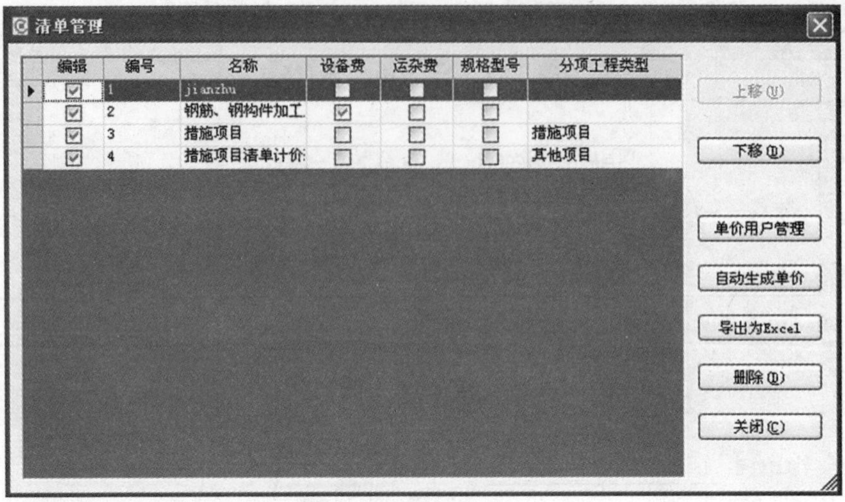

图 3-2-64　清单管理表

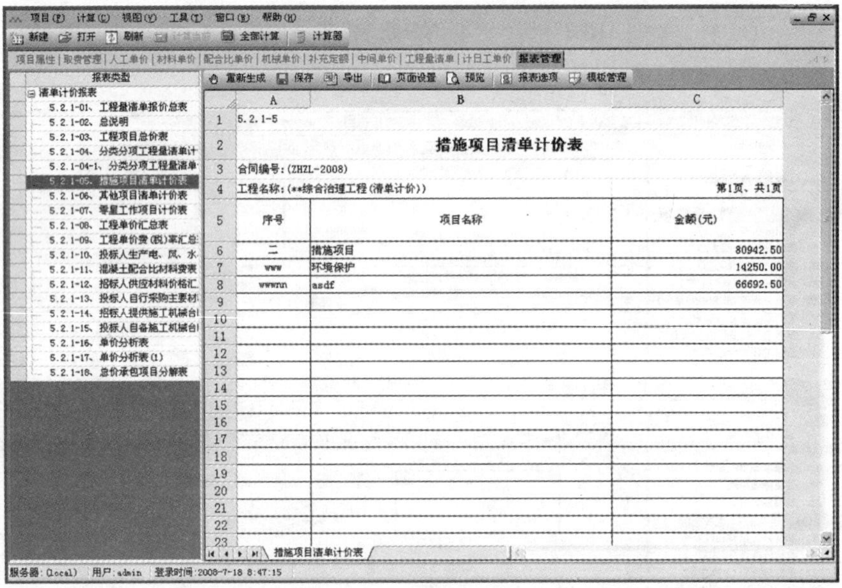

图 3-2-65　措施项目清单计价表